职业教育数字媒体应用人才培养系列教材

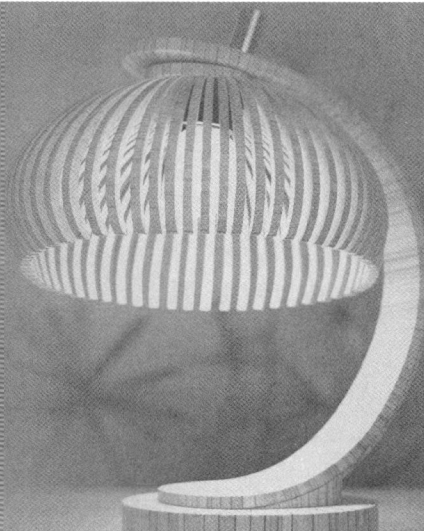

3ds Max
产品模型制作

微课版

3ds Max 2021

陈莉莉 陈旺 主编／朱米娜 张阳 胡晓庆 耿慧莲 副主编

人民邮电出版社

北 京

图书在版编目（CIP）数据

3ds Max 产品模型制作 : 3ds Max 2021 : 微课版 /
陈莉莉，陈旺主编. -- 北京 : 人民邮电出版社，2025.
（职业教育数字媒体应用人才培养系列教材）. -- ISBN
978-7-115-66392-4

Ⅰ. TP391.414

中国国家版本馆 CIP 数据核字第 2025DG2275 号

内 容 提 要

本书围绕 3ds Max 在产品模型设计与制作中的应用展开讲解，分为基础篇和实践篇。基础篇包括
7 个项目，系统讲解 3ds Max 2021 的基本操作、三维建模方法、材质与灯光摄影知识及效果图渲染设
置等。实践篇包括 5 个项目，分别选取座椅、灯具、玩具、花瓶、插座 5 类具有代表性的产品，先介
绍对应产品的功能与结构、材质与工艺、设计美学等设计理论基础知识，然后运用 3ds Max 2021 完成
这些产品的设计与制作。每个项目之后还提供教师教学自查表与学生学习效果自查表，方便师生检验
教与学的效果。

本书适合作为高等职业院校设计类专业的三维建模专业课教材，也可作为对三维建模艺术感兴趣
的读者的参考书。

- ◆ 主　　编　陈莉莉　陈　旺
　　副 主 编　朱米娜　张　阳　胡晓庆　耿慧莲
　　责任编辑　王亚娜
　　责任印制　王　郁　焦志炜
- ◆ 人民邮电出版社出版发行　　北京市丰台区成寿寺路 11 号
　　邮编　100164　　电子邮件　315@ptpress.com.cn
　　网址　https://www.ptpress.com.cn
　　三河市君旺印务有限公司印刷
- ◆ 开本：787×1092　1/16
　　印张：15　　　　　　　　　　　　2025 年 7 月第 1 版
　　字数：284 千字　　　　　　　　　2025 年 7 月河北第 1 次印刷

定价：59.80 元

读者服务热线：**(010)81055256**　印装质量热线：**(010)81055316**
反盗版热线：**(010)81055315**

前言

产品模型制作是立足于现代制造业，横跨技术与艺术，以新产品的开发和生产制造为目标的新型交叉性学科。本书将产品模型制作理论融入软件教学之中，旨在培养学生三维软件操作技巧的同时，提升其产品模型制作能力。本书全面贯彻党的二十大精神，以社会主义核心价值观为引领，传承中华优秀传统文化，坚定文化自信。为使本书内容更好地体现时代性、把握规律性、富于创造性，编者对本书的体例结构做了精心的设计。

一、教材内容设计

本书从学生的认知特性出发，遵循3ds Max的教学规律和产品制作流程。

- 任务驱动：本书分为包含7个项目的基础篇和包含5个项目的实践篇。每个项目都以任务驱动的方式组织内容，将产品模型制作理论与软件实现相互融合。
- 典型性：案例选取家具、照明、玩具等有代表性的现代产品中的优秀产品，可激发学生的学习兴趣，培养其创新设计能力。
- 实用性：邀请企业人员参与本书的指导，同时将产品设计相关考试培训的知识和技能训练目标融入本书案例的编写中，践行技能性人才培育理念。

二、教材特色与创新

编者从学科融合、自主学习性和创新设计3个方面构建本书内容。

- 学科融合：将产品模型设计理论融入3ds Max的教学中。从产品的功能、结构、材质、工艺、设计美学到运用3ds Max制作产品效果图，以具体的设计案例让学生将理论应用于实践，既培养了学生的三维软件应用能力，又提升了学生的产品美学素养和产品创新设计能力。
- 自主学习性：在案例教学中，首先进行案例产品功能、结构、材质、工艺等产品设计理论的分析，其次进行文字与微课视频结合的软件建模教学引导，让学生从单一地按照文字步骤进行操作逐步变为按照产品图片自主寻找建模方法、制作材质及渲染效果图等更高层级的技能运用，实现从机械式学习到融会贯通自主学习的转变。
- 创新设计：在教材中融入产品创新设计思想，在产品设计中加入人文关怀的知识，让学生在产品设计概念阶段就能以人的需求和发展为出发点，让产品设计做到以人为中心，从而设计出实用、经济、美观的产品，满足人们日益增长的精神文化需求。

本书可作为安徽省 2024 年度省级质量工程课程类优秀项目《计算机辅助工业设计（三维）》和国家职业教育徽派技艺传承与创新专业教学资源库中《产品模型制作》课程的配套教材。为方便教师教学，本书除微课视频外，还配备了案例素材、PPT 课件、电子教案、教学大纲、拓展视频等丰富的教学资源，任课教师可登录人邮教育社区（www.ryjiaoyu.com）免费下载。本书的参考学时为 64 学时，各项目的参考学时参见下面的学时分配表。

项　　目	内　　容	学时分配	
		讲授	实训
项目 1	产品设计与制作概论	2	2
项目 2	初识 3ds Max 2021	2	2
项目 3	3ds Max 2021 基本体建模	2	2
项目 4	3ds Max 2021 多边形建模	2	2
项目 5	3ds Max 2021 图形建模	2	4
项目 6	产品材质制作	2	4
项目 7	创建产品灯光与摄影机	2	4
项目 8	座椅产品设计及效果图制作	2	4
项目 9	灯具产品设计及效果图制作	2	4
项目 10	玩具产品设计及效果图制作	2	4
项目 11	花瓶产品设计及效果图制作	2	4
项目 12	插座产品设计及效果图制作	2	4
学时总计		24	40
		64	

本书由安徽机电职业技术学院陈莉莉和陈旺任主编，两人共同策划本书并组织团队进行编写，朱米娜、张阳、胡晓庆和耿慧莲任副主编。在此感谢芜湖九弘数字科技有限公司创始人汪曹、东一创造（南京）设计有限公司董事长曹捷对本书提供的技术支持和宝贵意见。由于编者水平有限，书中难免存在不足之处，敬请广大读者提出宝贵建议，以助本书内容的优化。

编者
2025年2月

目录

第一篇
基础篇

基础篇重点讲解 3ds Max 2021 的基本操作、三维建模方法、材质与灯光摄影知识及效果图渲染设置等，任务实践中的案例均为产品模型制作中的真实案例，旨在提升学生的学习兴趣，调动学生积极练习，为后续的实践篇打下坚实的基础。

项目 1　产品设计与制作概论

项目介绍

　　产品是指由现代化机器批量生产的，服务于现代生活的物品。随着生产技术不断提高和人们审美意识不断升级，产品的设计品质也在不断更新换代。产品不仅要满足人们对其物质功能的需求，还要满足人们追求美好生活的精神需求。

　　本项目主要从产品设计与制作的基本概念、发展过程、美学规律及产品设计与制作的三维软件、行业前景等方面阐述产品设计与制作的内容和应用。

学习目标

知识目标	理解产品设计与制作的基本概念； 了解三维制作中产品的视觉美学规律
技能目标	掌握视觉美学规律在产品中的体现； 掌握三维软件操作中的美学创作方法
素养目标	加深学生对产品设计美学的认识； 提高学生对产品设计的兴趣

任务 1　掌握产品设计与制作基础理论

任务引入

　　设计师在进行产品设计之前，需要将产品的功能、结构、材质、工艺、视觉美学等设计要点进行系统的分析与整合，也就是要分析特定需求所对应的产品功能，实现对应功能的结构，遴选产品的材料及表面工艺等，最终分析、整合成产品设计方案。本次任务主要带领学生了解产品设计与制作的基本含义、美学规律、发展过程和行业前景。

相关知识

1. 产品设计与制作的基本含义

产品设计与制作包含两层含义：第一层含义是产品设计，是设计师在设计初期通过对产品的功能、结构、形态、材质工艺等进行设计，最终呈现出集创新性、实用性和美观为一体的设计作品，例如设计大师菲利普·斯塔克设计的外星人榨汁机（见图 1-1）；第二层含义是产品制作，是设计师根据前期的设计结果，使用 3ds Max 等三维制作软件制作效果图进行虚拟展示或者寻找合适的材料和方法制作实体模型进行展示，以达到设计师和客户能够直观感受和观察产品的目的，便于发现相关设计问题从而进行合理的修改。图 1-2 所示为计算机辅助汽车效果图，图 1-3 所示为纯手工制作的汽车油泥模型。

图 1-1

图 1-2

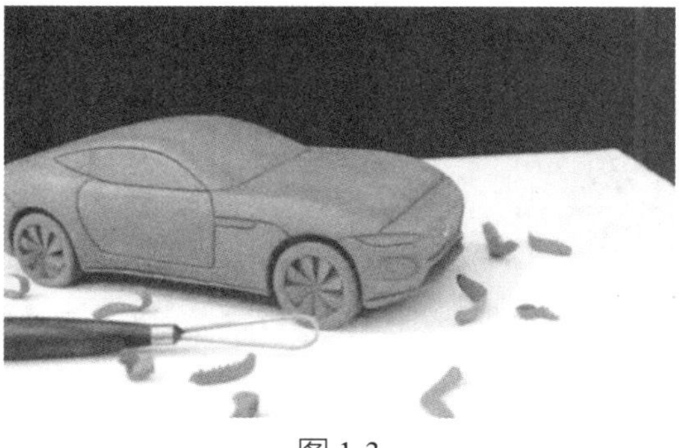

图 1-3

2. 产品设计与制作的美学规律

从人的认知规律来讲，人对产品的认识来自两个方面：一方面是从视觉角度出发得到的身心体验，另一方面是基于长期的社会生活实践所得出的逻辑判断。格式塔心理学认为，人的心理与物的形式存在着"异质同构"的关系。早先面对残酷的自然环境时，人类是通过寻求自然秩序、发现自然规律而生存下来的。例如，人类在发现锯齿状植物的叶子（见图 1-4）会划伤皮肤之后发明了锯子（见图 1-5），从而能够更加快速省力地切割树木、动物骨头等物品。因此，找规律就成为人类认识自己与世界的一种基本方式，在漫长的劳动实践中人类总结出了视觉美学的基本规律，那就是统一与变化、对称与均衡、比例与尺度、节奏与韵律、稳定与轻巧等。这些规律在现代设计中被广泛运用，如图 1-6 所示的音响系列，其整体颜色统一为蓝色，顶部造形也统一为球形，但在底部造型上采用了不同的形态，从整体来看就体现了"统一与变化"的视觉美学规律。

| 图 1-4 | 图 1-5 | 图 1-6 |

现实生活中，现代产品的设计美学非常丰富。例如，狭义的产品设计美学仅仅指产品外观形态的视觉美，而广义的产品设计美学则包含了功能美、技术美、结构美、材料美、工艺美以及道德美和社会美等人们在生活实践中所形成的美学标准。图 1-7 所示为可伸缩台灯，不仅能照明，可伸缩折叠，而且具备便携价值。图 1-8 所示为商代晚期的"四羊方尊"盛酒器，体现了我国悠久历史的文化之美。图 1-9 所示为盲人智能拐杖，体现了设计者对社会弱势群体的关心，产品凸显了道德美与社会美。

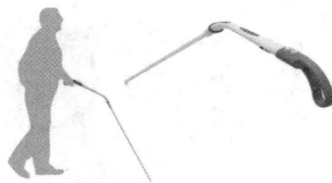

| 图 1-7 | 图 1-8 | 图 1-9 |

3. 产品设计与制作的发展过程

产品设计与制作伴随着人类生存与发展的需要而诞生并被不断实践，按照产品实现手段可以分为手工艺方式和工业化生产方式两种。

手工艺方式是指在进入工业化时代之前，人类的衣食住行、娱乐、学习等所有活动中用到的产品都是靠人类自己思考、合理选取材料，手工制作而成。例如，《考工记》中的"天有时，地有气，材有美，工有巧，合此四者，然后可以为良。"就是说造物应该顺应天时，适应地气，使用上佳材料，工艺精巧，达成此 4 项条件才能制造出精良的器物。这代表着我国手工艺时代的造物思想。手工产品来自各行各业的手工艺人,例如家具是由木工手动制作(见图 1-10),餐具大多是由匠人烧制的陶瓷,服饰也是由家人或者裁缝手动缝制,因此,人类在进入工业化生产之前的时期也被称为手工艺时代。

工业化生产的产品是机器批量生产加工出来的。这种机器批量生产的方式一方面提高了产品的生产效率,降低了产品的制作成本;另一方面,产品设计的内涵也更加丰富,满足了人类对产品多样化、个性化的需要。图 1-11 所示为皮革和金属相结合的现代座椅,丰富了家具的设计思路。

图 1-10

图 1-11

4. 产品设计与制作的行业前景

产品设计与制作立足设计与制作两大板块,结合了产品设计理论及相关学科知识,设计师需要具备设计能力、审美能力和效果图制作能力。产品效果图是将设计师的设计构思立体化的计算机表现,用以直观地展示产品的外观形态和内部结构,相比传统的手工模型制作,使用计算机软件制作时间短、效率高,可以反复地推敲与修改,能有效提高产品的设计质量,降低产品上市风险。图 1-12 所示为电子秤效果图,图 1-13 所示为摩托车效果图,在计算机上可以直观地呈现这些产品的设计理念和设计效果。要胜任三维建模师岗位就必须掌握三维软件建模技术,要胜任产品设计师岗位,还必须具备产品设计知识。

图 1-12

图 1-13

任务实践:课堂讨论明式家具的产品设计美学

明式家具是我国家具设计智慧的集中体现,代表了中国人在设计艺术上的较高成就。从明式家具的造型、材料、工艺、结构、色彩、社会及艺术价值等方面讨论明式家具的产品设计美学，可以加深对产品设计美学规律的理解，提高产品设计的美学设计水平。请查找相关资源探讨图 1-14 所示的明式家具的功能、结构、材料、工艺及产品设计美学。

图 1-14

⊙ 任务 2 认识产品设计与制作的常用软件

任务引入

　　计算机三维制作软件作为辅助产品设计效果图制作的有效手段深受工业设计师的青睐，在三维制作软件中设计师可以非常方便地调整产品的形态、色彩、结构、表面效果等设计参数，从而能够快速有效地向客户展示设计修改结果。本次任务将带领学生认识能够辅助产品模型效果设计与制作的常用三维制作软件，重点介绍 3ds Max 2021。

相关知识

1. 常用三维制作软件

　　与产品设计与制作相关的三维制作软件有很多，但各有特点。例如 Pro/Engineer（见图 1-15）、SolidWorks（见图 1-16）是集产品设计、生产与制造于一体的工程化软件，可以实现产品的参数化建模、工程图纸输出，广泛运用于制造业；Rhino（见图 1-17）是针对产品外观造型，尤其是曲面造型的效果图制作软件；3ds Max（见图 1-18）则是一款兼容多种设计方向的建模及效果图制作软件，其界面设置直观，建模、渲染等功能都很强大，目前在全球拥有巨大的用户群。

图 1-15　　　　图 1-16　　　　图 1-17　　　　图 1-18

2. 基本流程与应用领域

产品的设计、生产基本流程是：市场调研—产品设计概念形成—三维效果图制作—市场可行性分析—工程图设计—生产准备—批量生产—投放市场，如图 1-19 所示。本书主要讲解"三维效果图制作"环节，所以选择了以效果图制作效果出色著称的 3ds Max。除产品设计领域外，该软件的应用还涉及建筑设计、室内外空间设计、三维动画设计、游戏动漫设计等领域。

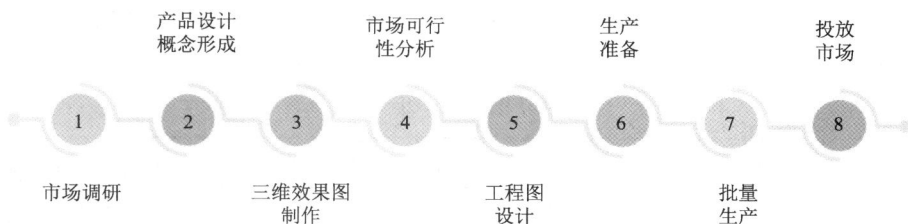

图 1-19

任务实践：分析 Pro/Engineer、SolidWorks、Rhino、3ds Max 的优劣

结合网络资源以及自己对软件的认识和理解，对 Pro/Engineer、SolidWorks、Rhino、3ds Max 这 4 款软件的相关特点进行对比分析，并填写表 1-1。

表 1-1　软件对比分析表

软件名称	建模特点	材质效果	渲染输出
Pro/Engineer			
SolidWorks			
Rhino			
3ds Max			

项目总结

本项目讲解了产品设计与制作的基本概念及美学规律，产品设计与制作的常用软件，重点介绍了 3ds Max 2021 的应用范围和该软件在产品设计中的作用。以下为项目 1 的教师教学和学生学习效果自查表，用来帮助教师和学生了解教授和学习本项目之后的自我满意度，查漏补缺。（在每一项内容后面圈选合适的分数，在"总计"中进行求和，分数越高代表教学、学习效果越好。）

项目 1 教师教学自查表

序号	我认为学生……	非常不同意 ◄———————————► 非常赞同									
1	理解了产品设计与制作的含义	1	2	3	4	5	6	7	8	9	10
2	理解了产品设计与制作的美学规律	1	2	3	4	5	6	7	8	9	10
3	了解了产品设计与制作的发展	1	2	3	4	5	6	7	8	9	10
4	对课程学习充满期待	1	2	3	4	5	6	7	8	9	10
5	了解了常用的三维制作软件	1	2	3	4	5	6	7	8	9	10
6	了解了 3ds Max 2021 的优势	1	2	3	4	5	6	7	8	9	10
7	了解了 3ds Max 2021 的应用领域	1	2	3	4	5	6	7	8	9	10
8	理解了产品的美学规律	1	2	3	4	5	6	7	8	9	10
9	具备了将美学融入设计的意识	1	2	3	4	5	6	7	8	9	10
10	提升了创新设计意识	1	2	3	4	5	6	7	8	9	10
11	总计										

项目 1 学生学习效果自查表

序号	我认为我……	非常不同意 ◄———————————► 非常赞同									
1	理解了产品设计与制作的含义	1	2	3	4	5	6	7	8	9	10
2	理解了产品设计与制作的美学规律	1	2	3	4	5	6	7	8	9	10
3	了解了产品设计与制作的发展	1	2	3	4	5	6	7	8	9	10
4	对课程学习充满期待	1	2	3	4	5	6	7	8	9	10
5	了解了常用的三维制作软件	1	2	3	4	5	6	7	8	9	10
6	了解了 3ds Max 2021 的优势	1	2	3	4	5	6	7	8	9	10
7	了解了 3ds Max 2021 的应用领域	1	2	3	4	5	6	7	8	9	10
8	理解了产品的美学规律	1	2	3	4	5	6	7	8	9	10
9	具备了将美学融入设计的意识	1	2	3	4	5	6	7	8	9	10
10	提升了创新设计意识	1	2	3	4	5	6	7	8	9	10
11	总计										

项目 2　初识 3ds Max 2021

项目介绍

对软件的认识始于对软件操作界面和软件中模型对象的常规操作。本项目先介绍 3ds Max 2021 的主要功能、软件界面的布局及模块的调用、使用方法和注意事项；然后通过调用模型素材，对模型进行选择、移动、旋转和缩放等基本操作，帮助学生实现对软件的初步掌握。

学习目标

知识目标	了解 3ds Max 2021 界面的主要组成部分及功能； 了解 3ds Max 2021 的基本操作
技能目标	熟练掌握模型文件的创建、启动、保存及退出方法； 熟练掌握模型的选择、移动、旋转、缩放等基本操作
素养目标	帮助学生建立三维模型的空间思维； 提高学生的计算机操作水平

任务 1　认识 3ds Max 2021 界面

任务引入

3ds Max 2021 具备良好的立体视觉体验感，而且操作方便、易于学习掌握，目前在全球拥有巨大的用户群。本次任务介绍 3ds Max 2021 操作界面中的菜单栏、工具栏、命令面板、动画控制区等的功能和使用方法。

相关知识

1. 启动和退出 3ds Max 2021

软件启动方式：通常使用一个软件前，要安装该软件，再进入该软件的程序界面，调用命令进行工作。3ds Max 2021 的安装可以在购买软件后按照安装步骤和提示完成，各个厂家的软件安装过程存在差异，我们可以在相应的指导下按自己的需求完成安装。图 2-1 所示为软件正在启动的界面。

图 2-1

（1）3ds Max 2021 的启动方法

方法一：3ds Max 2021 安装完成后桌面上会出现 ３ 图标，双击该图标，即可打开软件。

方法二：在计算机"开始"菜单中依次选择"所有程序"—"Autodesk 3ds Max 2021"。

（2）3ds Max 2021 的退出方法

方法一：在软件菜单栏中选择"文件"—"退出"命令，可退出软件。

方法二：单击软件右上方的 ☒（关闭）按钮，可退出软件。

方法三：在键盘上按 Alt+F4 快捷键，可退出软件。

注意：如果文件未保存，会出现一个对话框询问是否保存更改，如图 2-2 所示。如需将场景保存就单击"保存"按钮，并在弹出的窗口中选择要保存的文件路径；不需要保存则单击"不保存"按钮；单击"取消"按钮则会取消本次退出，重新回到软件操作界面。

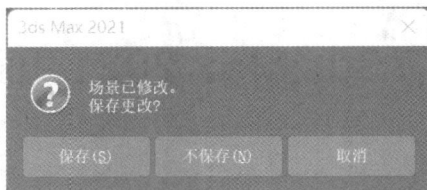

图 2-2

2. 3ds Max 2021 主界面

启动 3ds Max 2021 后的主界面如图 2-3 所示，分为菜单栏、工具栏、三视图及透视图区、命令面板、动画时间轴、动画控制区、视图控制区 7 个部分。下面依次具体介绍每个部分的主要功能。

图 2-3

（1）菜单栏

3ds Max 2021 的菜单栏位于主界面的顶端，包括 13 个菜单，各菜单功能介绍如下。

"文件"：用于场景的打开、保存、另存为及其他文件操作。

"编辑"：用于编辑场景对象的变换、复制、属性等。

"工具"：用于设置场景对象的对齐、镜像、阵列等。

"组"：对场景对象进行编组或解组。

"视图"：用于控制视图的显示方式以及设置视图的相关参数。

"创建"：用于创建几何体、二维图形、灯光、摄影机和粒子等对象。

"修改器"：用于为场景对象加载各种修改器。

"动画"：用于场景动画的创建及控制。

"图形编辑器"：用图形化视图的方式来表达场景对象的关系。

"渲染"：用于设置渲染参数及环境效果。

"自定义"：用于更改主界面组成及相关设置。

"脚本"：用于创建、打开和运行脚本。

"帮助"：提供帮助信息，供用户参考学习。

（2）工具栏

3ds Max 2021 的工具栏中集合了常用的工具，如图 2-4 所示。如果在主界面中看不到工具栏，可以在菜单栏中选择"自定义"—"显示 UI"—"显示主工具栏"命令使其显示。某些工具的右下角有一个三角形图标▼，单击该图标就会弹出该工具的下拉工具列表。右击任意工具按钮，就会弹出该工具对应的设置对话框。例如，右击 3? （捕捉）按钮，弹出"栅格和捕捉设置"对话框，如图 2-5 所示；右击 （缩放）按钮，弹出"缩放变换输入"对话框，如图 2-6 所示。

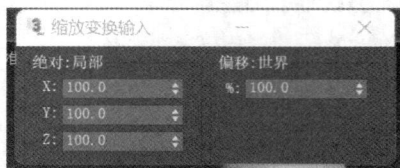

图 2-4

图 2-5

图 2-6

（3）三视图及透视图区

三视图及透视图区是主界面中最大的一个区，也是 3ds Max 2021 用于实际工作的区，默认状态下为四视图显示，包括顶视图、左视图、前视图和透视图，在这些视图中用户可以从不同角度对场景中的对象进行观察和编辑。可以通过单击左上角的视图按钮，在顶视图、底视图、前视图、后视图、左视图、右视图、透视图及正交视图之间进行切换。如果场景中创建了摄影机，也可以切换成摄影机视图。

（4）命令面板

主界面的右侧是命令面板，命令面板是 3ds Max 2021 最常用的工作面板，它将软件操作命令以图标的方式进行显示，这些图标集合了创建、修改等软件操作的大部分命令，分为 6 个命令面板。

（创建命令面板）：用于创建场景中的模型对象，如几何体、图形、灯光等。单击面板中的 （几何体）按钮，面板中会显示可以创建的几何体类型，如图 2-7 所示。单击 （图形）按钮，面板中会显示可以创建的图形类型，如图 2-8 所示。单击 （灯光）按钮，面板中会显示可以创建的灯光类型，如图 2-9 所示。

图 2-7 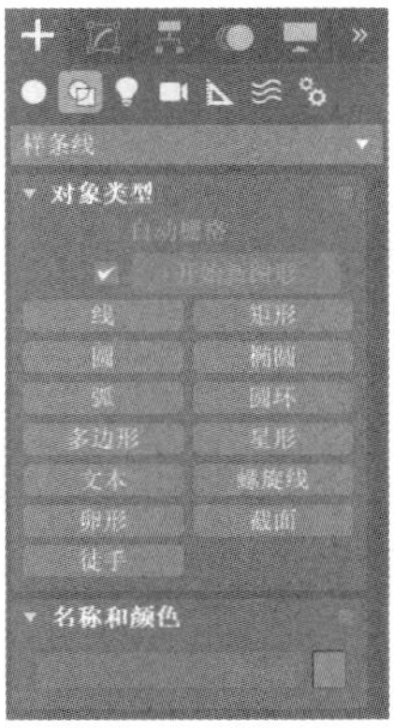　　　　　　　　　图 2-8 　　　　　　　　　图 2-9

　　（修改命令面板）：用于修改已经创建并选择的物体。该命令面板中包含大量的编辑修改命令，用于对场景中处于选中状态的二维或三维对象进行编辑修改和深层次的加工。在面板的下拉列表中可以找到全部的编辑命令，部分下拉列表信息如图 2-10 所示。

　　在修改命令面板中的"修改器"列表中选择"编辑多边形"修改器后，修改器堆栈（见图 2-11）下方就会有对应的编辑多边形的子对象及对应的编辑修改卷展栏。有些面板的内容很长，屏幕上显示不完整，就按性质分布在不同的卷展栏内以带黑色的线框显示，单击黑框左侧的三角形可展开卷展栏，再次单击可收起卷展栏。除命令面板外，材质编辑器、渲染设计等对话框也采用类似的卷展栏折叠设计。

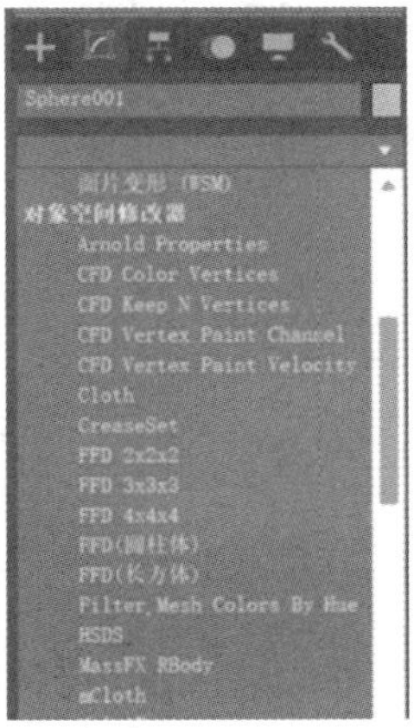

图 2-10 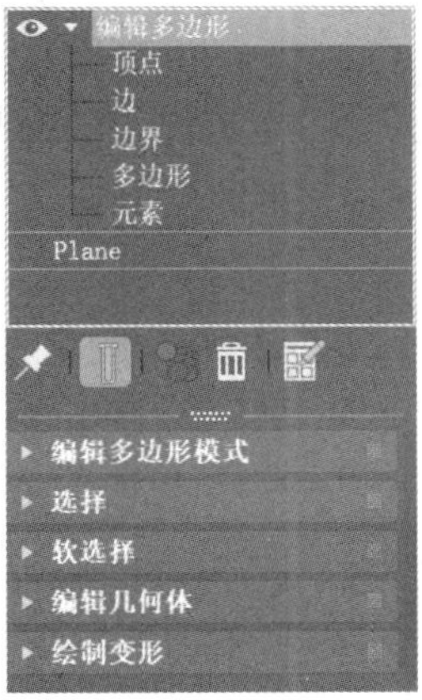　　　　　　　　　图 2-11

　　（层级命令面板）：多用于动画操作，可调节轴、反向动力学和链接信息等。

　　（运动命令面板）：主要用于动画的创建、参数设置及效果控制等。

　　（显示命令面板）：主要用于显示或隐藏物体、冻结或解冻物体等。

　　（工具命令面板）：主要作用是通过 3ds Max 2021 的外挂程序来完成一些特殊的操作。

（5）动画时间轴

动画时间轴用来控制视图中动画显示的时间，如图 2-12 所示。

图 2-12

按住并拖动 15 / 100 （时间滑块）可以改变当前动画显示的时间，具体时间就是滑块对应的黄色小长方形的位置，可以通过其前后数字得出具体时间。时间的计算方法是总帧数除以帧频（每秒播放的帧数），例如图 2-12 所示总帧数为 100 帧，按默认的帧频 30 帧/秒计算，100 帧的动画播放时间约为 3.3 秒。

单击时间轴左侧的 （轨迹栏）按钮，会打开"轨迹栏"对话框，可在其中对动画的轨迹进行编辑修改，如图 2-13 所示。单击左上角的 关闭 按钮，即可关闭该对话框。

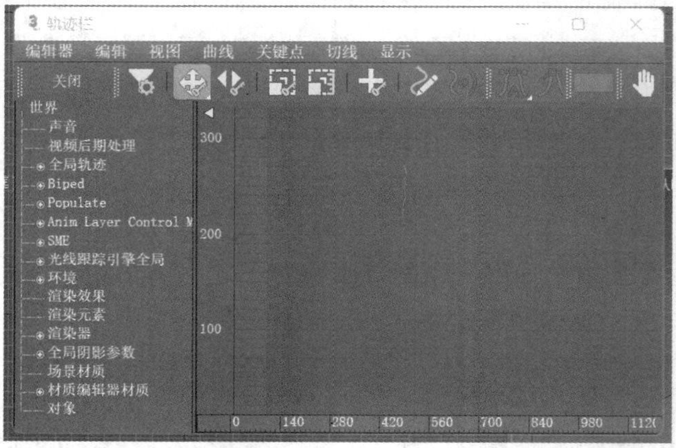

图 2-13

（6）动画控制区

动画制作区提供了动画播放组件、时间配置及动画关键点设置功能，如图 2-14 所示，主要用于控制动画的播放、暂停等。单击 （时间配置）按钮，弹出"时间配置"对话框，如图 2-15 所示，可在其中设置动画的播放速度、时间长度等。

（7）视图控制区

视图控制区位于 3ds Max 2021 主界面底部的右侧，集合了用于控制视图中模型显示的所有快捷工具。在系统默认的正投影图（顶视图、前视图、左视图等）和透视图下，视图控制区显示如图 2-16 所示。切换到摄影机视图时，视图控制区显示如图 2-17 所示。

视图控制区的常用工具功能如下。

（缩放）和 （推拉摄影机）：在任意视图中按住鼠标左键上下拖曳，可以放大或缩小当前激活的视图区域。

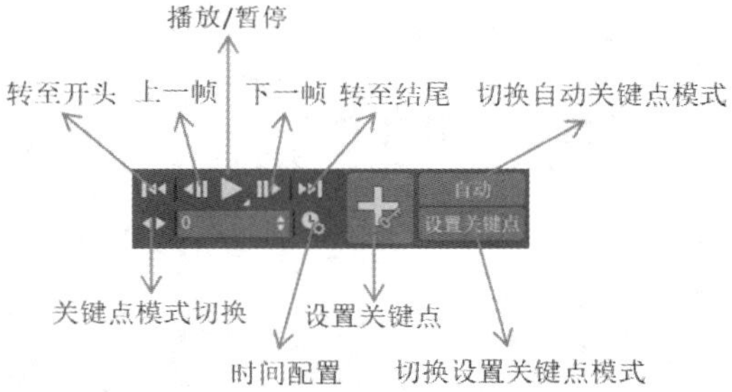

图 2-14

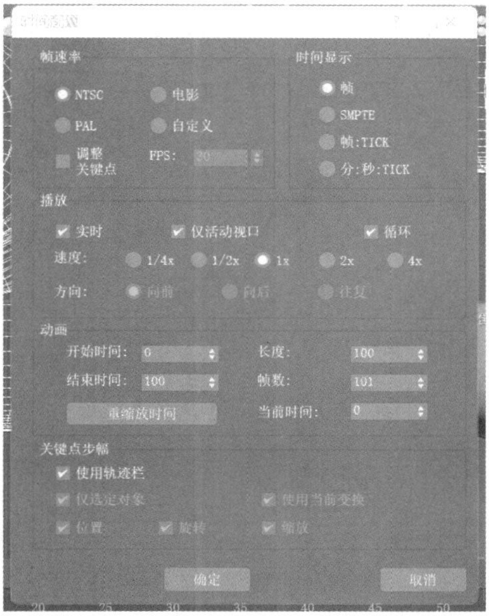

图 2-15

图 2-16

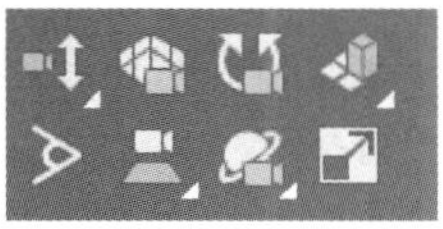

图 2-17

（缩放所有视图）：用来放大或缩小所有视图区域（摄影机视图除外）。

（最大化显示选定对象）：将所有的对象最大化到窗口可视范围。

（最大化显示所有视图对象）：功能与"最大化显示选定对象"按钮相同，但它会使所有视图发生改变（摄影机视图除外）。

（视图缩放）：对单一视图进行缩放。

（平移）和（平移摄影机）：在任意视图中按住鼠标左键并拖动，可以平移观察视图。

（环绕子对象）和（环绕摄影机）：通过环绕子对象或摄影机改变模型观察角度。

（最大/最小显示）：如果当前视图处于最小化状态，单击此按钮将使视图最大化；如果当前视图处于最大化状态，单击此按钮将使视图最小化。

3. 视图中的右键菜单

右键菜单集合了针对当前选中模型可执行的部分常用命令，图 2-18 所示的四元菜单就是 3ds Max 2021 中针对二维曲线的右键菜单。这是系统默认状态下的右键菜单，用户也可以根据需要自行定义，依次在菜单栏中选择"自定义"—"自定义用户界面"命令，在弹出的"自定义用户界面"对话框中打开"四元菜单"选项卡，在选项卡右上角的下拉列表中选择"默认视口四元菜单"选项，保存设置即可，如图 2-19 所示。

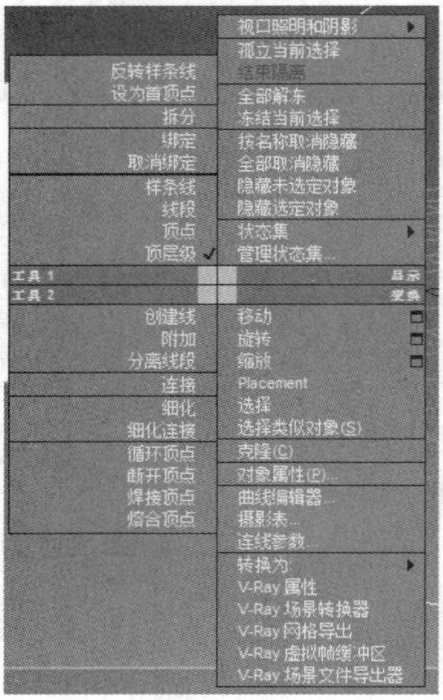

图 2-18

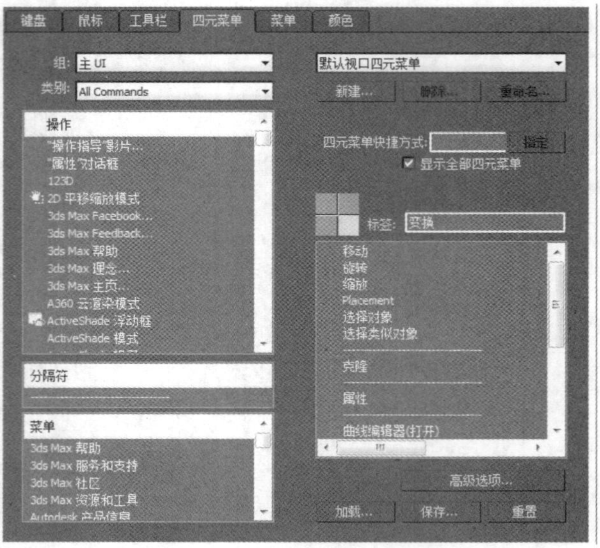

图 2-19

任务实践：素材模型的打开、视图切换和模型保存

操作步骤如下。

（1）启动 3ds Max 2021，打开素材"项目 2—任务 1—任务实践—玩具飞机.max"模型文件，效果如图 2-20 所示。

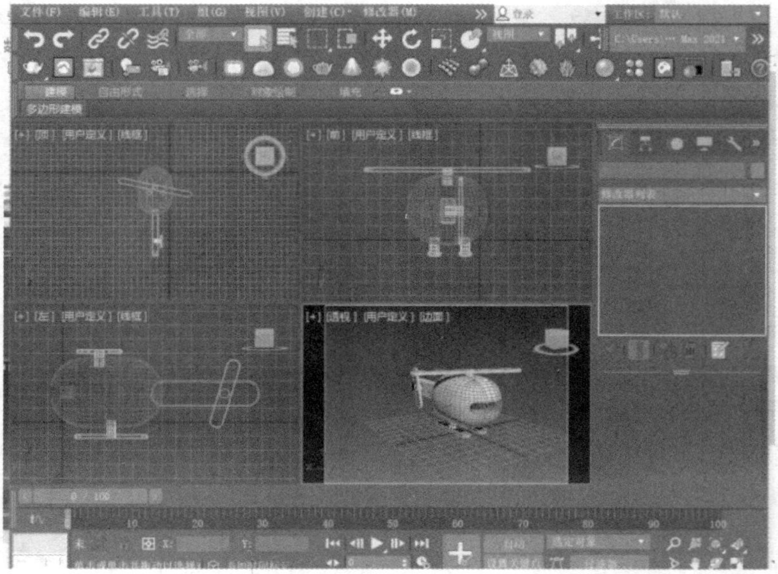

微课视频

2.1

图 2-20

（2）单击透视图左上角的 4 个按钮[+] [透视] [标准] [默认明暗处理]，分别弹出图 2-21、图 2-22、图 2-23、图 2-24 所示的菜单。以儿童玩具飞机模型为例，单击[默认明暗处理]按钮后，默认的显示效果如图 2-25 所示；选择"线框覆盖"命令后的显示效果如图 2-26 所示；选择"样式化"—"彩色铅笔"命令后的显示效果如图 2-27 所示；选择"样式化"—"墨水"命令后显示的效果如图 2-28 所示。

图 2-21　　　　　　　　　　　　图 2-22

图 2-23 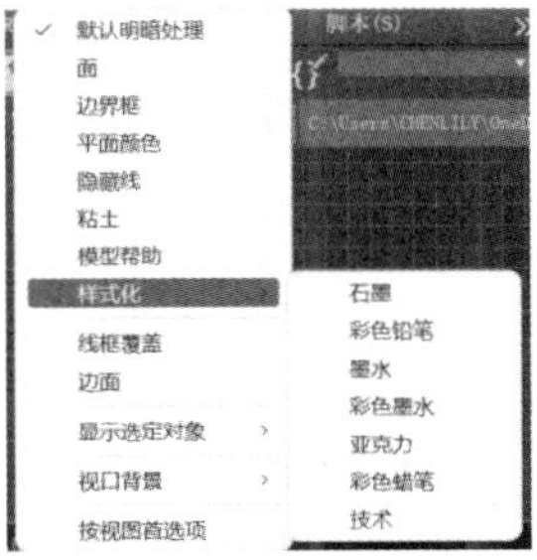　　　　　　　　　　　　图 2-24

图 2-25 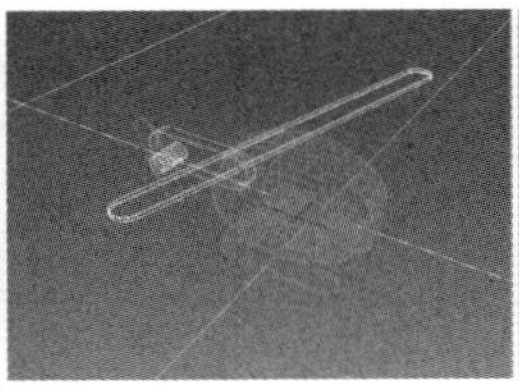　　　　图 2-26 　　　　图 2-27　　　　图 2-28

（3）单击左下角视图控制区中的（最大/最小显示）按钮，使当前视图最大化显示，效果如图 2-29 所示，再次单击此按钮回到原来的 4 个视图界面。视图控制区的其他按钮可以自行使用并观察效果。

图 2-29

（4）在菜单栏中选择"文件"—"保存"（或"另存为"）命令，弹出"文件另存为"对话框中，在"文件名"文本框中输入文件的新名称，单击 保存(S) 按钮，即可实现对当前场景模型的保存。

任务 2　掌握 3ds Max 2021 中模型的基本操作

任务引入

在 3ds Max 2021 中，模型的基本操作涵盖多项技巧，例如对模型沿 x、y、z 轴进行精确的单轴、平面及三轴联动的移动、旋转、缩放等操作。本次任务目标是熟悉并熟练使用这些工具，会全方位地观察模型，精细调整模型的位置、朝向及尺寸比例，从而有效提高模型的真实性，增强其视觉效果。

相关知识

1. 三维空间的概念

3ds Max 2021 内置了一个无限大而又全空的虚拟三维空间，这个三维空间是根据笛卡儿坐标系构成的，因此 3ds Max 2021 虚拟空间中的任何一点都能用 x、y、z 这 3 个值来精确定位，图 2-30 所示为笛卡儿坐标系。

在 3ds Max 2021 的模型空间中，坐标系中的每个轴都是一条两端无限延伸的、不可见的直线，且它们是相互垂直的。3 个轴的交点就是虚拟三维空间的中心点，称为世界坐标系原

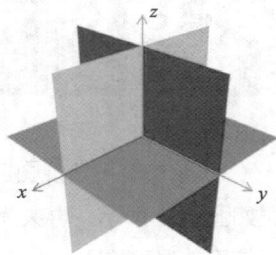

图 2-30

点。每两个轴组成一个平面，包括 xy 面、yz 面和 xz 面，这 3 个平面在 3ds Max 2021 中被称为主栅格面，分别对应着主界面中的俯视图、左视图和前视图。默认情况下，通过鼠标拖曳方式创建模型时，都将以某个主栅格面为基础进行创建。

2. 模型的 4 种视图

3ds Max 2021 的视图区域默认为 4 个视图，每个视图左上角都有视图名称标识，分别是顶视图（从上往下投影）、前视图（从前向后投影）、左视图（从左向右投影）和透视图（系统默认的摄影机视图，具有较强的立体感）。顶视图、前视图、左视图与透视图的组合，可以准确地反映模型的长、宽、高以及各部位的相对关系。透视图模拟了人们日常生活中的观察视角，遵循近大远小的透视规律。图 2-31 所示为圆柱体在这 4 个视图下的形态。

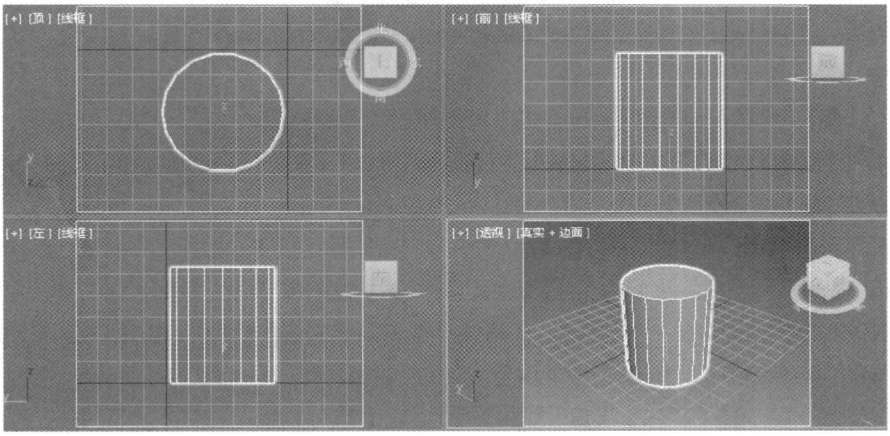

图 2-31

3. 模型的选择、移动、旋转和缩放

当需要对场景中的模型进行选择、移动、旋转和缩放操作时，可以通过单击工具栏上对应的工具按钮来实现。各工具的操作方法如下。

（1）■（选择）：单击■工具按钮后它会变成■，在场景中选择需要进行操作的模型，被选中的模型线框显示为白色。若需要同时选择多个模型，则可以按住 Ctrl 键选择，若要取消选中其中某个模型则按住 Alt 键选择。

此外，与选择功能相关的工具还有以下几个。

■（按名称选择）：单击该按钮，弹出图 2-32 所示的"从场景选择"对话框，单击需要选择的对象名称，再单击■ 确定 ■按钮即可。

■（选择区域）：单击该按钮右下角的小三角形，出现 5 种不同形状的选择框。例如，选择"矩形"选项后，在场景中用鼠标拖动绘制矩形，矩形内的对象就都会被选中。

■（交叉/窗口）：框选模型时，如果是■（交叉）模式，模型只要有部分在选框内，整个模型就会被选中；单击该按钮它会变成■（窗口）模式，此时需要将整个模型全部包含在选框内，模型才会被选中。

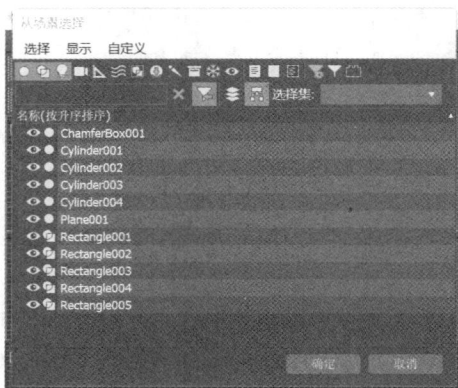

图 2-32

（2）✛（移动）：单击该按钮，选中场景模型，三视图及透视图区就会出现移动轴，如图 2-33 所示。默认状态下，坐标轴中红色的箭头线代表 x 轴，绿色的箭头线代表 y 轴，蓝色的箭头线代表 z 轴，处于选中状态的轴会变成黄色。

将鼠标指针置于单轴上，表示只能沿一个方向正反移动模型；将鼠标指针置于两轴之间，则表示可在两轴所形成的平面内自由移动模型；将鼠标指针置于由三轴形成的立体空间中时，表示可以在三维空间中自由移动模型。（备注：也可以右击✛（移动）按钮，在弹出的"移动变换输入"对话框中，通过设置其坐标值来实现对象的移动，如图 2-33 所示。注意：不同于视图控制区中的✋（平移）工具，✛（移动）工具用于使模型在三维空间中的三维坐标值发生变化，而✋（平移）工具用于使用户观察的位置发生变化，模型在坐标系中的三维坐标并没有改变。）

图 2-33

（3）[图标]（旋转）：单击该按钮，选中场景中的模型，三视图及透视图区就会出现旋转轴，如图 2-34 所示。默认状态下，坐标轴中红色圆代表 x 轴，绿色圆代表 y 轴，蓝色圆代表 z 轴，处于选中状态的轴的圆呈现黄色。

图 2-34

将鼠标放置于某轴上，表示只能沿此轴正反旋转；将鼠标指针置于由三轴形成的立体空间上（灰色圆圈）时，表示可以在三维空间中自由旋转。（备注：右击[图标]（旋转）按钮，弹出"旋转变换输入"对话框，在此对话框中设置其坐标值也可以实现模型的旋转。注意：不同于视图控制区中的[图标]（环绕子对象）工具，[图标]工具用于使模型在三维空间中的真实角度发生变化，而[图标]工具用于使用户观察的角度发生变化。）

（4）[图标]（缩放）：单击该按钮，选中场景中的模型，三视图及透视图区就会出现缩放坐标轴，如图 2-35 所示。默认状态下，坐标轴中红色线代表 x 轴，绿色线代表 y 轴，蓝色线代表 z 轴，处于选中状态的轴呈现黄色。

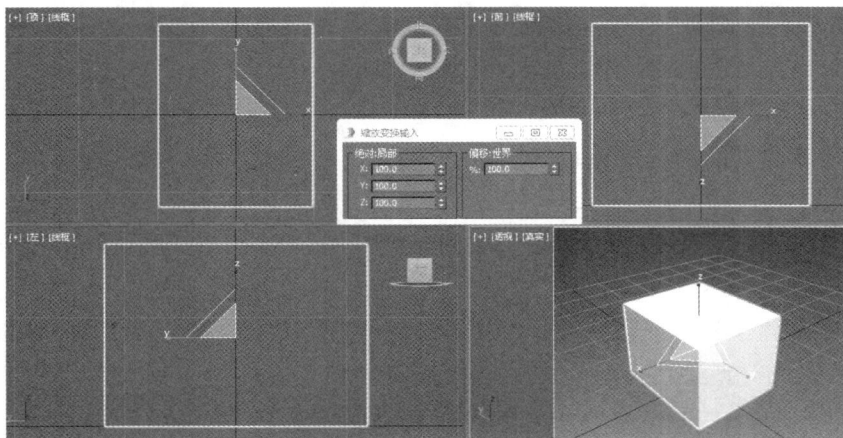

图 2-35

将鼠标指针置于某轴上表示只能沿此轴缩放模型；将鼠标指针置于两轴之间的三角面上，则表示沿由两轴所形成的平面进行缩放；将鼠标指针置于由三轴所形成的三角空间，表示可以在 3 个轴上同时进行缩放。右击 ▣（缩放）按钮，弹出"缩放变换输入"对话框，可以在对话框中设置其坐标值来实现模型的缩放。

注意：不同于视图控制区中的 🔍（缩放）工具，▣ 工具是使对象在三维空间中的真实大小发生变化，而 🔍（缩放）工具只是使用户观察的距离发生变化而引起模型在视觉上的大小变化。

任务实践：对素材模型进行移动、旋转、缩放操作

微课视频
2.2

操作步骤如下。

（1）启动 3ds Max 2021，打开素材"项目 2—任务 2—任务实践—灯具模型.max"模型文件，效果如图 2-36 所示。

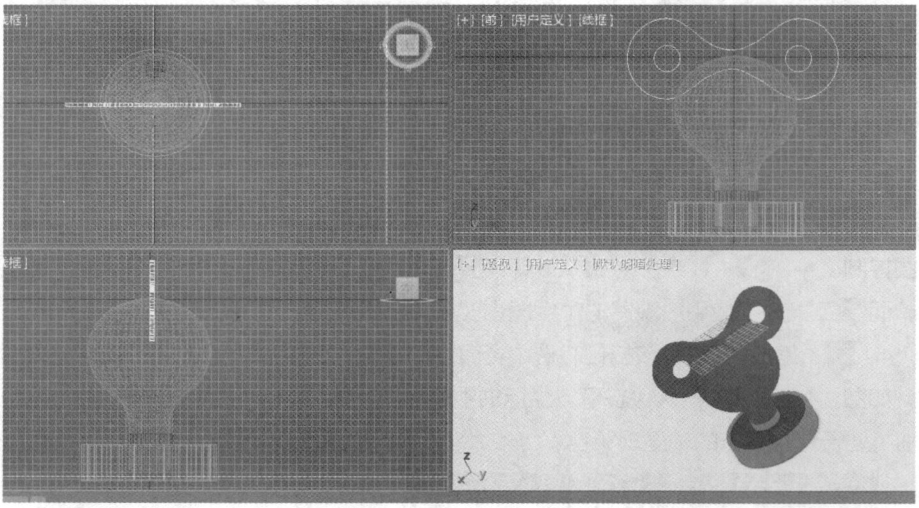

图 2-36

（2）单击工具栏中的 ▣（选择）和 ▣（窗口）两个工具按钮，再框选"灯具模型"中的所有结构模型，如图 2-37 所示。

（3）在菜单栏中选择"组"—"组"命令，弹出图 2-38 所示的"组"对话框，在"组名"文本框中输入"灯具"，将所有选择的模型变成一个组对象。（备注：成组后的模型是一个整体，如果需要选择组内的模型，需先在菜单栏中选择"组"—"解组"命令。）

（4）右击工具栏中的 ✛（移动）按钮，在弹出的"移动变换输入"对话框中将模型的全部坐标设置为 0，就会发现模型的中心与坐标系原点重合。

（5）右击工具栏中的 ↻（旋转）按钮，在弹出的"旋转变换输入"对话框中将"绝对：世界"中的"Y"的数值设置为 90，如图 2-39 所示。此时模型效果如图 2-40 所示。

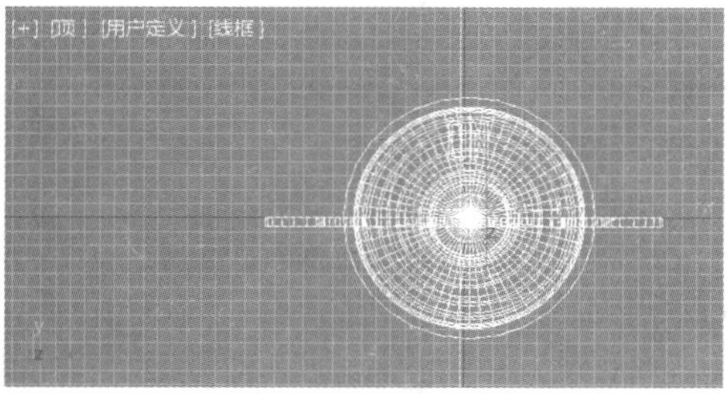

图 2-37

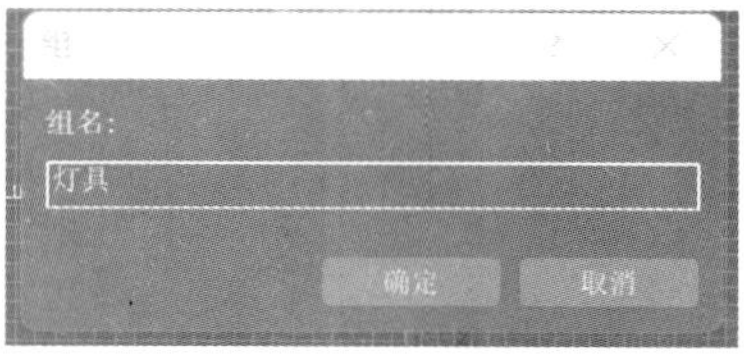

图 2-38

图 2-39

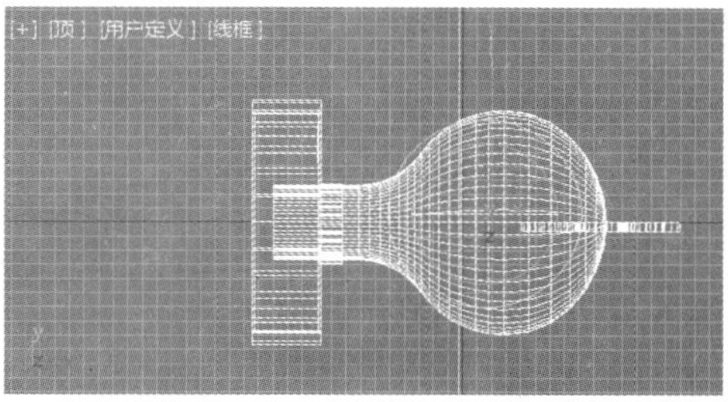

图 2-40

（6）继续在工具栏中右击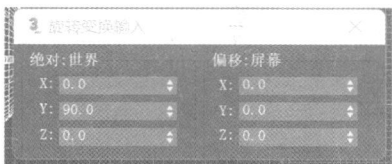（缩放）工具按钮，在弹出的"缩放变换输入"对话框中将"X"的数值改为 150，如图 2-41 所示。此时模型效果如图 2-42 所示。

图 2-41

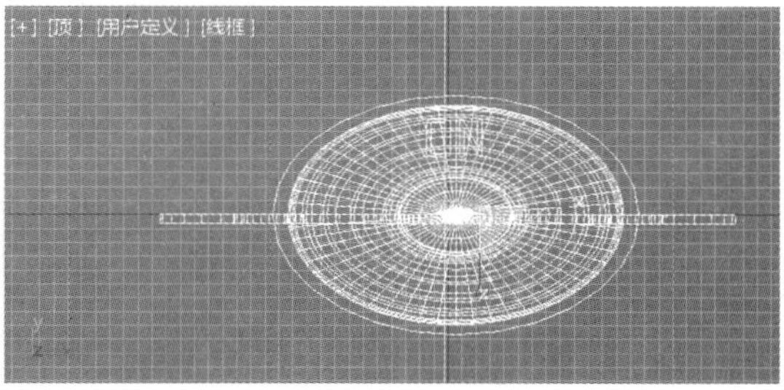

图 2-42

项目总结

本项目介绍了 3ds Max 2021 的安装、启动和退出的方法，主界面工作区功能及常用的右键菜单，重点讲解了 3ds Max 2021 中的选择、移动、旋转和缩放工具。以下为项目 2 的教师教学自查表和学生学习效果自查表，用来帮助教师和学生了解教授和学习本项目之后的自我满意度，查漏补缺。

项目 2 教师教学自查表

序号	我认为学生……	非常不同意 ←————————→ 非常赞同									
1	学会了 3ds Max 2021 的启动和退出方法	1	2	3	4	5	6	7	8	9	10
2	了解了 3ds Max 2021 的主界面工作区	1	2	3	4	5	6	7	8	9	10
3	了解了 3ds Max 2021 的右键菜单	1	2	3	4	5	6	7	8	9	10
4	学会了文件的打开、保存及另存为操作	1	2	3	4	5	6	7	8	9	10
5	初步具备三维空间意识	1	2	3	4	5	6	7	8	9	10
6	理解了三视图的形成原理	1	2	3	4	5	6	7	8	9	10
7	学会了视图的切换和控制	1	2	3	4	5	6	7	8	9	10
8	掌握了模型的基本操作	1	2	3	4	5	6	7	8	9	10
9	具备了严谨的建模态度	1	2	3	4	5	6	7	8	9	10
10	提升了产品的创新设计意识	1	2	3	4	5	6	7	8	9	10
11	总计										

项目 2 学生学习效果自查表

序号	我认为我……	非常不同意 ←————————→ 非常赞同									
1	学会了 3ds Max 2021 的启动和退出方法	1	2	3	4	5	6	7	8	9	10
2	了解了 3ds Max 2021 的主界面工作区	1	2	3	4	5	6	7	8	9	10
3	了解了 3ds Max 2021 的右键菜单	1	2	3	4	5	6	7	8	9	10
4	学会了文件的打开、保存及另存为操作	1	2	3	4	5	6	7	8	9	10
5	初步具备三维空间意识	1	2	3	4	5	6	7	8	9	10
6	理解了三视图的形成原理	1	2	3	4	5	6	7	8	9	10
7	学会了视图的切换和控制	1	2	3	4	5	6	7	8	9	10
8	掌握了模型的基本操作	1	2	3	4	5	6	7	8	9	10
9	具备了严谨的建模态度	1	2	3	4	5	6	7	8	9	10
10	提升了产品的创新设计意识	1	2	3	4	5	6	7	8	9	10
11	总计										

项目 3　3ds Max 2021 基本体建模

项目介绍

　　3ds Max 2021 基本体建模是将现实中常见的立体形态（方体、球体、圆柱、圆锥、圆环等）作为基础模型，通过排列复制，调整位置及方向等方法制作出需要的模型效果。

　　本项目先介绍 3ds Max 2021 中标准基本体和扩展基本体的创建及参数设置与修改，基本模型常用的复制、对齐、镜像、阵列与群组等模型组合调整方法，然后进行软件操作实践，制作沙发与钟表模型。

学习目标

知识目标	了解 3ds Max 2021 中基本体的类型和参数意义； 理解 3ds Max 2021 建模的基本概念及原理
技能目标	熟练掌握创建各种基本体模型及扩展模型的方法； 熟练掌握模型的复制、对齐、镜像、阵列、群组等基本操作
素养目标	提升学生三维建模的空间想象力； 培养学生的建模规范意识

◉ 任务 1　创建基本体模型

任务引入

　　在日常生活中，几何造型的产品随处可见，如包装盒、桌椅、皮球等，这些工业化的、批量生产的产品大多都是在基本的几何形态基础上进行外观和结构的重组和解构而来的。在 3ds Max 2021 中，这些造型都有简便、快捷的创建方法，并且其外观尺寸可以通过设置精确数值的方式进行参数化调节。本次任务将讲解几何体模型的单位设置、创建方法以及常见的标准基本体和扩展基本体的创建，最后进行软件操作实践。

相关知识

1. 单位设置

在创建模型之前，需要进行单位设置。在菜单栏中选择"自定义"—"单位设置"命令，弹出"单位设置"对话框，在"显示单位比例"中选中"公制"选项，并在其下拉列表中选择具体单位，如图 3-1 所示。单击 系统单位设置 按钮，弹出"系统单位设置"对话框，按照建模需要进行设置即可，如图 3-2 所示。

图 3-1

图 3-2

2. 创建模型的基本方法

3ds Max 2021 中常用的模型创建方法有两种。

（1）使用鼠标创建

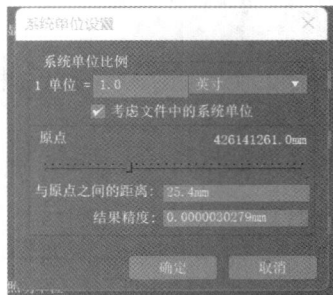

以创建长方体模型为例。在命令面板中单击 ➕ （创建）— ◉ （几何体）按钮，然后在下拉列表中选择"标准基本体"类型；再单击 长方体 按钮，在透视图中按住鼠标左键不放，拉出长方体的底面，松开鼠标左键，向上移动鼠标拉出长方体高度，单击完成长方体模型的创建，如图 3-3 所示。（备注：创建过程中可以结合 3ds Max 2021 中的捕捉命令进行精确创建。在工具栏中右击 3² （捕捉）工具按钮，在弹出的"栅格和捕捉"设置中只

图 3-3

选中"栅格点"选项，在视图中单击或者拖动鼠标时，鼠标指针会自动定位至栅格点上，从而实现捕捉辅助创建模型。）

（2）通过键盘输入创建

在命令面板中单击✚（创建）—⭕（几何体）按钮。然后在下拉列表中选择"标准基本体"类型；再单击 管状体 按钮，在命令面板中的"键盘输入"卷展栏中输入长方体的长度、宽度和高度之后，单击 创建 按钮即可完成管状体模型的创建，如图 3-4 所示。

图 3-4

3. 创建标准基本体

3ds Max 2021 提供了 11 种标准基本体，命令面板中所有的标准基本体创建按钮如图 3-5 所示，除"加强型文本"外的对应模型效果如图 3-6 所示。例如，图 3-7 是标准基本体四棱锥在透视图中的模型效果及参数设置。完成标准基本体创建后如果需要修改其参数，就在命令面板中单击▨（修改命令面板）按钮，然后在参数栏中修改即可。

图 3-5　　　　　　　　　　　　　　　图 3-6

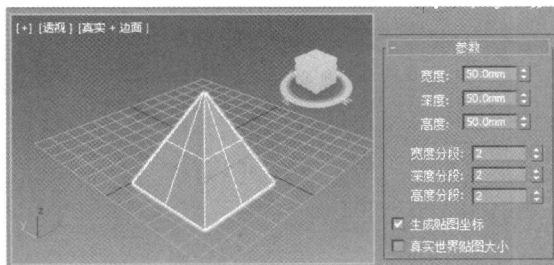

图 3-7

4．创建扩展基本体

3ds Max 2021 提供了 13 种扩展基本体。命令面板中所有的扩展基本体创建按钮如图 3-8 所示，对应的模型效果如图 3-9 所示。例如，图 3-10 所示为异面体模型在透视图中的模型效果及参数设置。

图 3-8　　　　　　　图 3-9　　　　　　　　　图 3-10

任务实践：运用切角长方体创建现代沙发模型

微课视频

3.1

使用切角长方体创建沙发的坐垫、扶手及靠背等，注意调整各个部分的尺寸和位置。将沙发的坐垫厚度设置为 200mm，其余造型厚度设置为 150mm，实现 4∶3 的比率，且整体高度符合人体坐姿尺度要求，体现了产品"比例与尺度"的美学规律。底座、扶手和靠背部分为沙发的支撑结构，大多为木制或者金属框架结构，所以这些部分的切角长方体的圆角比上部坐垫的圆角小了一半，这样产品会更真实，效果如图 3-11 所示。

操作步骤如下。

（1）启动 3ds Max 2021，在命令面板中单击 ✛（创建）— ⬤（几何体）按钮，然后在下拉列表中选择"扩展基本体"类型；单击 切角长方体 按钮，选择透视图，在"键盘输入"卷展栏中输入图 3-12 所示的数值，单击"创建"按钮，即可完成沙发坐垫切角长方体的创建，效果如图 3-13 所示。

图 3-11

图 3-12

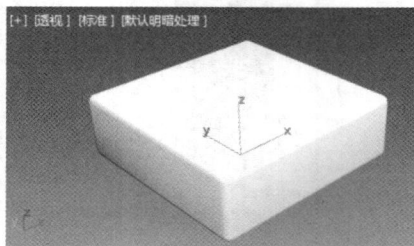

图 3-13

（2）在前视图中，选中创建的长方体，按住 Shift 键，将鼠标指针沿 y 轴向下移动，在弹出的"克隆选项"对话框中选中"复制"选项，单击"确定"按钮，如图 3-14 所示。

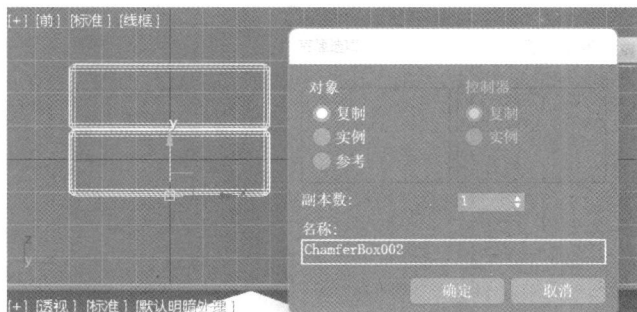

图 3-14

（3）选中底下的长方体模型，单击 ✎ （修改命令面板）按钮，在"参数"卷展栏中将参数更改为图 3-15 所示，适当调整位置即可完成沙发底座的创建，效果如图 3-16 所示。

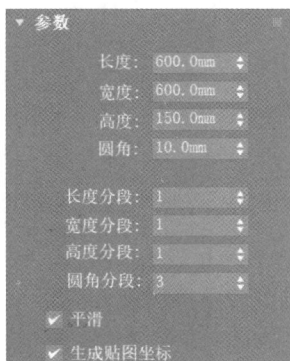

图 3-15

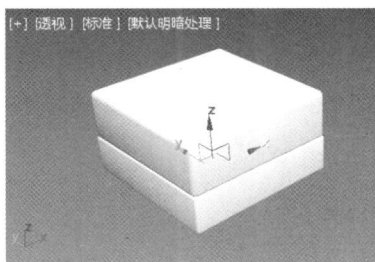

图 3-16

（4）再次单击 切角长方体 按钮，选择透视图，在"键盘输入"卷展栏中输入图 3-17 所示的数值，单击 创建 按钮，即可创建出作为沙发侧面扶手的切角长方体模型，将其复制，通过移动工具调整扶手位置，效果如图 3-18 所示。

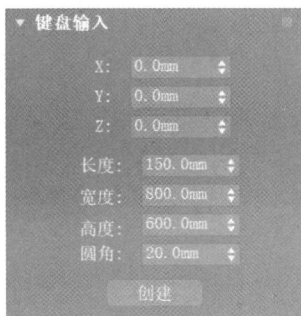

图 3-17

图 3-18

（5）继续单击 切角长方体 按钮，选择透视图，在"键盘输入"卷展栏中输入图 3-19 所示的数值，单击 创建 按钮，即可创建出作为沙发靠背的切角长方体模型，效果如图 3-20 所示。至此，个人单体沙发模型创建完成。

图 3-19

图 3-20

任务 2　掌握创建模型的常用工具

任务引入

在 3ds Max 2021 中可以通过对模型执行复制、对齐、镜像、矩阵、对齐、群组等操作快速准确地创建许多结构相似的产品，能有效地提高制作速度和效率。本次任务将介绍这些常用操作工具的调用方法和参数设置方法，并进行操作工具的实践，制作旋转钟表模型。

相关知识

1. 复制

在 3ds Max 2021 中进行模型复制时，有以下 3 种方法。

方法一：选中模型，在菜单栏中选择"编辑"—"克隆"命令。

方法二：选中模型，先按 Ctrl+C 快捷键，再按 Ctrl+V 快捷键。

方法三：选中模型，单击工具栏中的 ✛ 工具，在视图中按住 Shift 键的同时对物体进行移动操作。

运用以上 3 种方法复制模型时，都会弹出图 3-21 所示的"克隆选项"对话框，各个选项的作用分别如下。

➢ 复制：根据原始对象复制一个新对象，且复制得到的对象具有独立的参数和属性，当对原始对象进行编辑修改时，不会影响复制的对象，同样对复制的对象进行编辑修改时，也不会影响原始对象。

➢ 实例：对原始对象和复制得到的新对象各自进行编辑修改都会影响到对方，二者是相互关联的。

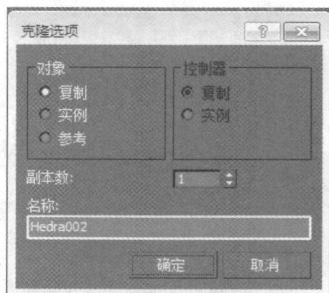

图 3-21

➢ 参考：复制得到的新对象受原始对象的影响，但对复制的对象所做的编辑修改不会影响到原始对象，它们是一种单向关联的关系。

2. 对齐

创建模型时，通常会使模型之间沿某基准对齐，使用移动工具无法实现精准对齐，此时就需要使用 3ds Max 2021 中的对齐工具，此工具可以将模型沿轴、中心等多种方式对齐。对齐工具的使用方法如下。

（1）启动 3ds Max 2021，在命令面板中单击 ➕（创建）— ◉（几何体）按钮，然后在下拉列表中选择"标准基本体"类型；单击 ▇ 圆环 ▇ 和 ▇ 圆柱体 ▇ 按钮，在透视图中创建圆环和圆柱体模型，如图 3-22 所示。

（2）选中两个模型，在菜单栏中选择"工具"—"对齐"—"对齐"命令，弹出图 3-23 所示的"对齐当前选择"对话框，在"对齐位置"中勾选"X 位置""Y 位置""Z 位置"复选框，并在"当前对象"和"目标对象"中选中"中心"选项，即可使圆环中心与圆柱中心对齐，效果如图 3-24 所示。（也可以使用工具栏中的 ▦（对齐）工具，也会弹出一样的对话框。）

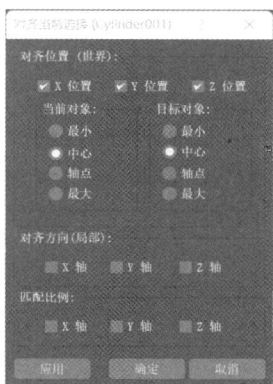

图 3-22　　　　　　　　　图 3-23　　　　　　　　　图 3-24

3. 镜像

镜像是指使模型沿给定轴或平面进行像照镜子一样的复制。镜像工具的使用方法（以茶壶模型为例）如下。

（1）启动 3ds Max 2021，在命令面板中单击 ➕（创建）— ◉（几何体）按钮，在下拉列表中选择"标准基本体"类型；单击 ▇ 茶壶 ▇ 按钮，在透视图中创建茶壶模型，效果如图 3-25 所示。

（2）选中茶壶模型，在菜单栏中选择"工具"—"镜像"命令，弹出图 3-26 所示的"镜像：世界 坐标"对话框，在"镜像轴"中选中"X"选项，在"克隆当前选择"中选中"复制"选项，单击"确定"按钮，镜像效果如图 3-27 所示。（也可以使用工具栏中的 ▶▶（镜像）

工具，也会弹出一样的对话框。）

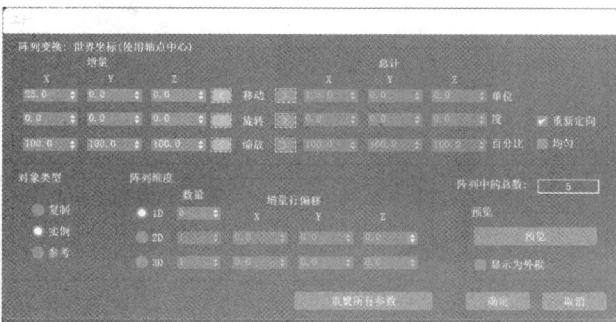

图 3-25　　　　　　　　图 3-26　　　　　　　　图 3-27

4．阵列

阵列是按一定规律对选中的对象进行多重复制。阵列分为一维阵列（沿 x 轴方向、沿 y 轴方向、倾斜 45°方向）、二维阵列（多行多列）、三维阵列和环形阵列（围绕中心）。阵列工具的使用方法如下。

（1）一维阵列

① 启动 3ds Max 2021，在命令面板中单击 ✚（创建）— ◉（几何体）按钮，在下拉列表中选择"标准基本体"类型；单击 圆环 按钮，在透视图中创建圆环模型。

② 选择圆环模型，在菜单栏中选择"工具"—"阵列"命令，在弹出的"阵列"对话框中，将"阵列维度"中"1D"的值设置为 5，如图 3-28 所示，单击"预览"按钮，即可看到透视图中的圆环模型沿 x 轴方向线性阵列，阵列后的模型效果如图 3-29 所示，单击"确定"按钮即可完成阵列。

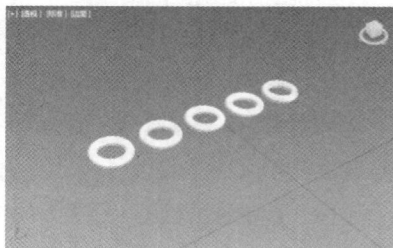

图 3-28　　　　　　　　　　　　　　　图 3-29

（2）二维阵列

① 启动 3ds Max 2021，在命令面板中单击 ✚（创建）— ◉（几何体）按钮，在下拉列表中选择"标准基本体"类型；单击　圆环　按钮，在透视图中创建圆环模型。

② 选择圆环模型，在菜单栏中选择"工具"—"阵列"命令，在弹出的"阵列"对话框中，将"阵列维度"中"1D"和"2D"的值均设置为5，如图 3-30 所示，单击"预览"按钮，即可看到透视图中的圆环模型在 x 轴和 y 轴所形成的平面上实现 5×5 的二维阵列，阵列后的模型效果如图 3-31 所示，单击"确定"按钮即可完成阵列。

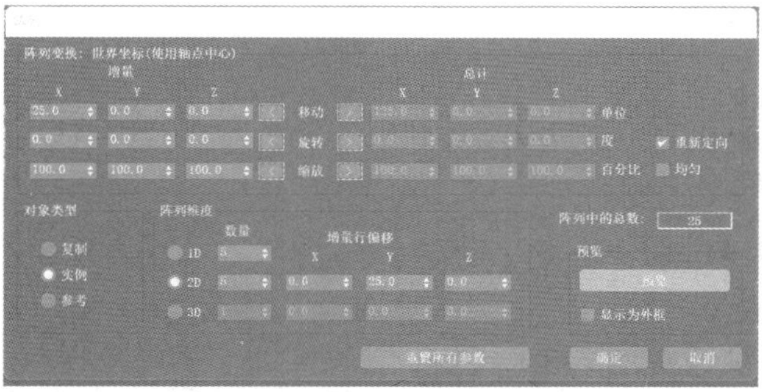

图 3-30 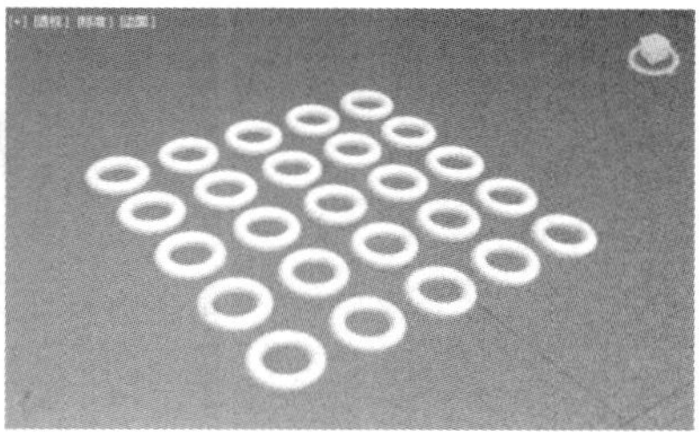　　　　　　　　　图 3-31

（3）三维阵列

① 启动 3ds Max 2021，在命令面板中单击 ✚（创建）— ◉（几何体）按钮，在下拉列表中选择"标准基本体"类型；单击　圆环　按钮，在透视图中创建圆环模型。

② 选择圆环模型，在菜单栏中选择"工具"—"阵列"命令，在弹出的"阵列"对话框中，将"阵列维度"中"1D"、"2D"和"3D"的值均设置为5，如图 3-32 所示，单击"预览"按钮，即可看到透视图中的圆环模型在 x 轴、y 轴、z 轴所形成的三维空间中实现 5×5×5 的三维阵列，阵列后的模型效果如图 3-33 所示，单击"确定"按钮即可完成阵列。

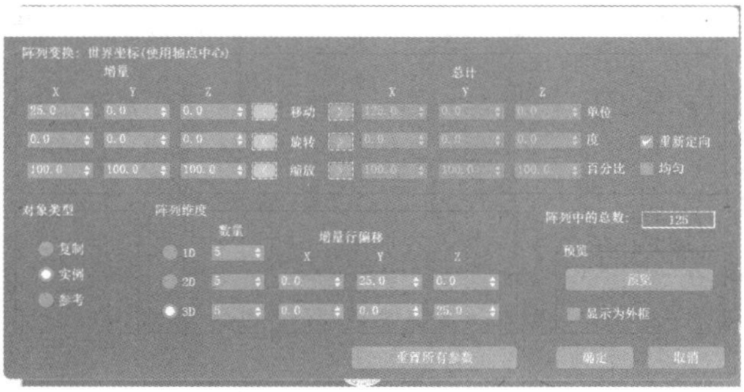

图 3-32 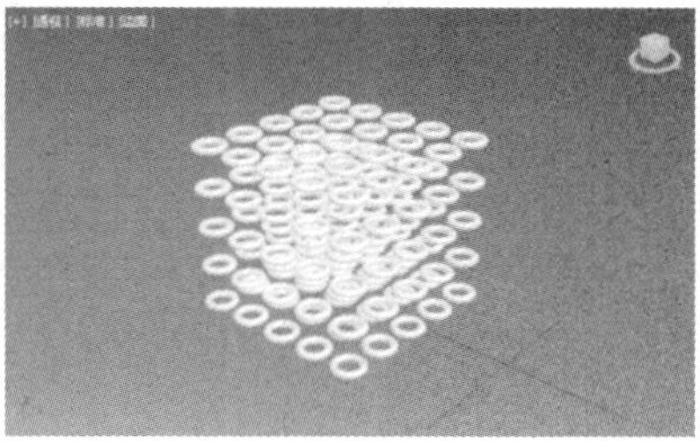　　　　　　　　　图 3-33

（4）环形阵列

① 启动 3ds Max 2021，在命令面板中单击 ➕（创建）— ⬤（几何体）按钮，在下拉列表中选择"标准基本体"类型；单击 茶壶 按钮，在透视图中创建茶壶模型。

② 选中茶壶模型，如图 3-34 所示。在命令面板中单击 ▦（层次）— 轴 — 仅影响轴 按钮，得到的界面如图 3-35 所示。在顶视图中将茶壶的中心移动到视图中心，如图 3-36 所示。

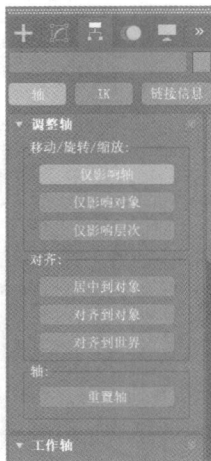
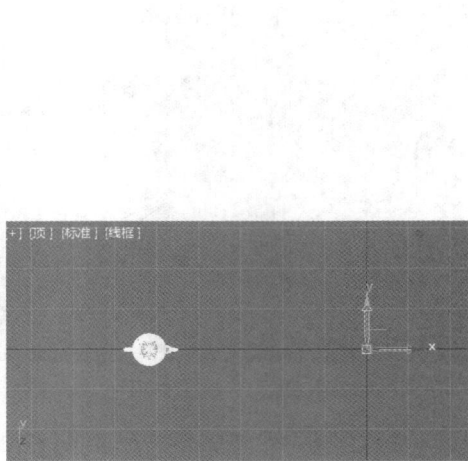

图 3-34　　　　　　图 3-35　　　　　　图 3-36

③ 在菜单栏中选择"工具"—"阵列"命令，在弹出的"阵列"对话框中，将"增量"下方"旋转"中的 Z 值设置为 15，再将"阵列维度"中的"1D"设置为 24，如图 3-37 所示，单击"预览"按钮即可看到图 3-38 所示的模型环形阵列效果，单击"确定"按钮即可完成阵列。

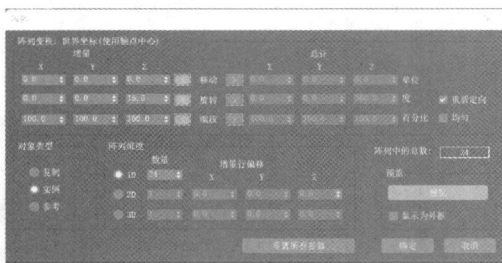

图 3-37　　　　　　　　　　　　图 3-38

5. 群组

建模时，若需要对多个模型同时进行相同的操作，可以全选这些模型，将其创建为一个组，进行统一的编辑。菜单栏中的"组"菜单包含组的所有命令，如图 3-39 所示。

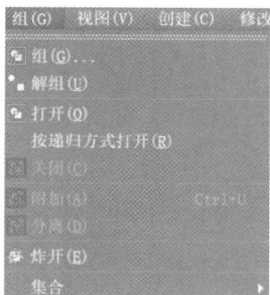

图 3-39

任务实践：运用基本体模型和常用的操作工具创建旋转钟表模型

运用 3ds Max 2021 中的切角长方体、切角圆柱体和圆锥等创建钟表的表身和指针，再配合复制、对齐、镜像、阵列工具创建图 3-40 所示的旋转钟表模型。这款产品的突出特点就是将传统钟表的背面换成圆锥造型，因此这款钟表可以放在桌面上旋转滚动，增强了产品的趣味性。

微课视频

3.2

操作步骤如下。

（1）启动 3ds Max 2021，在命令面板中单击 ✛（创建）— ◎（几何体）按钮，在下拉列表中选择"扩展基本体"类型，单击 切角圆柱体 按钮，参数设置如图 3-41 和图 3-42 所示，创建两个圆柱体，分别作为钟表的外圈和表面。再根据图 3-43 所示的参数设置创建圆锥体，作为钟表的背部旋转支撑结构。接着运用移动、对齐工具调整 3 个产品部件模型之间的相对位置，调整后的效果如图 3-44 所示。

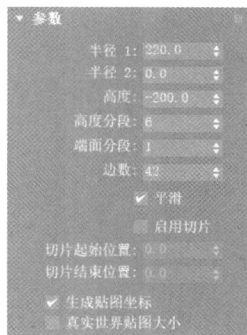

图 3-40

图 3-41

图 3-42

图 3-43

（2）创建指针模型。在命令面板中单击 ✛（创建）— ◎（几何体）按钮，在下拉列表中选择"扩展基本体"类型，单击 切角长方体 按钮，参数设置如图 3-45 所示，将切角长方体模型放置在钟表的 12 点位置，模型效果如图 3-46 所示。

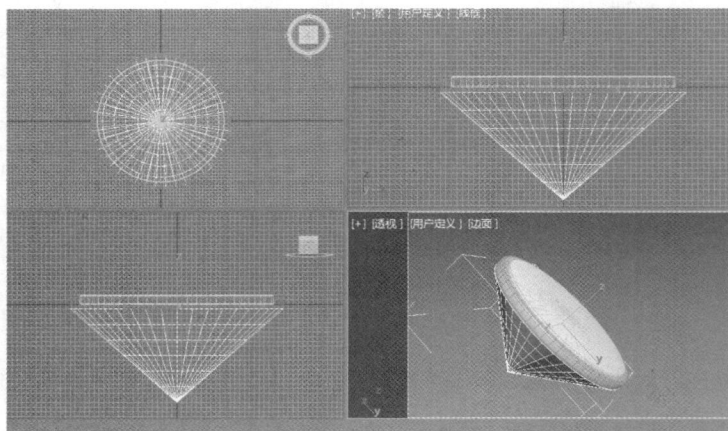

图 3-44

图 3-45

图 3-46

（3）继续在命令面板中单击 （层次）— — 仅影响轴 按钮，其界面如图 3-47 所示。单击 （对齐）按钮，选择中间的圆柱体模型，弹出"对齐当前选择"对话框，参数设置如图 3-48 所示，单击"确定"按钮就可将指针的旋转中心对齐到圆柱体模型的 xy 平面的中心点，如图 3-49 所示。

图 3-47

图 3-48

图 3-49

（4）在菜单栏中选择"工具"—"阵列"命令，弹出"阵列"对话框，将"阵列变换"中的 z 轴旋转增量设置为 30，将"阵列维度"中的"1D"设置为 12，如图 3-50 所示。单击"预览"按钮，即可预览钟表的 12 个时刻指针，模型效果如图 3-51 所示，单击"确定"按钮即可完成阵列。

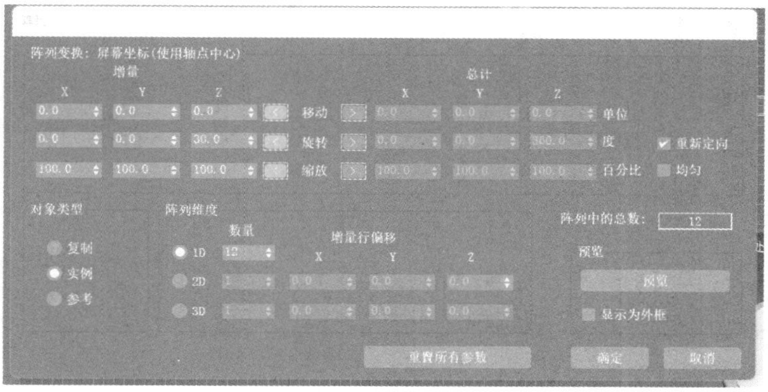

图 3-50

图 3-51

（5）在命令面板中单击 ✚（创建）— ◉（几何体）按钮，在下拉列表中选择"扩展基本体"类型，单击 切角圆柱体 按钮，创建参数如图 3-52 所示的切角圆柱体作为钟表转轴的上下固定结构。运用 ▤（对齐）工具，参照上面指针对齐的方法，在 xy 平面上将切角圆柱体的中心与钟表表面的中心对齐，对齐后的模型效果如图 3-53 所示。

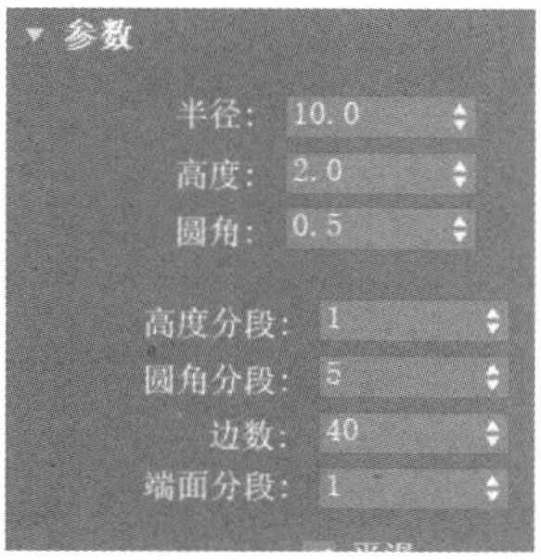

图 3-52

图 3-53

（6）选中上一步创建的切角圆柱体模型，按住 Shift 键，运用 ➕（移动）工具向上复制一个新的切角圆柱体。再创建两个切角长方体，参数设置分别如图 3-54 和图 3-55 所示，调整摆放位置，即可完成旋转钟表模型的创建，模型效果如图 3-56 所示。

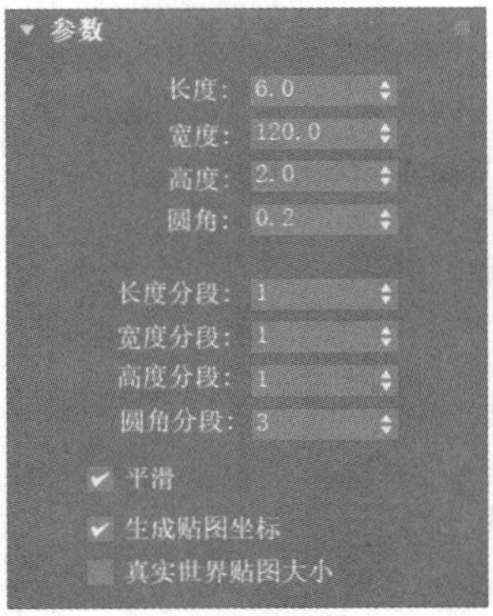

图 3-54 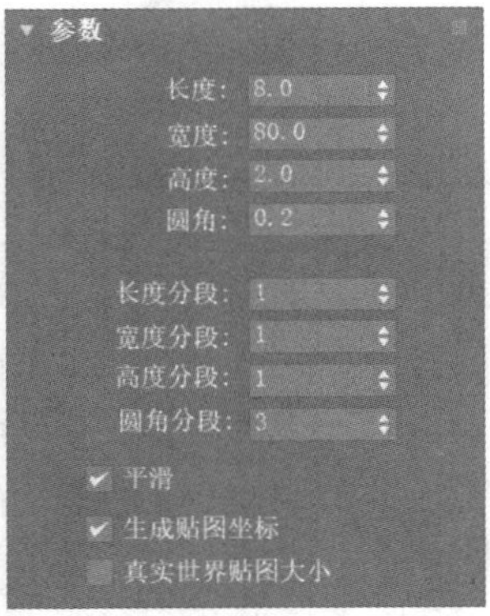　　　　　　图 3-55 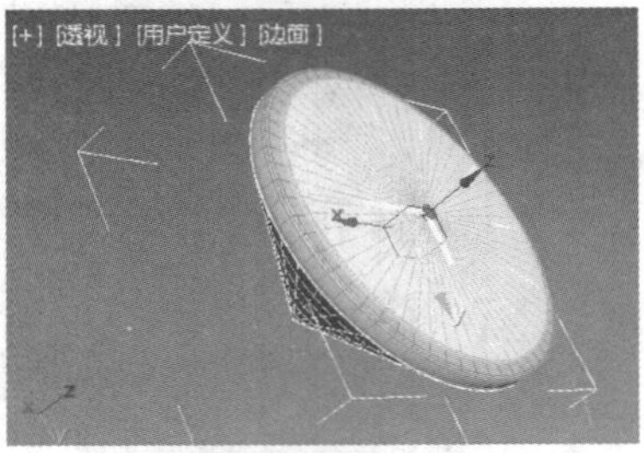　　　　　　图 3-56

项目总结

本项目主要介绍了几何体模型的单位设置、创建方法以及常见的标准基本体和扩展基本体；讲解了几何体模型的复制、对齐、镜像、阵列、群组等编辑工具的调用以及配合使用这些工具完成模型创建的过程和方法。以下为项目 3 的教师教学自查表和学生学习效果自查表，用来帮助教师和学生了解教授和学习本项目之后的自我满意度，查漏补缺。

项目 3 教师教学自查表

序号	我认为学生……	非常不同意 ←————→ 非常赞同									
1	掌握了 3ds Max 2021 的单位设置	1	2	3	4	5	6	7	8	9	10
2	掌握了 3ds Max 2021 中模型的创建方法	1	2	3	4	5	6	7	8	9	10
3	学会了创建标准基本体	1	2	3	4	5	6	7	8	9	10
4	学会了创建扩展基本体	1	2	3	4	5	6	7	8	9	10
5	学会了模型的复制、对齐和镜像	1	2	3	4	5	6	7	8	9	10
6	学会了模型的阵列和群组	1	2	3	4	5	6	7	8	9	10
7	初步理解了产品的美学构成	1	2	3	4	5	6	7	8	9	10
8	提升了产品空间结构意识	1	2	3	4	5	6	7	8	9	10
9	具备了严谨的建模态度	1	2	3	4	5	6	7	8	9	10
10	提升了产品的创新设计意识	1	2	3	4	5	6	7	8	9	10
11	总计										

项目 3 学生学习效果自查表

序号	我认为我……	非常不同意									非常赞同
1	掌握了 3ds Max 2021 的单位设置	1	2	3	4	5	6	7	8	9	10
2	掌握了 3ds Max 2021 中模型的创建方法	1	2	3	4	5	6	7	8	9	10
3	学会了创建标准基本体	1	2	3	4	5	6	7	8	9	10
4	学会了创建扩展基本体	1	2	3	4	5	6	7	8	9	10
5	学会了模型的复制、对齐和镜像	1	2	3	4	5	6	7	8	9	10
6	学会了模型的阵列和群组	1	2	3	4	5	6	7	8	9	10
7	初步理解了产品的美学构成	1	2	3	4	5	6	7	8	9	10
8	提升了产品空间结构意识	1	2	3	4	5	6	7	8	9	10
9	具备了严谨的建模态度	1	2	3	4	5	6	7	8	9	10
10	提升了产品的创新设计意识	1	2	3	4	5	6	7	8	9	10
11	总计										

项目 4 3ds Max 2021 多边形建模

项目介绍

3ds Max 2021 可以在修改面板中为场景模型添加丰富多样的二维、三维及动画修改器，实现对模型的叠加、切割等，从而构建出新的几何体形态。其中，"可编辑多边形"修改器是最常用、最重要的一种修改器，它可以对模型的点、线、边界、面、元素 5 个子对象级别进行编辑和修改，从而实现对大部分模型外观造型及结构的创建。

本项目先介绍"弯曲""锥化""对称"等常用修改器，重点讲解"可编辑多边形"修改器，然后进行软件操作实践，制作手串和餐具模型。

学习目标

知识目标	了解 3ds Max 2021 中修改器的类型； 了解模型常见修改器的添加，参数设置及对应效果
技能目标	熟练掌握运用常用修改器编辑修改模型； 重点掌握运用"可编辑多边形"修改器及其子对象编辑修改模型；
素养目标	培养学生精益求精的工作态度； 培养学生不畏困难的学习精神

🔘 任务 1 了解 3ds Max 2021 的修改器

任务引入

3ds Max 2021 的修改器列表中提供了"选择"修改器、"世界空间"修改器、"对象空间"修改器三大类修改器，选中模型，修改器列表中就会对应出现能够对这个模型进行编辑修改的相关修改器。本次任务将介绍 3ds Max 2021 中"弯曲""锥化"等常见修改器的调用、参数设置等内容。

相关知识

1. 认识修改器

3ds Max 2021 修改器是为了实现模型的修改和变形而开发出来的一系列参数化修改命令集合，修改器列表中有 100 多种修改器，其局部截图如图 4-1 和图 4-2 所示。

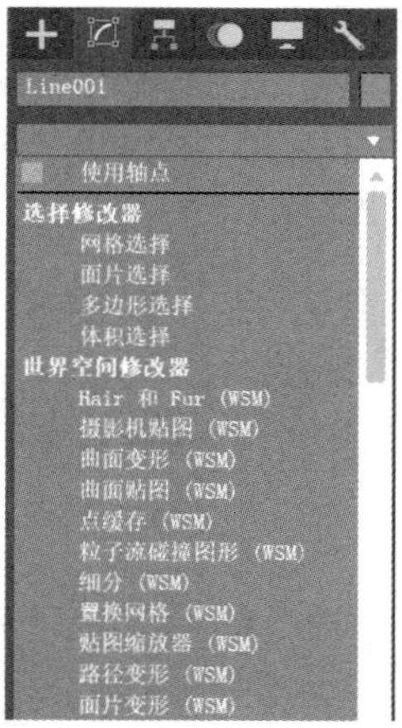

图 4-1

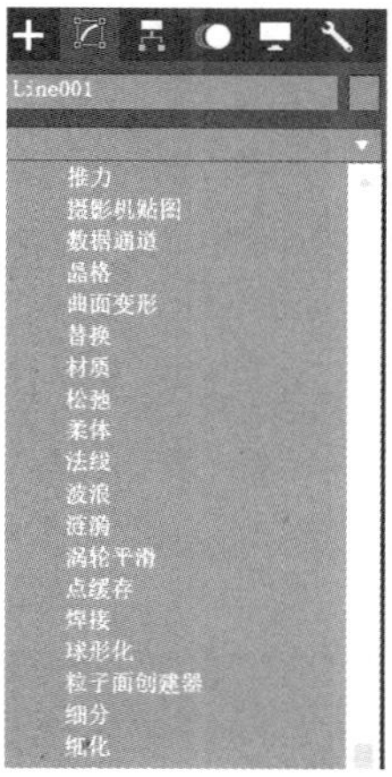

图 4-2

2. "弯曲""锥化""网格平滑"修改器

"弯曲"和"锥化"是最简单且常用的三维模型修改器，"网格平滑"修改器是建模完成后进行模型表面优化的常用修改器。

（1）"弯曲"修改器：主要用于对物体模型进行弯曲处理。通过对其角度、方向和弯曲轴向的调整，可以得到不同的弯曲效果。另外，通过设置"限制"参数，弯曲效果还可以被限制在一定区域内，图 4-3 所示为圆柱体模型的弯曲效果及参数设置。（注意要在模型的弯曲轴方向设置足够的分段数，即模型上的白色线框，否则效果将无法正常显示。）

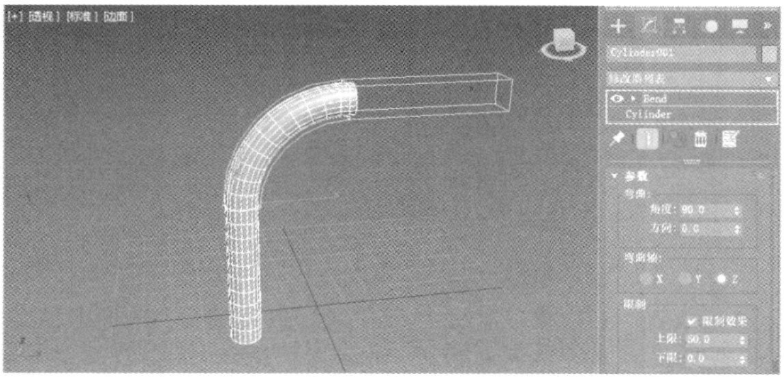

图 4-3

（2）"锥化"修改器：通过缩放物体的两端产生锥形轮廓，同时还可以生成光滑的曲线轮廓。例如给圆柱体模型添加"锥化"修改器后，可以通过设置不同的"数量"和"曲线"参数，得到图 4-4 和图 4-5 所示的两种不同的锥化效果。另外，通过设置"限制"参数，锥化效果还可以被限制在一定区域内。

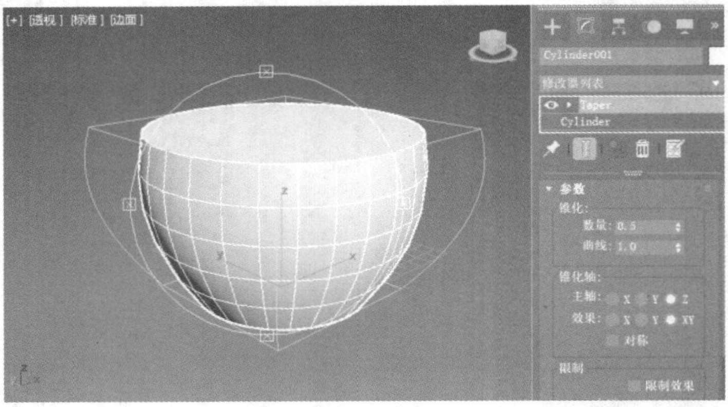

图 4-4

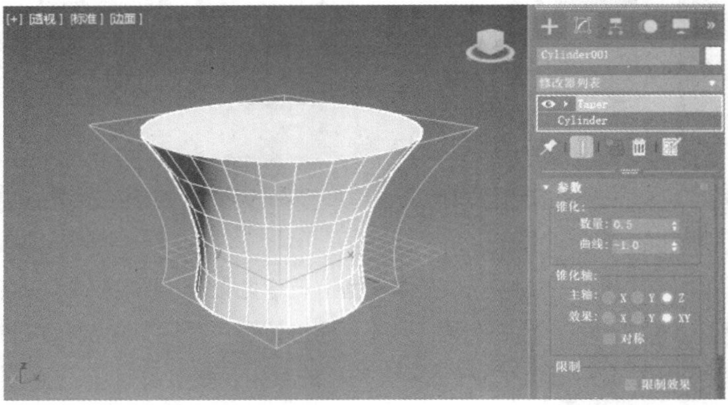

图 4-5

（3）"网格平滑"修改器：通过选择不同的细分方法（如经典、四边形输出、NURMS等），设置模型的细分量（迭代次数）从而使模型表面细腻光滑，一般用于模型创建的最后一步。例如给图 4-6 所示的环形结模型添加"网格平滑"修改器后，在"细分量"卷展栏中将"迭代次数"设置为 2，修改后的效果如图 4-7 所示，可以看到模型表面变得光滑。

3. "晶格""扭曲""FFD 编辑"修改器

"晶格"、"扭曲"和"FFD 编辑"这 3 种修改器可以实现较为复杂的模型效果。

（1）"晶格"修改器：可以将所有模型理解为现实中的帐篷，先搭出帐篷的基本框架，然后再盖上布，所以帐篷的形状是由其基本框架决定的，三维模型也是一样的道理。晶格就是将模型线框化，将线与线的交叉点转化为球形节点，晶体常用于钢架建筑结构的效果展示。

例如，在场景中将立方体模型按图 4-8 所示设置参数，模型效果如图 4-9 所示；然后在修改器列表中给立方体模型添加"晶格"修改器，参数设置如图 4-10 所示，模型晶格效果如图 4-11 所示。（可以尝试更改晶格的几何体、支柱和节点参数，会得到不同的效果。）

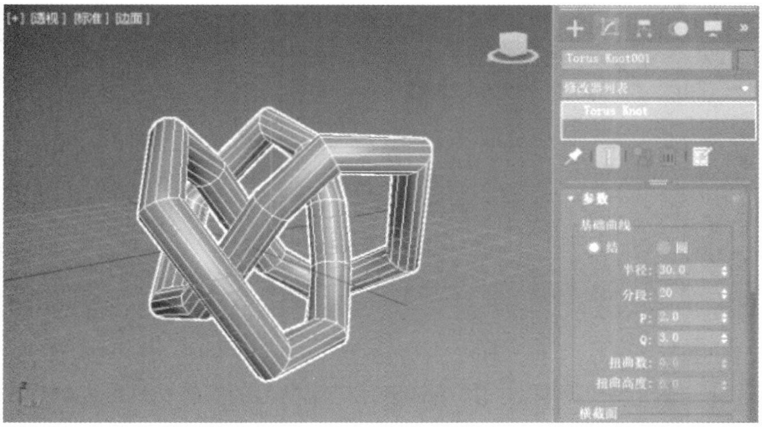

图 4-6

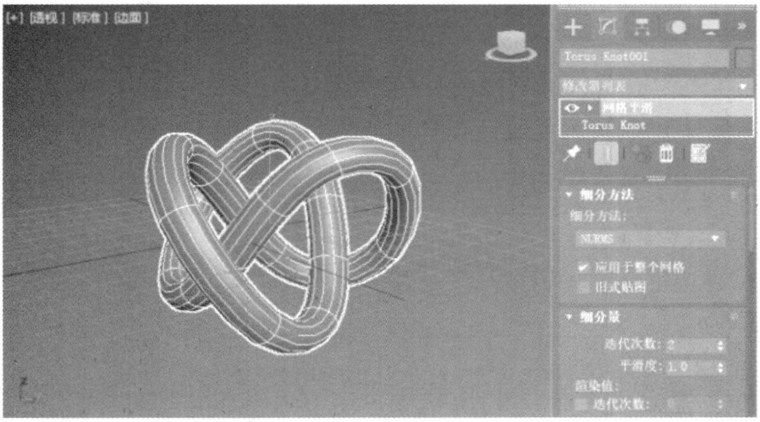

图 4-7

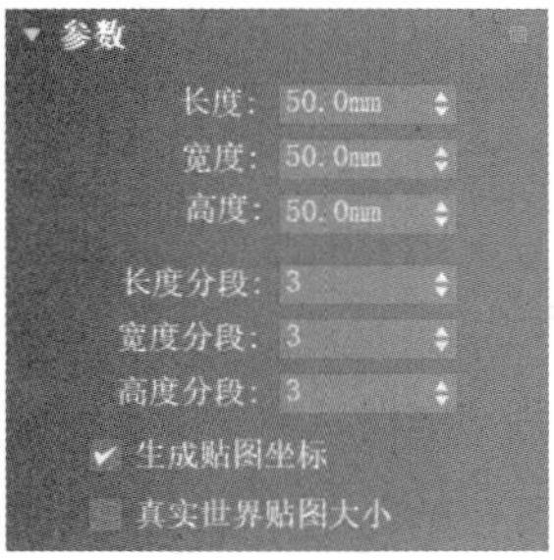

图 4-8

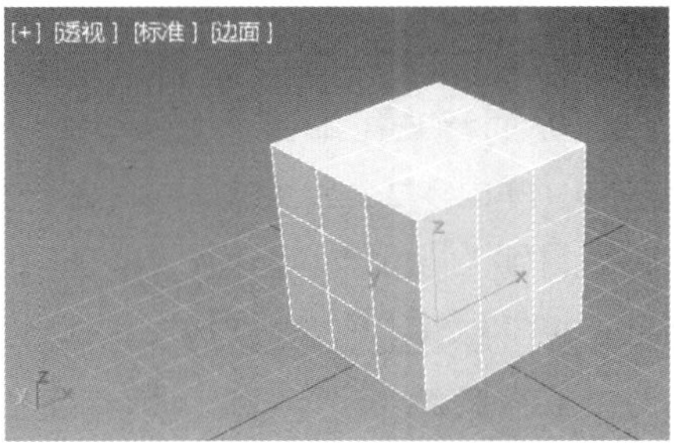

图 4-9

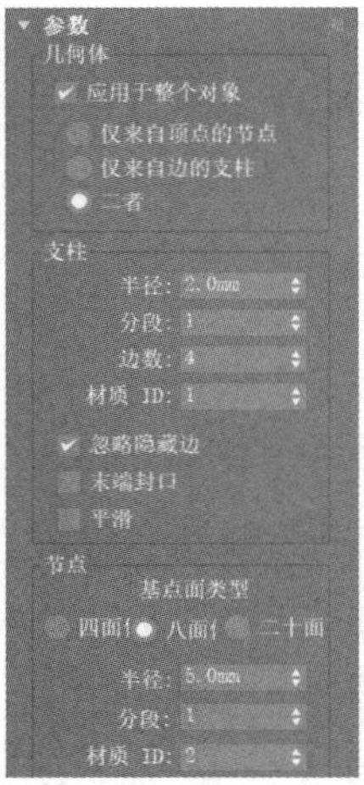

图 4-10

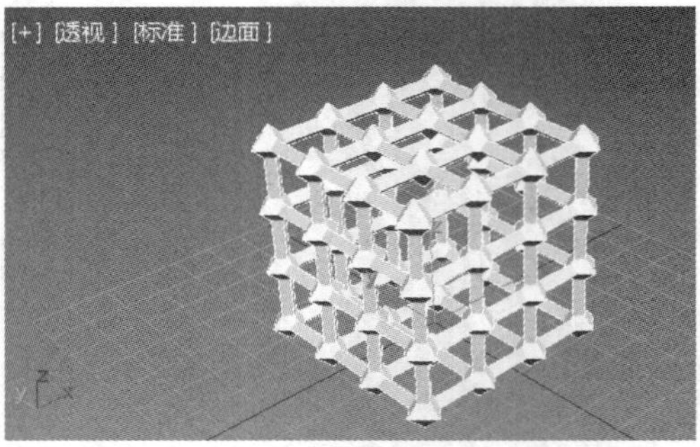

图 4-11

（2）"扭曲"修改器：将模型沿某个轴进行一定角度的旋转，从而使模型发生造型扭曲的变化，在"参数"卷展栏可以调整"角度"、"偏移"和"限制"。图 4-12 所示为给四棱锥模型添加"扭曲"修改器并将"扭曲"中的"角度"设置为 180 的模型效果。

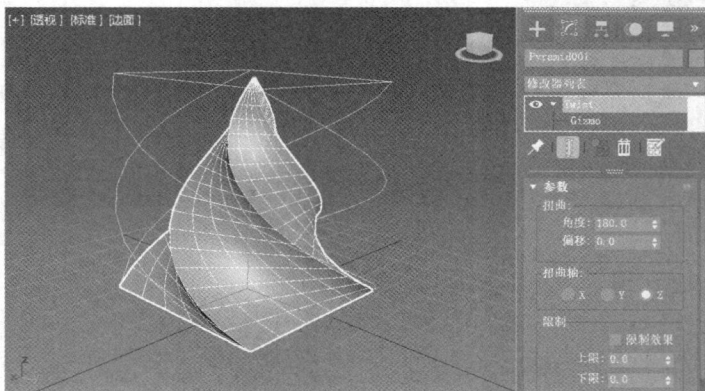

图 4-12

（3）"FFD 编辑"修改器：给模型外部添加作用力框，通过调节作用力框上的控制点来改变模型形态，从而产生柔和的变形效果。"FFD 编辑"修改器包含以下类型：FFD（长方体）、FFD（圆柱体）、FFD2×2×2、FFD3×3×3、FFD4×4×4，后面 3 种可以通过"FFD（长方体）"参数设置得到。例如给模型添加"FFD（长方体）"修改器，如图 4-13 所示，单击"FFD 参数"卷展栏中的 设置点数 按钮，弹出图 4-14 所示的对话框。如果给圆管模型添加"FFD3×3×3"修改器，在修改器中选择"控制点"子对象，然后在场景中选择控制点进行移动和旋转即可得到图 4-15 所示的模型变形效果。（注意区分"FFD 编辑"与"可编辑多边形"修改器。）

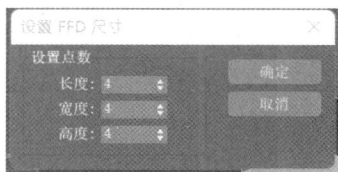

图 4-13

图 4-14

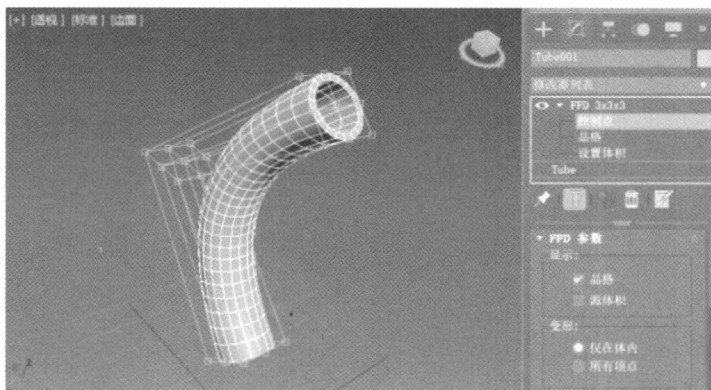

图 4-15

4."法线""对称"编辑器

"法线"和"对称"修改器是在特殊场合下使用的修改器，能满足特定的建模需求。

（1）"法线"修改器：当模型在场景中以黑面显示时，就需要给模型添加"法线"修改器。在 3ds Max 2021 中，模型的面分为正反两面，在默认状态下，反面是不可见的。3ds Max 在模型每个面的正面建立了一条垂线，垂线的方向决定了模型正面的朝向，当它们向外时，模型的正面便向外，当它们向里时，模型的正面便向里，这些控制模型正面方向的线，被称为法线。如图 4-16 所示，在场景中创建茶壶模型，给茶壶模型添加"法线"修改器，勾选"参数"卷展栏中的"翻转法线"复选框，茶壶整体就显示为黑色不可见，取消勾选则正常显示。

（2）"对称"修改器：针对具备对称性质的模型，是为了保证模型的左右、上下或者前后完全对称而采用的修改器。如图 4-17 所示，龙模型的另外一半造型直接添加"对称"修改器镜像复制即可得到。

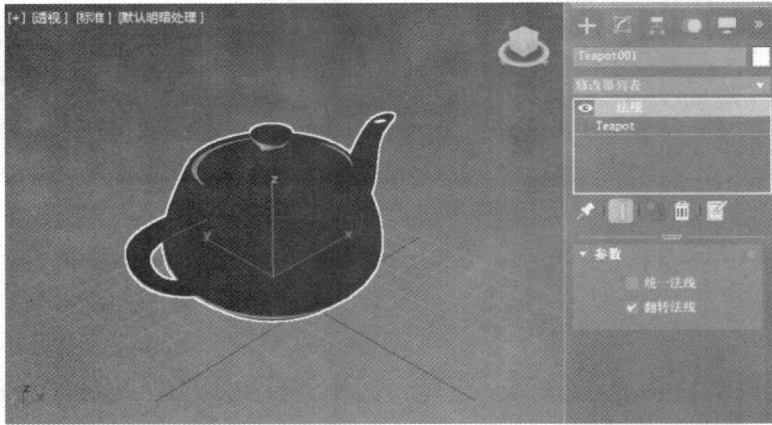

图 4-16

图 4-17

任务实践：运用圆柱基本体和相关修改器创建手串模型

在 3ds Max 2021 中创建圆柱体模型并设置适合的参数，再给圆柱体模型添加"晶格""网格平滑"修改器，调整修改器参数完成手串模型的创建，得到效果如图 4-18 所示。

图 4-18

微课视频

4.1

操作步骤如下。

（1）启动 3ds Max 2021，在命令面板中单击 ➕（创建）— ◉（几何体）按钮，在下拉列表中选择"标准基本体"类型，单击 ▇圆柱体▇ 按钮，参数设置如图 4-19 所示，得到效果如图 4-20 所示的圆柱体模型。（注意此处参数设置中的"边数"18 和手串上的珠子数量对应。）

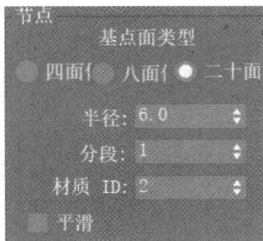

图 4-19　　　　　　　　　　　　　　　　　图 4-20

（2）在命令面板中单击 ⯑（修改命令面板）按钮，在修改器列表中选择"晶格"修改器，在参数面板中选中"几何体"中的"仅来自顶点的节点"选项，如图 4-21 所示，并在"节点"中选中"二十面"选项，如图 4-22 所示。得到的模型效果如图 4-23 所示。

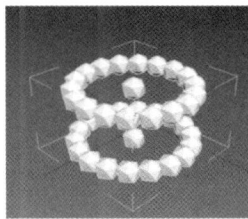

图 4-21　　　　　　　　图 4-22　　　　　　　　图 4-23

（3）给模型添加"编辑多边形"修改器，单击修改器名称前方的小三角形按钮，选择"元素"选项，按住 Ctrl 键同时选中图 4-24 所示红色部分的所有模型元素，按 Delete 键，删除后的模型效果如图 4-25 所示。

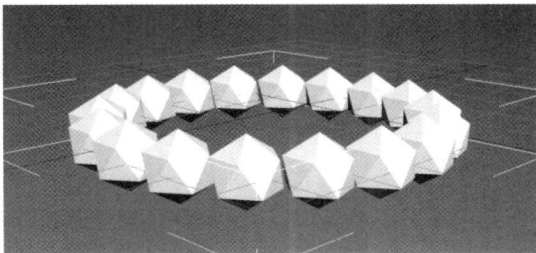

图 4-24　　　　　　　　　　　　　　　图 4-25

（4）给模型添加"网格平滑"修改器，将"细分量"卷展栏中的"迭代次数"设置为2，如图 4-26 所示，得到的模型效果如图 4-27 所示。

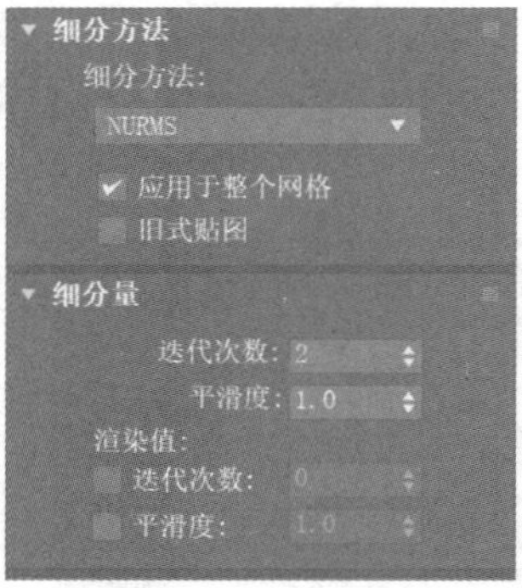

图 4-26 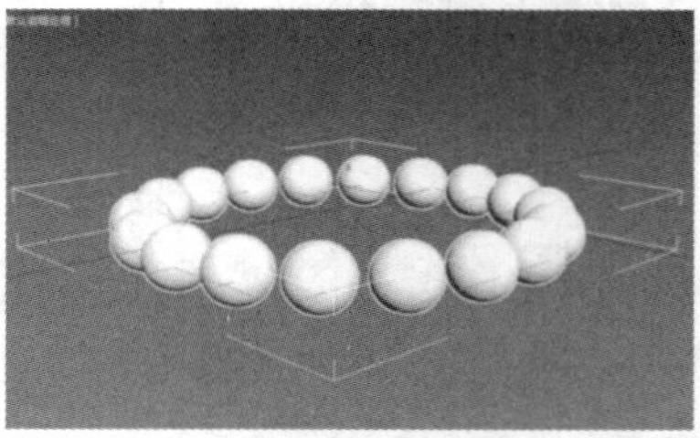　　　　　　　　　　　　　图 4-27

（5）在命令面板中单击➕（创建）—◯（几何体）按钮，在下拉列表中选择"标准基本体"类型，单击　圆环　按钮，在视图中创建参数如图 4-28 所示的圆环模型。选择圆环模型，在工具栏中单击▤（对齐）按钮，再单击手串模型，在弹出的"对齐当前选择"对话框中设置参数，如图 4-29 所示，单击"确定"按钮即可将圆环模型中心与手串模型中心对齐。手串模型最终效果如图 4-30 所示。

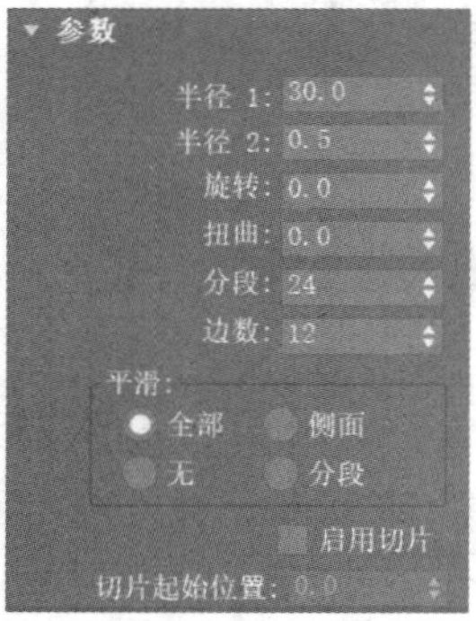

图 4-28 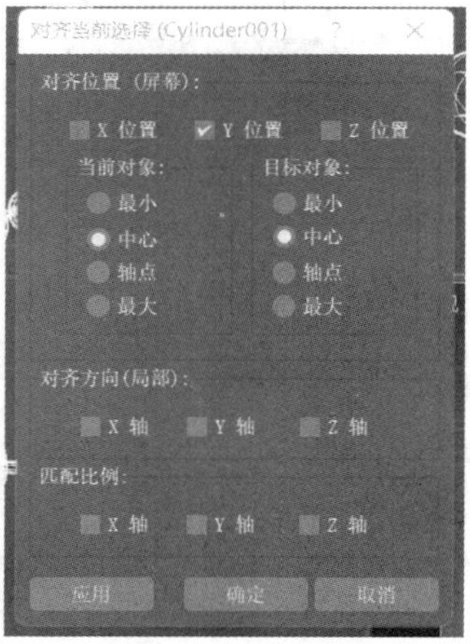　　　　　　　　　　图 4-29　　　　　　　　　　图 4-30

🎯 任务 2　掌握"可编辑多边形"修改器

任务引入

几何形态的构成法则是点运动形成线、线运动形成面、面围合形成立体形态，因此，在软件的虚拟空间中，可以将模型理解为由点、线、面、体这些最基本的几何元素构成。3ds Max

2021 中的"可编辑多边形"修改器可以实现通过顶点、边、边界、多边形、元素 5 个子对象
对模型进行编辑修改。本次任务主要介绍编辑多边形的概念、"可编辑多边形"修改器的 5 个
子对象中各自对应的模型修改工具和使用方法及效果。

相关知识

1. 编辑多边形的概念

在 3ds Max 2021 中给长方体模型添加"编辑多边形"修改器后，就可以将模型看作以面
片围合构成的对象，而且这些面片都是附着在白色网格线框上，网格线的两端又分别连接在
节点上（蓝色点），这些节点、网格线、面片都是该模型的子对象，每选中一个子对象，"参
数"卷展栏就会切换为该子对象对应的工具面板，效果如图 4-31 所示。

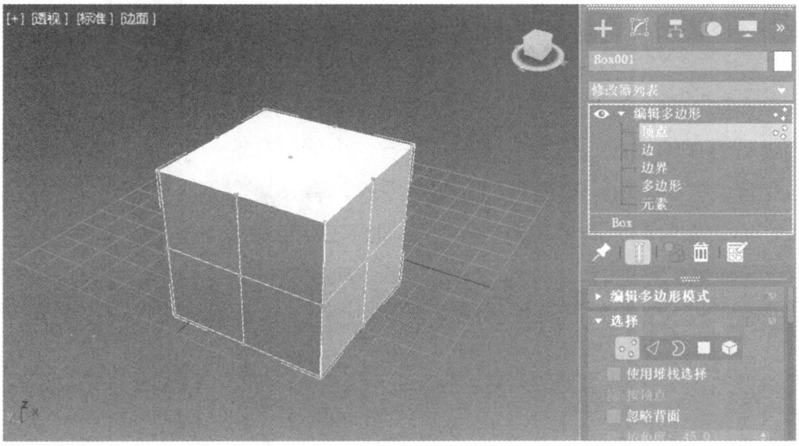

图 4-31

2. "编辑多边形"修改器

"编辑多边形"修改器中有顶点、边、边界、多边形、元素等 5 个子对象。选择子对象
后就可以对模型在对应的子对象层级中进行编辑。具体操作如下。

（1）   （顶点）：顶点是"编辑多边形"修改器里最小的子对象单元，它的位置变动将
直接影响与之相连的网格线，进而影响整个物体的表面形态。常用的编辑顶点工具如图 4-32
所示。部分工具的操作方式如下。

① 启动 3ds Max 2021，在命令面板中单击 ➕（创建）— ◉（几何体）按钮，在下拉列
表中选择"标准基本体"类型，单击   长方体   工具按钮，在透视图中创建长度、宽度、高
度分段均为 2 的立方体模型。

② 在命令面板中单击 ✎（修改命令面板）按钮，在修改器列表中选择"编辑多边形"修
改器。

③ 在修改器堆栈中选择"顶点"子对象。单击立方体的任意顶点，运用移动工具将其沿

z 轴向下移动，长方体的表面形态发生变化，如图 4-33 所示。

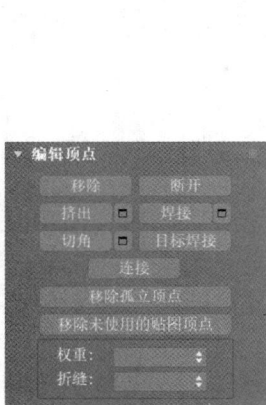

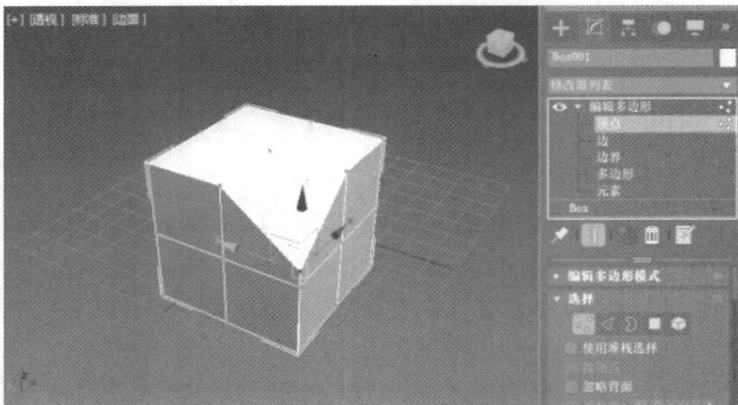

图 4-32　　　　　　　　　　　　　　　　图 4-33

④ 选中图 4-34 所示的红色顶点，单击"编辑顶点"卷展栏下的 移除 按钮，将红色顶点以及与之相连接的白色线框全部移除，长方体表面合并成一个面，得到的效果如图 4-35 所示。选中立方体模型上表面对角方位的两个顶点，单击 连接 按钮，两点之间出现一条白色的线，将上表面分割为两个三角形面，得到的效果如图 4-36 所示。

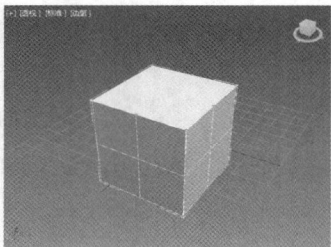

图 4-34　　　　　　　　　　图 4-35　　　　　　　　　　图 4-36

（2）（边）：边在模型上显示为白色的线。常用的编辑边工具如图 4-37 所示。部分工具的操作方式如下。

① 启动 3ds Max 2021，在命令面板中单击 （创建）— （几何体）按钮，在下拉列表中选择"标准基本体"类型，单击 长方体 按钮，在透视图中创建长度、宽度、高度分段均为 2 的立方体模型。

② 在命令面板中单击 （修改命令面板）按钮，在修改器列表中选择"编辑多边形"修改器。

③ 在修改器堆栈中选择"边"子对象。选择立方体的任意棱边，单击"编辑边"卷展栏中的 切角 按钮，模型上会显示切角设置参数集，设置相关参数后的模型效果如图 4-38 所示。

④ 如果选择立方体模型表面上的一段线，单击 移除 按钮，可以删除此段。选择立方体模型上对应两端的边线，单击 连接 □ 按钮进行参数设置，得到的效果如图 4-39 所示。

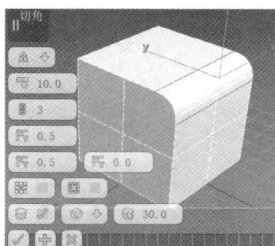

图 4-37　　　　　　　　图 4-38　　　　　　　　图 4-39

（3） 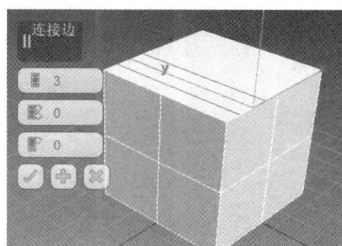（边界）：边界是指模型表面上的边沿。图 4-40 所示为常见编辑边界的工具。部分工具的操作方式如下。

① 启动 3ds Max 2021，在命令面板中单击 ➕（创建）— 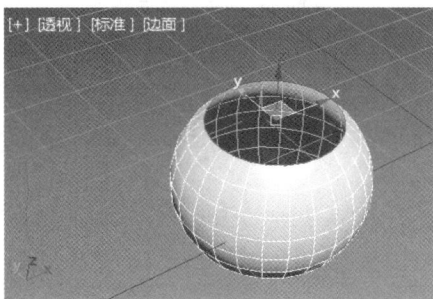（几何体）按钮，在下拉列表中选择"标准基本体"类型，单击 球体 按钮，在透视图中创建球体模型。

② 在命令面板中单击 （修改命令面板）按钮，在修改器列表中选择"编辑多边形"修改器。在修改器堆栈中选择"多边形"子对象。选择顶部小部分多边形，按 Delete 键删除。

图 4-40

③ 在修改器堆栈中选择"边界"子对象，单击球体缺口边缘，如图 4-41 所示。在"编辑边界"卷展栏中单击 封口 按钮，球体模型封口后的效果如图 4-42 所示。

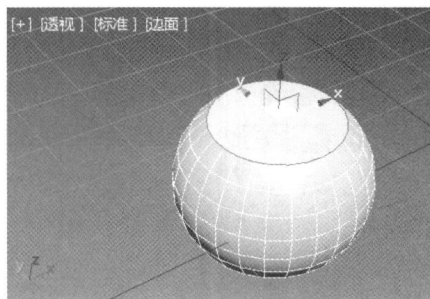

图 4-41　　　　　　　　　　　　　　　　图 4-42

④ 创建两个如图 4-43 所示的球体模型，将两个有洞球体的边界相对放置并同时选中两个边界（注意这里需要在"编辑多边形"顶层单击 附加 □ 按钮，先将两个球体模型附加成一个模型对象）。在"编辑边界"卷展栏中，单击 桥 □ 按钮进行参数设置，参数值及模型效果如图 4-44 所示。

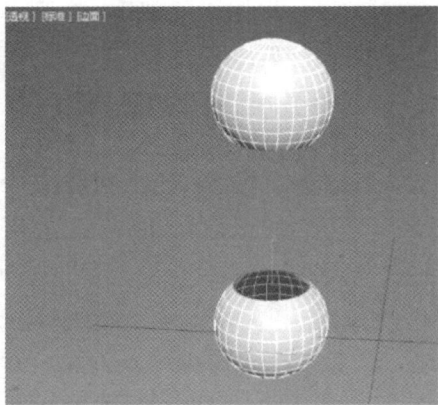

图 4-43 　　　　　　　　　　　　　　　图 4-44

（4）▣（多边形）："编辑多边形"修改器中最常用的子对象，常用的编辑多边形工具如图 4-45 所示。部分工具的操作方式如下。

① 启动 3ds Max 2021，在命令面板中单击➕（创建）—◉（几何体）按钮，在下拉列表中选择"标准基本体"类型，单击 长方体 按钮，在透视图中创建长度、宽度、高度分段均为 2 的立方体模型。

② 在命令面板中单击◪（修改命令面板）按钮，在修改器列表中选择"编辑多边形"修改器。

③ 在修改器堆栈中选择"多边形"子对象。在透视图中单击立方体模型顶上的任意面，单击 挤出 ▣ 按钮，参数设置及得到的挤出效果如图 4-46 所示。选择立方体顶上 4 个面，单击 倒角 ▣ 按钮，参数设置及得到的倒角效果如图 4-47 所示。选择立方体模型顶上 4 个面，单击 轮廓 ▣ 按钮，参数设置及得到的轮廓效果如图 4-48 所示。选择立方体模型顶上 4 个面，单击 插入 ▣ 按钮，参数设置及插入得到的效果如图 4-49 所示。

图 4-45 　　　　　　　　　　图 4-46 　　　　　　　　　　图 4-47

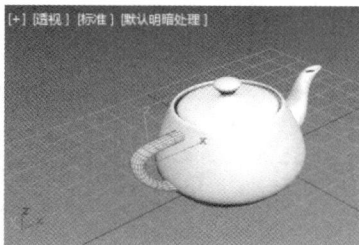

图 4-48

图 4-49

（5）（元素）：当一个可编辑多边形包含多个部件的时候，每个部件可以单独作为一个元素进行编辑。部分工具操作方式如下。

① 启动 3ds Max 2021，在命令面板中单击 ➕（创建）—🔲（几何体）按钮，在下拉列表中选择"标准基本体"类型，单击　茶壶　按钮，在透视图中创建茶壶模型。

② 在命令面板中单击 🔧（修改命令面板）按钮，在修改器列表中选择"编辑多边形"修改器。

③ 在修改器堆栈中选择"元素"子对象。单击茶壶模型把手，如图 4-50 所示，按 Delete 键，删除模型把手元素，得到的效果如图 4-51 所示。

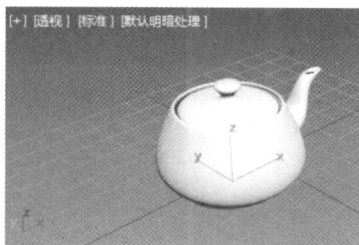

图 4-50

图 4-51

④ 选择壶嘴元素，在菜单栏中选择"工具"—"阵列"命令，在弹出的"阵列"对话框中，将 z 轴旋转值设置为 90，"1D"设置为 4，如图 4-52 所示。得到的茶壶模型效果如图 4-53 所示。

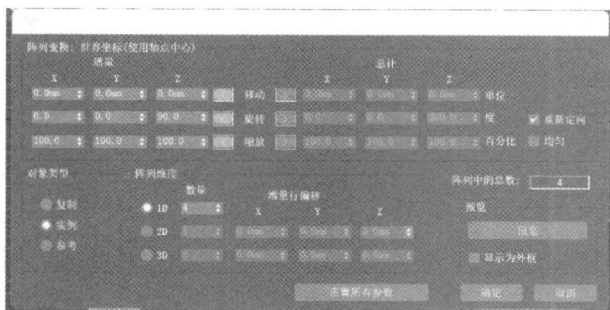

图 4-52

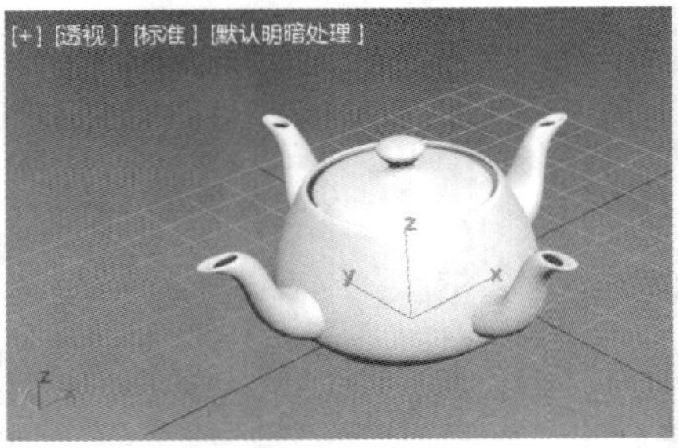

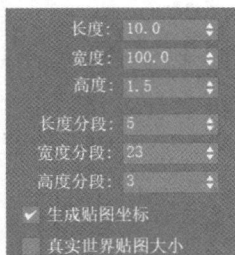

图 4-53

任务实践：运用基本体和“编辑多边形”修改器创建餐具模型

微课视频 4.2-1

微课视频 4.2-2

微课视频 4.2-3

在 3ds Max 2021 中利用长方体、圆柱体、平面等基本体创建刀、叉、勺子等基础模型，分别添加“编辑多边形”“壳”“网格平滑”等修改器完成餐具模型的创建，得到的模型效果如图 4-54 所示。

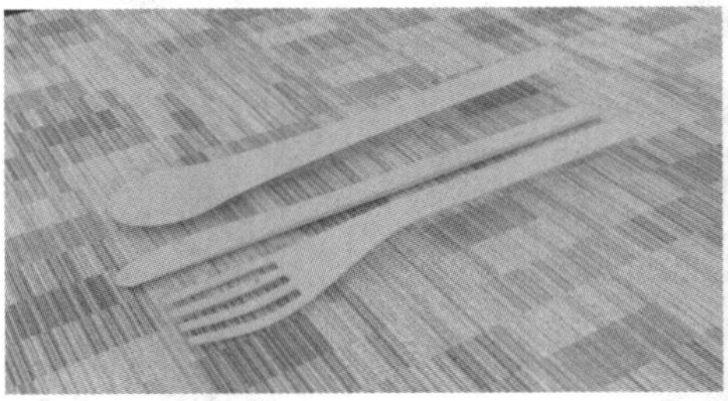

图 4-54

操作步骤如下。

（1）启动 3ds Max 2021，在菜单栏中选择“文件”—“保存”命令，在弹出的“文件另存为”对话框中，选择保存文件的位置，并将文件命名为“刀”，单击“保存”按钮。

（2）选择顶视图，在命令面板中单击（创建）—（几何体）按钮，在下拉列表中选择“标准基本体”类型，单击 长方体 按钮，参数设置如图 4-55 所示，创建的模型效果如图 4-56 所示。

图 4-55

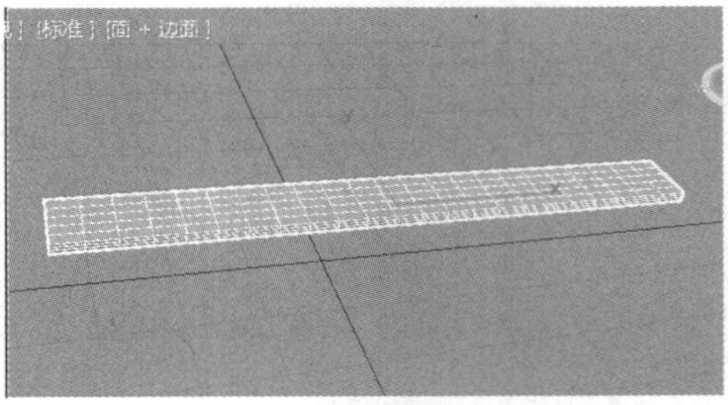

图 4-56

（3）在命令面板中单击 ✎（修改命令面板）按钮，给模型添加"FFD（长方体）"修改器，单击 设置点数 按钮，如图 4-57 所示。在弹出的"设置 FFD 尺寸"对话框中设置参数，如图 4-58 所示。单击"控制点"子对象，在三视图中移动调整控制点，调整后效果如图 4-59 所示。

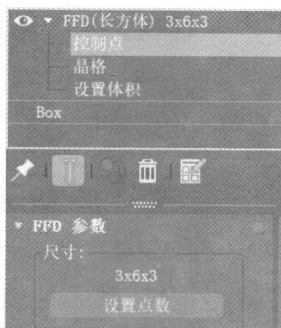

图 4-57

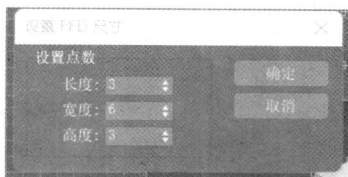

图 4-58

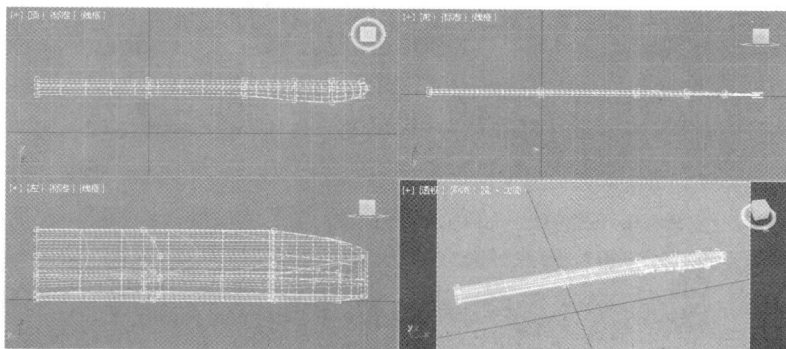

图 4-59

（4）给模型添加"网格平滑"修改器，参数设置如图 4-60 所示，得到的模型效果如图 4-61 所示。按 Ctrl+S 快捷键，保存文件。

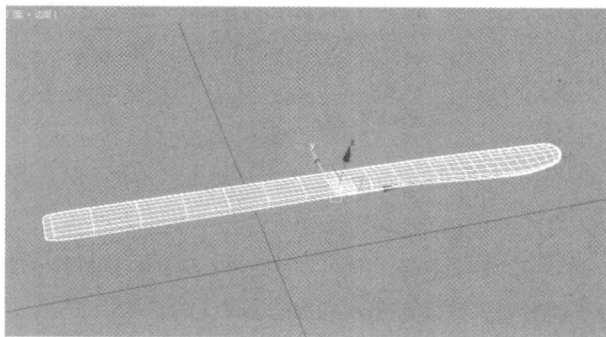

图 4-60

图 4-61

（5）在 3ds Max 2021 中，在菜单栏中选择"文件"—"新建"—"新建全部"命令。再在菜单栏中选择"文件"—"保存"命令，在弹出的"文件另存为"对话框中，选择保存文件的位置，并将文件命名为"勺子"，单击"保存"按钮。

（6）选择顶视图，在命令面板中单击 ➕（创建）— ⬤（几何体）按钮，在下拉列表中选择"标准基本体"类型，单击 ▭圆柱体 按钮，参数设置如图 4-62 所示，得到效果如图 4-63 所示的圆柱体模型。

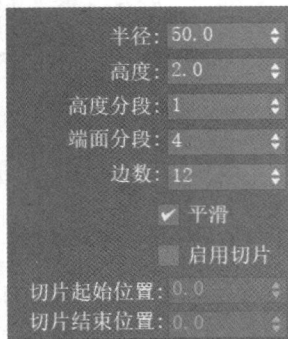

图 4-62　　　　　　　　　　　图 4-63

（7）继续在命令面板中单击 ⬠（修改命令面板）按钮，给圆柱体模型添加"可编辑多边形"修改器，选择"多边形"子对象。在透视图中选择圆柱体模型底部及周围的多边形面，如图 4-64 所示，按 Delete 键删除选择的全部多边形，得到的模型效果如图 4-65 所示。

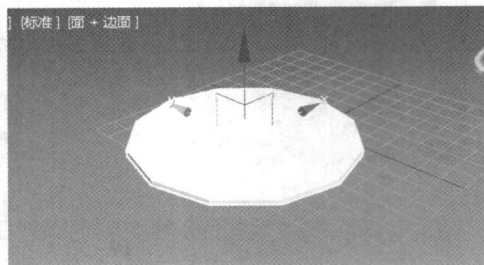

图 4-64　　　　　　　　　　　图 4-65

（8）选择"顶点"子对象，在三视图区中选择对应的顶点，通过移动工具调整模型如图 4-66 所示。

（9）选择"边"子对象，在顶视图选择模型右侧的两条边，并按住 Shift 键，运用移动工具将其沿 x 轴向右多次移动，拉出勺子的手柄表面，得到的模型效果如图 4-67 所示。

（10）继续选择"顶点"子对象，分别在顶视图和前视图中选择并移动勺柄部分的顶点，调整后的勺子效果如图 4-68 所示。

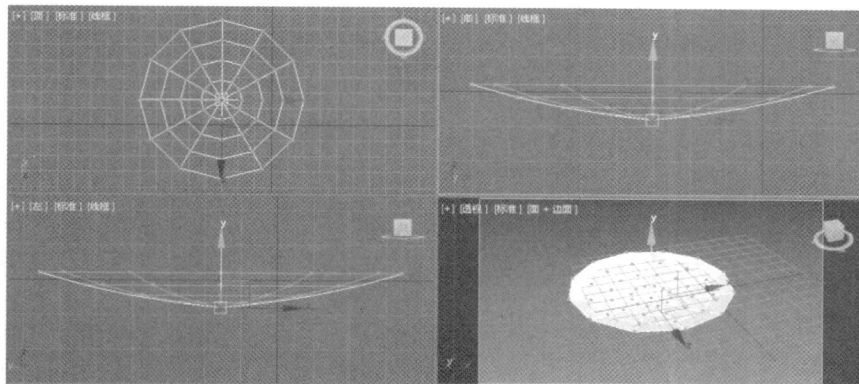

图 4-66

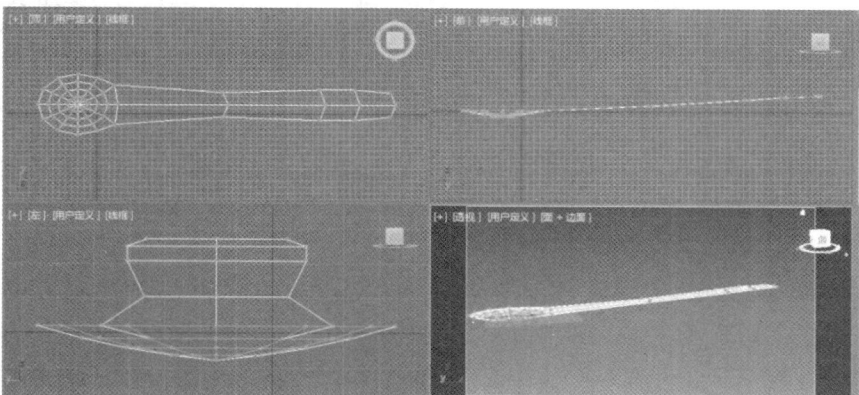

图 4-67

图 4-68

（11）关闭"可编辑多边形"修改器，给模型添加"壳"修改器，参数设置如图 4-69 所示。再给模型添加"网格平滑"修改器，参数设置如图 4-70 所示，最后得到的勺子模型效果如图 4-71 所示。按 Ctrl+S 快捷键保存文件。

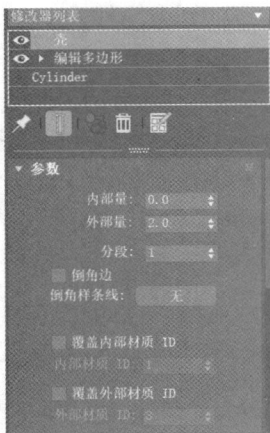
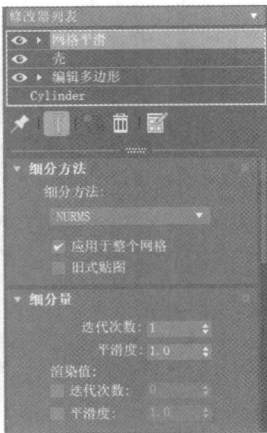
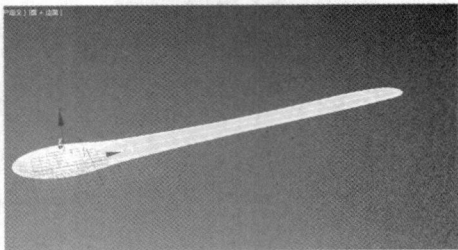

| 图 4-69 | 图 4-70 | 图 4-71 |

（12）在菜单栏中选择"文件"—"新建"—"新建全部"命令。再在菜单栏中选择"文件"—"保存"命令，在弹出的"文件另存为"对话框中，选择保存文件的位置，并将文件命名为"餐具"，单击"保存"按钮。

（13）选择顶视图，在命令面板中单击 ➕（创建）— ⬤（几何体）按钮，在下拉列表中选择"标准基本体"类型，单击 平面 按钮，参数设置如图 4-72 所示。创建的平面效果如图 4-73 所示。

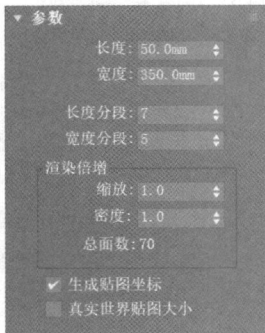
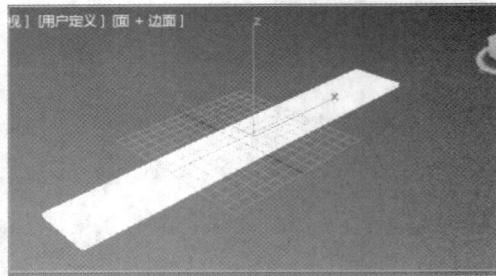

| 图 4-72 | 图 4-73 |

（14）继续在命令面板中单击 （修改命令面板）按钮，给模型添加"编辑多边形"修改器，选择"多边形"子对象，删除模型前面的部分多边形，得到的模型效果如图 4-74 所示。

（15）选择"顶点"子对象，运用选择和移动工具分别在顶视图和前视图选择并移动叉子把手部分的顶点，调整后的模型效果如图 4-75 所示。

（16）关闭"可编辑多边形"修改器，给模型添加"壳"和"网格平滑"修改器，得到的叉子模型效果如图 4-76 所示。

（17）在菜单栏中选择"文件"—"导入"—"合并"命令，将刀、勺子模型合并到当前场景，即可完成餐具模型的创建，效果如图 4-77 所示。按 Ctrl+S 快捷键保存文件。

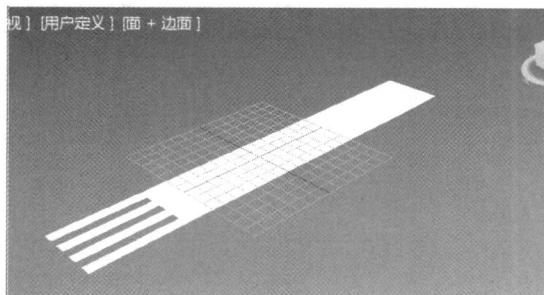

图 4-74

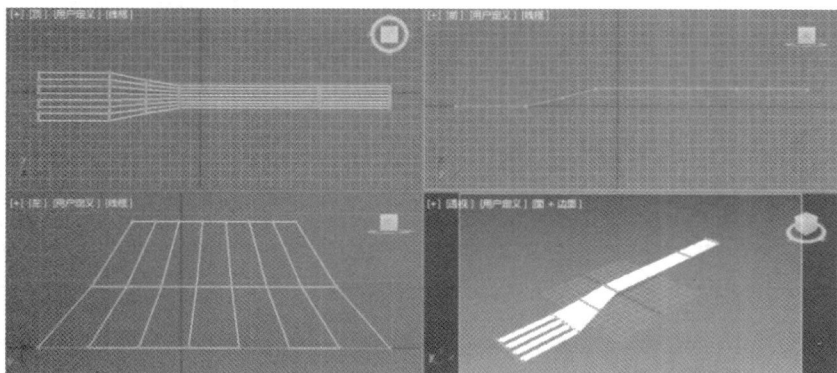

图 4-75

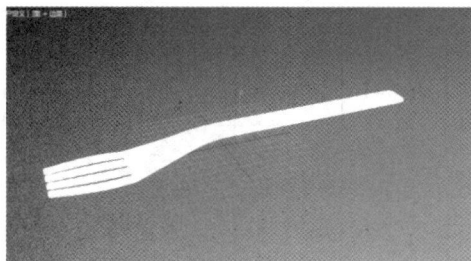

图 4-76

图 4-77

项目总结

本项目主要介绍了 3ds Max 2021 中修改器的作用及分类，认识了"弯曲""锥化""网格平滑"等修改器的调用方法及对模型的修改效果；重点讲解了"可编辑多边形"修改器的原理及顶点、边、边界、多边形、元素等 5 个子对象对应的编辑方法。以下为项目 4 的教师教学自查表和学生学习效果自查表，用来帮助教师和学生了解教授和学习本项目之后的自我满意度，查漏补缺。

项目 4 教师教学自查表

序号	我认为学生……	非常不同意 ←					→ 非常赞同			
1	了解了 3ds Max 2021 中的修改器	1	2	3	4	5	6	7	8	9	10
2	学会了"弯曲"、"锥化"和"网格平滑"修改器的使用	1	2	3	4	5	6	7	8	9	10
3	学会了"晶格"、"扭曲"和"FFD编辑"修改器的使用	1	2	3	4	5	6	7	8	9	10
4	学会了"法线"和"对称"修改器的使用	1	2	3	4	5	6	7	8	9	10
5	理解了编辑多边形的概念	1	2	3	4	5	6	7	8	9	10
6	学会了运用"编辑多边形"修改器编辑模型	1	2	3	4	5	6	7	8	9	10
7	提升了修改器的综合运用能力	1	2	3	4	5	6	7	8	9	10
8	具备了产品细节塑造意识	1	2	3	4	5	6	7	8	9	10
9	具备了产品内部结构设计意识	1	2	3	4	5	6	7	8	9	10
10	提升了产品的创新设计意识	1	2	3	4	5	6	7	8	9	10
11	总计										

项目 4 学生学习效果自查表

序号	我认为我……	非常不同意 ←					→ 非常赞同			
1	了解了 3ds Max 2021 中的修改器	1	2	3	4	5	6	7	8	9	10
2	学会了"弯曲"、"锥化"和"网格平滑"修改器的使用	1	2	3	4	5	6	7	8	9	10
3	学会了"晶格"、"扭曲"和"FFD编辑"修改器的使用	1	2	3	4	5	6	7	8	9	10
4	学会了"法线"和"对称"修改器的使用	1	2	3	4	5	6	7	8	9	10
5	理解了编辑多边形的概念	1	2	3	4	5	6	7	8	9	10
6	学会了运用"编辑多边形"修改器编辑模型	1	2	3	4	5	6	7	8	9	10
7	提升了修改器的综合运用能力	1	2	3	4	5	6	7	8	9	10
8	具备了产品细节塑造意识	1	2	3	4	5	6	7	8	9	10
9	具备了产品内部结构设计意识	1	2	3	4	5	6	7	8	9	10
10	提升了产品的创新设计意识	1	2	3	4	5	6	7	8	9	10
11	总计										

项目 5　3ds Max 2021 图形建模

项目介绍

3ds Max 2021 将线、圆形、矩形等样条线作为模型的界面形状和路径，再配合相关修改器完成三维模型的创建；相比其他建模类型，图形建模一般可以创建一些更为复杂的曲面形态的模型。

本项目先介绍样条线的创建和编辑及如何运用样条线创建三维模型，然后进行软件操作实践，制作爱心窗格和调料罐模型。

学习目标

知识目标	了解 3ds Max 2021 中样条线的种类及用途； 了解常用的图形修改器及其建模原理
技能目标	熟练掌握图形模型的创建方法及参数设置； 熟练掌握图形修改器的调用和模型编辑方法
素养目标	提升学生二维图形的创意设计水平； 培养学生产品的创新设计能力

任务 1　掌握二维图形的创建与编辑

任务引入

创建二维图形先创建点，再将各点用线进行连接，形成封闭的或不封闭的图形。3ds Max 2021 为了方便操作，将常用的二维图形做成工具按钮，可以直接调用。本次任务介绍常见二维图形的创建及编辑修改方法，并结合爱心窗格的绘制进行软件操作实践。

相关知识

1. 创建样条线

3ds Max 2021 的样条线面板中包含线、矩形、圆等 13 种图形，如图 5-1 所示。绘制样条线时，如果需要精确定位和捕捉，可以右击工具栏中的 3? 按钮，在弹出的"栅格和捕捉设置"对话框中勾选需要捕捉的顶点类型复选框，如图5-2所示。

图 5-1

图 5-2

（1）线的创建

线的创建方法：启动 3ds Max 2021，在命令面板中单击 ➕（创建）— ⊙（图形）按钮，在下拉列表中选择"样条线"类型，单击 线 按钮，然后在任意视图中单击即可创建点，再单击即可在两点之间创建直线连线，单击的同时拖动鼠标即可创建带曲率手柄的点，实现两点之间的曲线连接，如此依次进行下去就可以创建出自己想要的任意曲线形态。

注意： 当结束点落在起始点上时会弹出"样条线"对话框，如图5-3所示。若需要闭合则选择是，不需要闭合则选择否，继续进行图形绘制。如果打开"栅格点"捕捉，即可创建沿栅格点连线的线形态。"徒手"按钮的作用类似于用鼠标在软件视图中自由绘画。

（2）图形的创建

3ds Max 2021 提供了矩形、圆、椭圆、弧、圆环、多边形、星形、螺旋线、卵形等9种基本图形，形状如图5-4所示。创建图形的方法有两种。

方法一：单击图形工具，在视图中单击并拖动即可创建任意尺寸的基本图形。

方法二：单击图形工具，在"键盘输入"卷展栏下输入相应的参数，单击"创建"按钮即可完成创建。例如，单击 圆环 按钮，参数设置如图5-5所示，得到的圆环图形效果如图5-6所示。

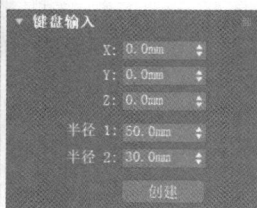

图 5-4   图 5-5

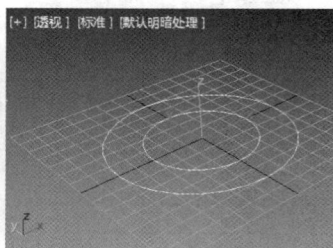

图 5-6

（3）文本的创建

在命令面板中单击➕（创建）—🔲（图形）按钮，在下拉列表中选择"样条线"类型，单击　文本　按钮，打开"参数"卷展栏，如图 5-7 所示，可以在其下拉列表中选择文本字体，设置字体是否倾斜、是否添加下划线以及文本对齐方式（左对齐、右对齐、中对齐和两边对齐）。字体的大小、字间距、行间距可以在其后对应的文本框中输入相应的数值，再在"文本"输入框中输入需要创建的文本内容，设置完成后在视图中任意位置单击即可创建文本模型，效果如图 5-8 所示。

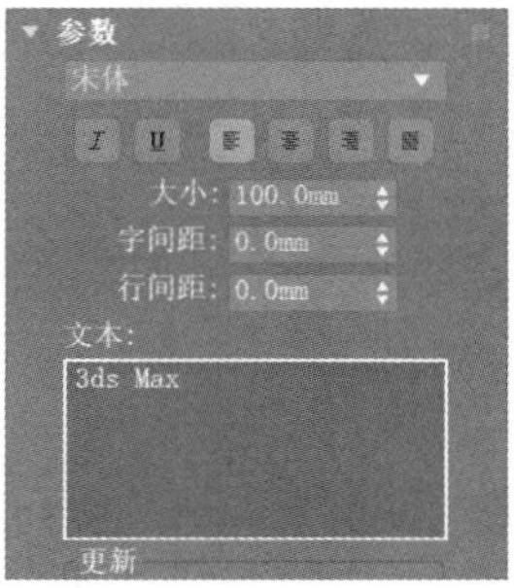

图 5-7

图 5-8

2. 编辑样条线

需要对图形模型进行编辑时，可以在命令面板中单击🔲（修改命令面板）按钮。除了线（线工具自带 3 个子对象，如图 5-9 所示），其他的图形需要添加"编辑样条线"修改器才会出现顶点、分段、样条线 3 个子对象，如图 5-10 所示，这样就可以通过其子对象对图形模型进行编辑。

图 5-9

图 5-10

（1）🔲（顶点）：图形的最小单位。选择任意顶点，右击打开右键四元菜单，在左上角的工具 1 中可以将顶点模式转换为 Bezier 角点、Bezier、角点、平滑 4 种模式。同时单击🔲（修改命令面板）按钮，展开"几何体"卷展栏，可以看到顶点的所有编辑工具。编辑顶点的主要方法有两种。

方法一：通过对顶点进行圆角和切角，修改图形的形状。

方法二：通过切换顶点模式，调整 Bezier 点的调节手柄以修改图形形状。

操作步骤如下。

① 启动 3ds Max 2021，在命令面板中单击➕（创建）—🔲（图形）按钮，在下拉列表

中选择"样条线"类型，单击 圆环 按钮，在场景中创建圆环模型。

② 在命令面板中单击 （修改命令面板）按钮，给圆环模型添加"编辑样条线"修改器。

③ 选择"顶点"子对象，如图 5-11 所示。分别将圆环上方的外环点向上移动，并将其顶点模式更改为"角点"，再将上方的内环点向下沿 y 轴移动，并将其顶点模式也更改为"角点"得到的图形效果如图 5-12 所示。

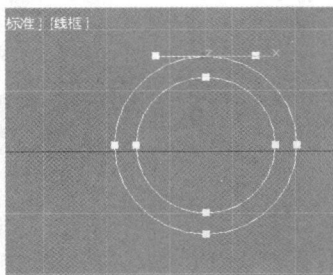

图 5-11   图 5-12

（2） （分段）：指图形中两个顶点之间的连线，被选中时连线以红色显示。编辑分段的操作步骤如下。

① 启动 3ds Max 2021，在命令面板中单击 （创建）— （图形）按钮，在下拉列表中选择"样条线"类型，单击 星形 按钮，在场景中创建星形模型。

② 在命令面板中单击 （修改命令面板）按钮，给星形模型添加"编辑样条线"修改器，选中"分段"子对象，单击星形的任意分段，如图 5-13 所示。展开"几何体"卷展栏，单击 插入 按钮，如图 5-14 所示。再在图形上连续单击并拖动，为分段插入顶点及线段，得到的效果如图 5-15 所示。

图 5-13   图 5-14   图 5-15

（3） （样条线）：指一个图形对象中的图形或线段。

编辑样条线的操作步骤如下。

① 启动 3ds Max 2021，在命令面板中单击 （创建）— （图形）按钮，在下拉列表中选择"样条线"类型，分别单击 圆 和 星形 按钮，在场景中创建两个图形模型。

② 在命令面板中单击 ⬛（修改命令面板）按钮，给圆形模型添加"编辑样条线"修改器，在"几何体"卷展栏中单击 ⬛ 附加 ⬛ 按钮，如图 5-16 所示。再单击场景中的星形模型，将两个图形合并为一个图形。

③ 选择"样条线"子对象，单击圆形，如图 5-17 所示，分别单击"布尔"按钮后面的 3 个图标，如图 5-18 所示，再单击"布尔"按钮，在场景中选择星形模型，就可以对星形和圆形两条样条线执行"加法"运算，效果如图 5-19 所示；执行"减法"运算的效果如图 5-20 和图 5-21 所示；执行"交叉"运算的效果如图 5-22 所示。

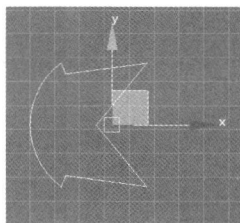

图 5-16	图 5-17	图 5-18

图 5-19	图 5-20	图 5-21	图 5-22

任务实践：运用图形和修改器创建爱心窗格模型

在 3ds Max 2021 中创建圆形、矩形等基本图形，再添加"编辑样条线"修改器，配合捕捉命令绘制爱心图形，再进行复制、附加、镜像等操作完成整个爱心窗格模型的创建，得到的效果如图 5-23 所示。

微课视频

5.1

图 5-23

操作步骤如下。

（1）启动 3ds Max 2021，在命令面板中单击➕（创建）—◙（图形）按钮，在下拉列表中选择"样条线"类型，单击 圆 按钮，在场景中创建半径为 100mm 的圆形模型。

（2）在命令面板中单击◪（修改命令面板）按钮，为圆形模型添加"编辑样条线"修改器，选择"顶点"子对象，如图 5-24 所示。

（3）右击任意顶点，在四元菜单中将上下两个顶点的模式切换为"角点"模式，如图 5-25 所示。接着将上部顶点沿 y 轴向下移动，再拖动调整左右两边顶点的 Bezier 手柄，得到图 5-26 所示的爱心图形。

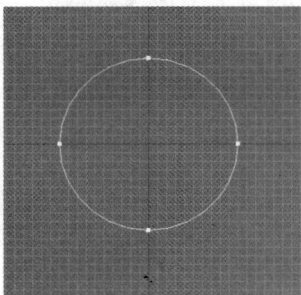

图 5-24　　　　　图 5-25　　　　　图 5-26

（4）选择图形，按住 Shift 键，运用移动工具沿 x 轴向右移动爱心图形，在弹出的"克隆选项"对话框中选中"复制"选项，设置"副本数"为 9，如图 5-27 所示，复制后的图形效果如图 5-28 所示。

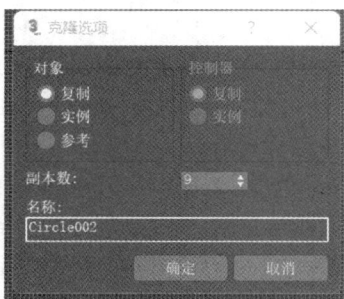

图 5-27　　　　　　　　　图 5-28

（5）在命令面板中单击◪（修改命令面板）按钮，给爱心图形添加"编辑样条线"修改器。在"几何体"卷展栏中，单击 附加多个 按钮，如图 5-29 所示，弹出"附加多个"对话框，如图 5-30 所示，选择全部图形，单击底部的"附加"按钮，将所有图形附加成为一个图形，得到的效果如图 5-31 所示。

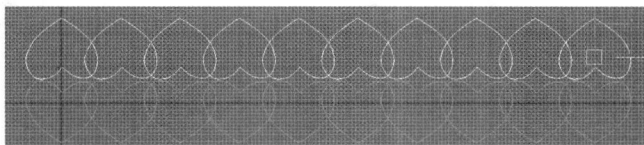

图 5-29　　　　　　　　　　　　　　　　　图 5-30

图 5-31

（6）在工具栏中单击 (镜像)按钮，在弹出的对话框中设置相关选项和数值，如图 5-32 所示。图形镜像复制后的效果如图 5-33 所示。

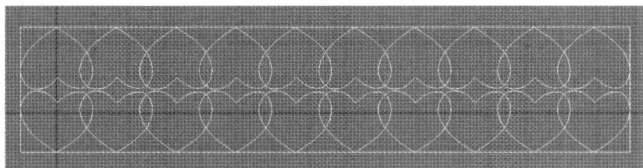

图 5-32　　　　　　　　　　　　　　　　　图 5-33

（7）在命令面板中单击 (创建)— (图形)按钮，在下拉列表中选择"样条线"类型，单击　矩形　按钮，在图形的外围创建合适的矩形，即可完成爱心窗格模型的创建，效果如图 5-34 所示。

图 5-34

任务 2　掌握二维图形三维建模方法

任务引入

在 3ds Max 2021 中创建的图形需要结合对应的修改器才能成为三维立体模型。这些修改器主要是将图形沿轴或者路径进行旋转、挤出等，适用于回转体、界面图形比较复杂、曲面要求比较高的产品造型建模。本次任务介绍直接生成法、轮廓线类三维生成法和复合建模。

相关知识

1. 直接生成法

在 3ds Max 2021 中创建好二维图形后，可以在命令面板中单击 （修改命令面板）按钮，然后在"渲染"卷展栏中勾选"在渲染中启用"和"在视口中启用"复选框，其中"径向"和"矩形"只能选中其一，如图 5-35 所示，现选中"径向"选项并设置数值，图形模型效果如图 5-36 所示。

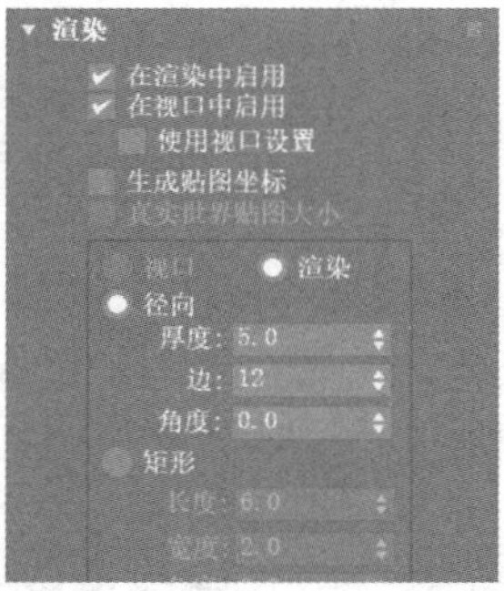

图 5-35

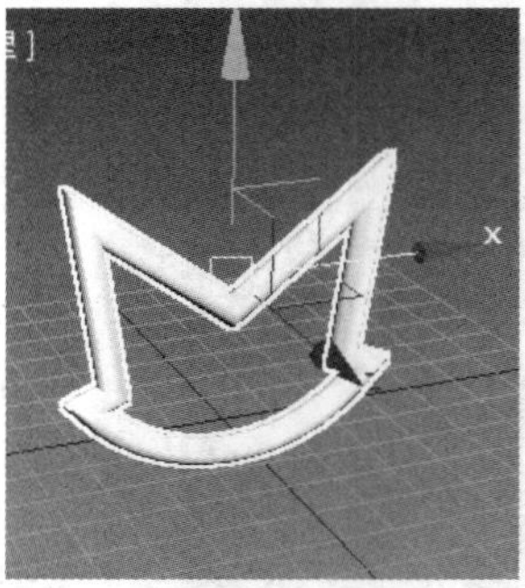

图 5-36

2. 轮廓线类三维生成法

轮廓线类三维生成法是运用二维图形创建模型的轮廓线或横截面，再结合"车削""挤出"等修改器完成模型的创建。

（1）"车削"修改器：将模型侧面的轮廓图形以指定的轴进行一定角度的旋转，从而创建出三维模型。操作过程如下。

① 启动 3ds Max 2021，在命令面板中单击 （创建）— （图形）按钮，在下拉列表中选择"样条线"类型，单击 线 按钮，在前视图中创建图形，如图 5-37 所示。

② 在命令面板中单击 （修改命令面板）按钮，选择"顶点"子对象，在"几何体"卷展栏中单击 圆角 按钮，单击并拖动图形上的顶点，对线条上除首尾两点外的所有顶点进行圆角化，从而实现线条顶点之间的平滑过渡，得到的效果如图 5-38 所示，退出编辑状态。

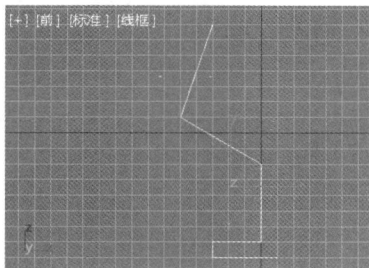

图 5-37

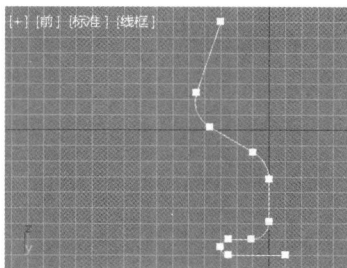

图 5-38

③ 继续在修改器下拉列表中选择"车削"修改器，参数设置如图 5-39 所示，得到的模型效果如图 5-40 所示。若模型效果不对，可以单击切换"对齐"下方切换对齐方式。

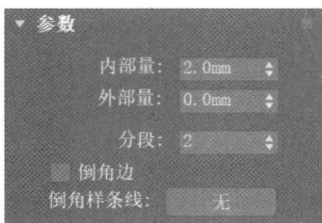

图 5-39

图 5-40

④ 继续在修改器下拉列表中选择"壳"修改器，参数设置如图 5-41 所示，得到的模型效果如图 5-42 所示。

图 5-41

图 5-42

（2）"挤出"修改器：将模型的横截面沿特定的路径运动生成三维模型。

操作过程如下。

① 启动 3ds Max 2021，在命令面板中单击 ➕（创建）— ⊙（图形）按钮，在下拉列表中选择"样条线"类型，单击 星形 按钮，参数设置如图 5-43 所示，在前视图创建图形，得到的效果如图 5-44 所示。

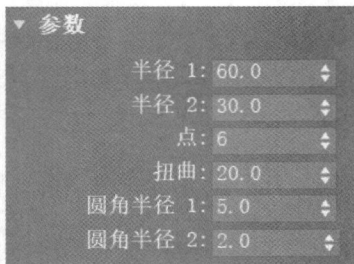

图 5-43

图 5-44

② 在命令面板中单击 ■（修改命令面板）按钮，在修改器下拉列表中选择"挤出"修改器，参数设置如图 5-45 所示，得到的模型效果如图 5-46 所示。

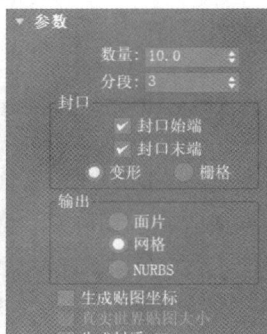

图 5-45

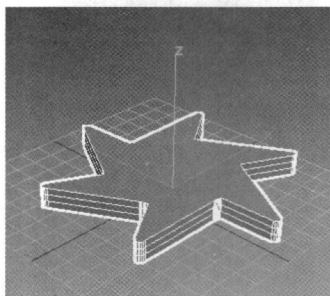

图 5-46

（3）"倒角"修改器："挤出"修改器的升级版，都是沿平面图形法线方向产生厚度，不同的是"倒角"在所形成的三维模型两端产生斜角。例如，给星形模型添加"倒角"修改器，参数设置如图 5-47 所示，得到的模型效果如图 5-48 所示。

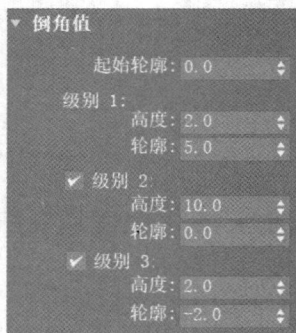

图 5-47

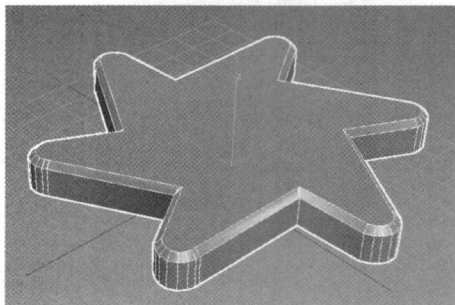

图 5-48

（4）"倒角剖面"修改器：其"参数"卷展栏中分为"经典"和"改进"两种类型。具体操作方式如下。

① 启动 3ds Max 2021，在命令面板中单击 ■（创建）— ■（图形）按钮，在下拉列表

中选择"样条线"类型，单击 星形 和 弧 按钮，创建图 5-49 所示星形和弧线。

② 在命令面板中单击 （修改命令面板）按钮，在修改器下拉列表中选择"倒角剖面"修改器，在"参数"卷展栏中选择"经典"类型后，单击 拾取剖面 按钮，如图 5-50 所示，在视图中单击弧线，即可得到效果如图 5-51 所示的模型。

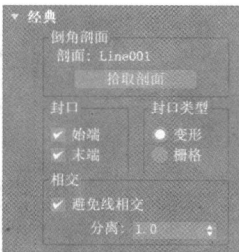

图 5-49　　　　　　　　图 5-50　　　　　　　　图 5-51

③ 如果在"参数"卷展栏中选择"改进"选项，就可以在"改进"卷展栏中的"倒角"下拉列表中选择不同的倒角类型，如图 5-52 所示，选择"凹槽"，得到的模型效果如图 5-53 所示。

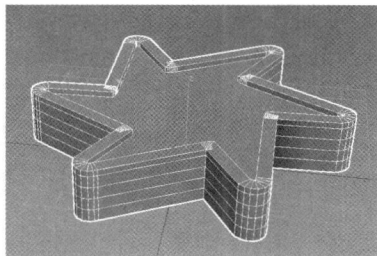

图 5-52　　　　　　　　　　　　　　图 5-53

3．复合建模

3ds Max 2021 中已经创建好的图形和模型，可以实现图形和图形、模型和模型、图形和模型之间的复合建模，从而创建出更为复杂的三维模型。下面介绍放样、布尔和图形合并 3 种复合建模。

（1）放样：在图形与图形之间进行复合建模。将一个或多个二维图形沿着一个二维路径图形运动，所扫过的空间则形成三维模型，其中，用来控制运动轨迹的二维图形称为路径，用来控制运动形状的二维图形称为截面，截面可以有多个，但路径只有一个。操作过程如下。

① 启动 3ds Max 2021，在命令面板中单击 （创建）— （图形）按钮，在下拉列表中选择"样条线"类型，分别单击 星形 、 圆 、 矩形 和 线 ，在前视图创建一个星形，一个圆形，一个矩形。再在顶视图创建一条曲线，图形效果如图 5-54 所示。

② 将曲线作为路径，将星形、圆形、方形作为路径不同位置的截面。选择场景中的曲线，

在命令面板中单击 ➕（创建）—⬤（几何体）按钮，在下拉列表中选择"复合对象"类型，单击 放样 按钮，在"创建方法"卷展栏中单击 获取图形 按钮，再选择场景中的星形，会得到与使用"扫描"修改器同样的效果，如图 5-55 所示。在"路径参数"卷展栏中将"路径"文本框中的数值改为 50，如图 5-56 所示，在"创建方法"卷展栏中单击 获取图形 按钮，再选择场景中的圆形，得到的模型效果如图 5-57 所示。将"路径"改为 100，如图 5-58 所示，在"创建方法"卷展栏中单击 获取图形 按钮，选择场景中的矩形，得到的模型效果如图 5-59 所示。由此可知，路径参数可以设置为 0 到 100 之间的任何数值，获取不同的截面图形后便能完成模型的放样。

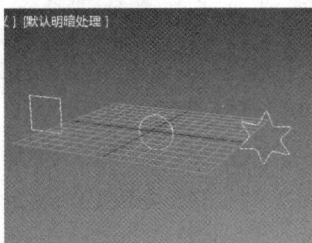

图 5-54

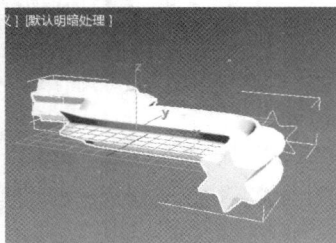

图 5-55

图 5-56

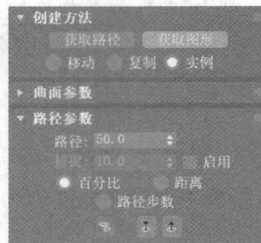

图 5-57

图 5-58

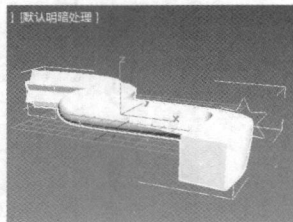

图 5-59

③ 单击 ⬛（修改命令面板）按钮，"变形"卷展栏中有 5 个按钮，如图 5-60 所示。单击"缩放"按钮，弹出"缩放变形"对话框，如图 5-61 所示。使用移动工具调整对话框中红色曲线的形态，如图 5-62 所示，可以得到图 5-63 所示的模型缩放效果。

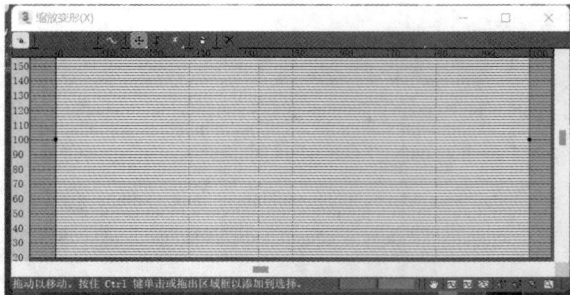

图 5-60

图 5-61

图 5-62

图 5-63

（2）布尔：模型与模型之间的复合建模。布尔是逻辑数学的一类算法，这类算法主要用来处理两个集合的域运算。当两个模型相互有重叠的部分时，就可以进行布尔运算，运算之后产生的新模型称为布尔模型，属于参数化的模型。操作过程如下所示。

① 启动 3ds Max 2021，在命令面板中单击 ➕（创建）— ◉（几何体）按钮，在下拉列表中选择"标准基本体"类型，单击 长方体 按钮，在场景中创建棱长为 100mm 的正方体，再单击 球体 按钮，创建半径为 60mm 的球体，两个基本体的放置位置如图 5-64 所示。

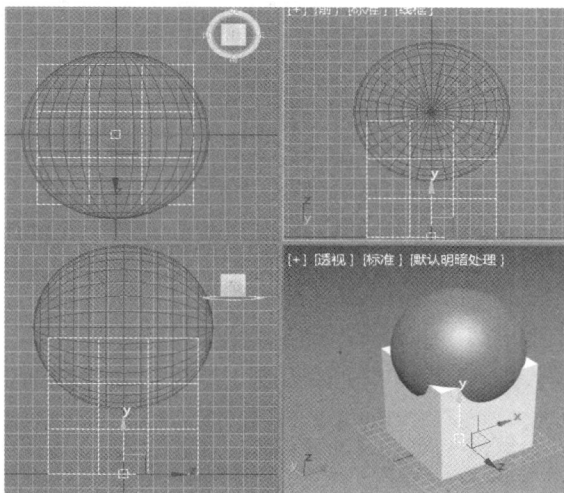

图 5-64

② 使立方体处于选中状态，在命令面板中单击 ➕（创建）— ◉（几何体）按钮，在下拉列表中选择"复合对象"类型，在"运算对象参数"卷展栏中单击 并集 按钮，如图 5-65 所示。然后单击"布尔参数"卷展栏下的 添加运算对象 按钮，单击拾取场景中的球体，"运算对象"列表框中会出现立方体和球体的名称，如图 5-66 所示，得到的模型效果如图 5-67 所示。

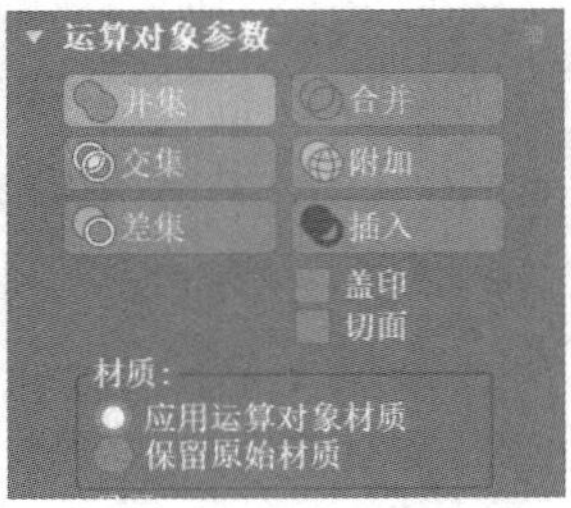

图 5-65

图 5-66

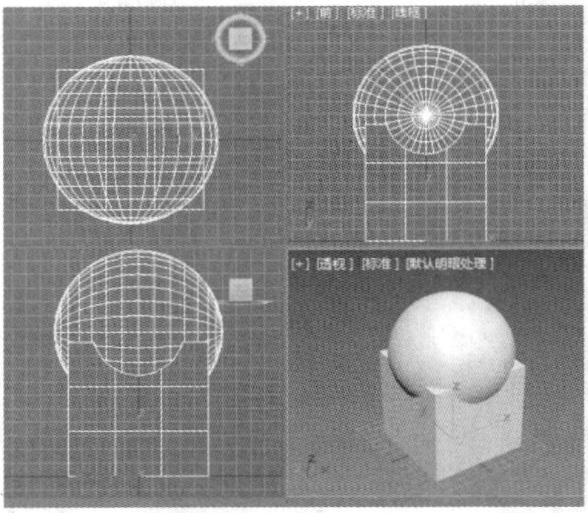

图 5-67

如果先在"运算对象参数"卷展栏中单击 交集 按钮，再单击"布尔参数"卷展栏下的 添加运算对象 按钮，那么单击拾取场景中的球体，得到的模型效果如图 5-68 所示。

如果先在"运算对象参数"卷展栏中单击 差集 按钮，再单击"布尔参数"卷展栏下的 添加运算对象 按钮，那么单击拾取场景中的球体，得到的模型效果如图 5-69 所示。

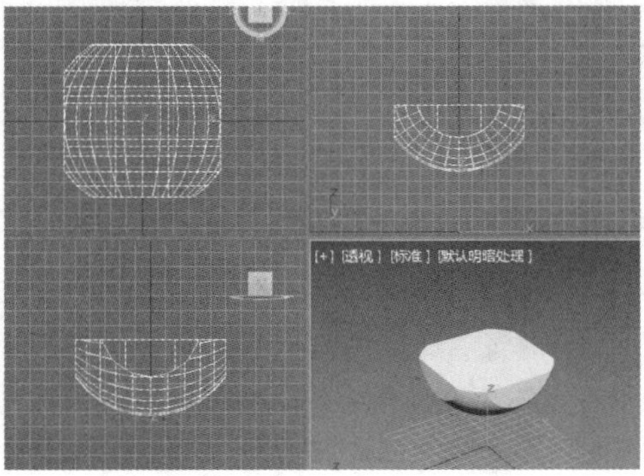

图 5-68

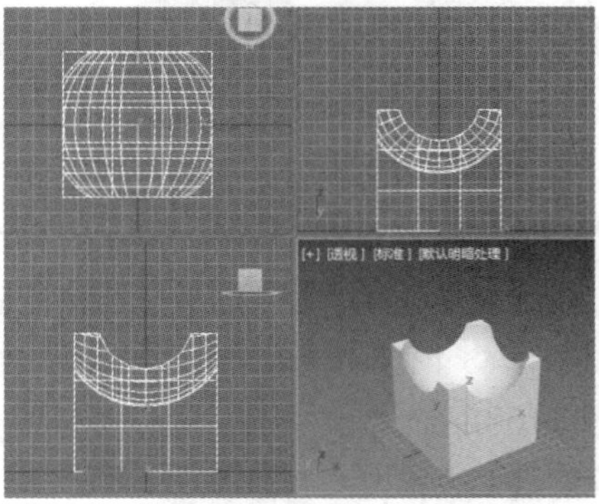

图 5-69

（3）"图形合并"：图形与模型之间的复合建模。是将一个图形以投影的方式投射到三维模型上，可以实现模型表面的图形镂空、浮雕花纹效果，或者使模型表面附着文字等。操作过程如下。

① 启动 3ds Max 2021，在命令面板中单击➕（创建）—◎（几何体）按钮，在下拉列表中选择"标准基本体"，单击 ▉▉▉茶壶▉▉▉ 按钮，在透视图中单击并拖动调整位置，创建图 5-70 所示的半径为 50mm 的茶壶模型。

② 继续在命令面板中单击➕（创建）—◎（图形）按钮，在下拉列表中选择"样条线"类型，单击 ▉▉文本▉▉ 按钮，在前视图中创建字体为"黑体"，大小为 30mm 的"china"文本，文本的放置位置及效果分别如图 5-71 和图 5-72 所示。

| 图 5-70 | 图 5-71 | 图 5-72 |

③ 选择茶壶模型，在命令面板中单击➕（创建）—◎（几何体）按钮，在下拉列表中选择"复合对象"类型，单击 ▉▉图形合并▉▉ 按钮，然后在"拾取运算对象"卷展栏中单击 ▉▉拾取图形▉▉ 按钮，再单击视图中的"china"文本，"参数"卷展栏如图 5-73 所示。

④ 在命令面板中单击✐（修改命令面板）按钮，在修改器下拉列表中选择"编辑多边形"修改器，选择"多边形"子对象，效果如图 5-74 所示。按 Delete 键，即可得到图 5-75 所示的镂空模型效果。

| 图 5-73 | 图 5-74 | 图 5-75 |

任务实践：运用"车削"修改器、布尔运算创建调料罐模型

运用 3ds Max 2021"样条线"中的线、矩形工具，结合"编辑样条线""车削""图形合并""可编辑多边形"修改器制作图 5-76 所示的调料罐模型。这款产品巧妙地将猪鼻子造型运用到调料罐的外观形态上，鼻孔成了倒出调料的出口，体现了调皮可爱的设计风格，增添了产品的趣味性。

微课视频

5.2

操作步骤如下。

（1）启动 3ds Max 2021，在命令面板中单击➕（创建）—
🔲（图形）按钮，在下拉列表中选择"样条线"类型，单击
███ 线 ███ 按钮，在前视图中创建图形，如图 5-77 所示。

（2）在命令面板中单击 🖊（修改命令面板）按钮，选择"顶
点"子对象，在"几何体"卷展栏中单击 ███ 圆角 ███ 按钮，在视
图中依次选择中间的顶点进行推拉，得到的效果如图 5-78 所示。

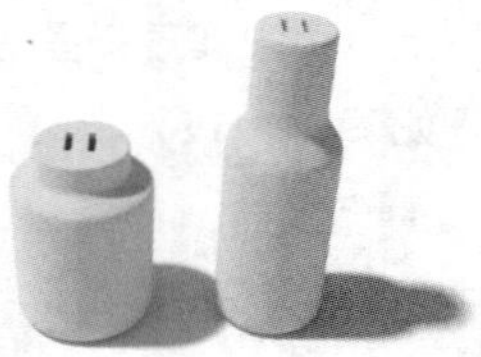

图 5-76

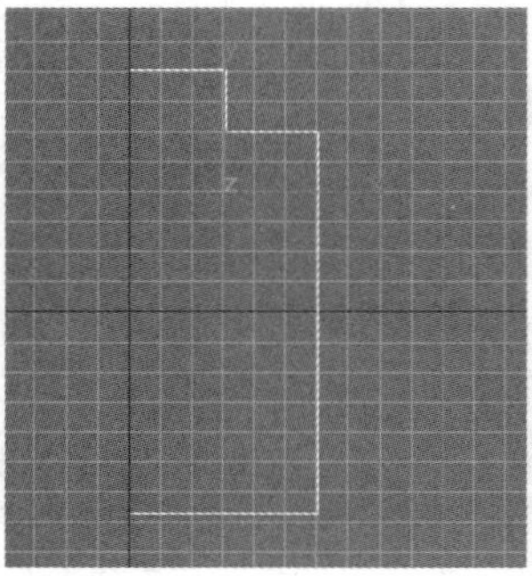

图 5-77

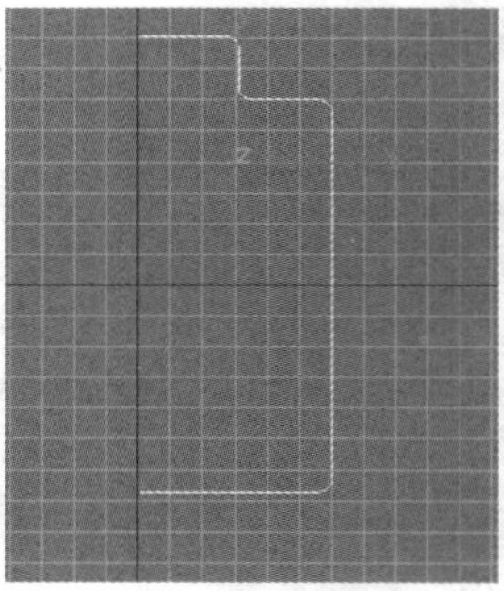

图 5-78

（3）为模型添加"车削"修改器，参数设置如图 5-79 所示，得到的模型效果如图 5-80
所示。

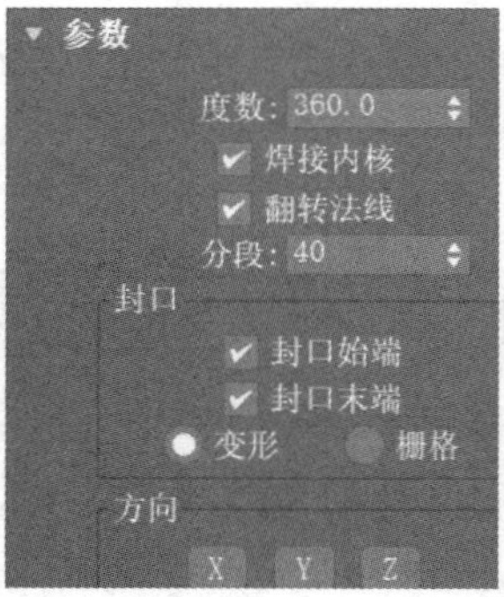

图 5-79

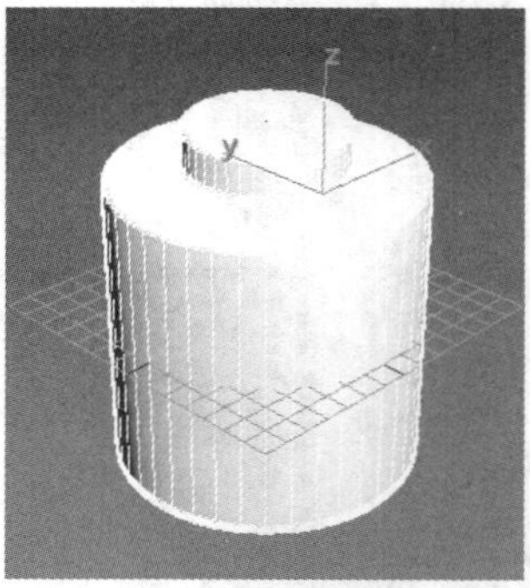

图 5-80

（4）继续添加"编辑多边形"修改器，选择"边"对象，选择图 5-81 所示的一圈边。
选择"编辑边"卷展栏中的 ███ 连接 🔲 按钮，设置连接分段值为 5，如图 5-82 所示。按照此
方法，给模型顶面、底面添加分段，添加完分段之后的效果如图 5-83 所示。

（5）在命令面板中单击➕（创建）— 🔲（图形）按钮，在下拉列表中选择"样条线"
类型，单击 ███ 矩形 ███ 按钮，在顶视图中创建参数如图 5-84 所示的矩形，并移动到模型上方
合适的位置，再复制一个，效果如图 5-85 所示。

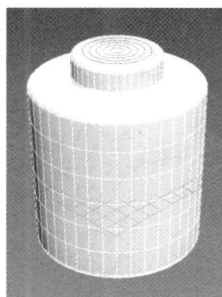

图 5-81　　　　　　　　　　图 5-82　　　　　　　　　　图 5-83

图 5-84　　　　　　　　　　　图 5-85

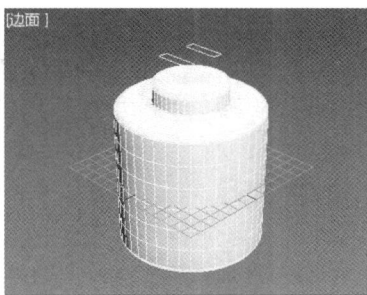

（6）选择其中一个矩形，在命令面板中单击 ⊘（修改命令面板）按钮，在下拉列表中选择"编辑样条线"修改器，单击"几何体"卷展栏下的 附加 按钮，在视图中单击另外一个矩形，将两个矩形合并为一个图形。

（7）选择车削模型，单击 ✛（创建）— ◉（几何体）按钮，在下拉列表中选择"复合对象"类型，单击 图形合并 按钮，在"拾取运算对象"卷展栏中单击 拾取图形 按钮，如图 5-86 所示。合并后的图形效果如图 5-87 所示。

图 5-86

图 5-87

（8）再次添加"编辑多边形"修改器，选择"多边形"子对象，如图 5-88 所示。在"编辑多边形"卷展栏中单击 插入 ▫ 按钮，参数设置如图 5-89 所示。再单击 挤出 ▫ 按钮，参数设置如图 5-90 所示，多次执行挤出操作，即可得到图 5-91 所示的模型效果。

图 5-88

图 5-89

图 5-90

图 5-91

（9）按照以上操作方法，创建另外一个调料罐模型，最后得到的模型效果如图 5-92 所示。

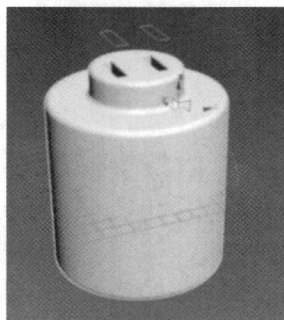

图 5-92

项目总结

本项目主要介绍了 3ds Max 2021 中二维图形的创建及编辑方法，讲解了直接生成法、轮廓线类三维生成法和复合建模等 3 种将图形转化为三维模型的常用方法。以下为项目 5 的教师教学自查表和学生学习效果自查表，用来帮助教师和学生了解教授和学习本项目之后的自我满意度，查漏补缺。

项目 5 教师教学自查表

序号	我认为学生……	非常不同意 ← → 非常赞同									
1	学会了创建样条线	1	2	3	4	5	6	7	8	9	10
2	学会了样条线的编辑	1	2	3	4	5	6	7	8	9	10
3	学会了二维图形直接生成三维模型的方法	1	2	3	4	5	6	7	8	9	10
4	学会了挤出、倒角等轮廓线类三维生成方法	1	2	3	4	5	6	7	8	9	10
5	学会了放样、布尔和图形合并方法	1	2	3	4	5	6	7	8	9	10
6	掌握了各种方法的综合运用	1	2	3	4	5	6	7	8	9	10
7	理解了图形建模的基本原理	1	2	3	4	5	6	7	8	9	10
8	具备了二维图形设计能力	1	2	3	4	5	6	7	8	9	10
9	了解了创建曲面形态的方法	1	2	3	4	5	6	7	8	9	10
10	提升了产品的创新设计意识	1	2	3	4	5	6	7	8	9	10
11	总计										

项目 5 学生学习效果自查表

序号	我认为我……	非常不同意 ← → 非常赞同									
1	学会了创建样条线	1	2	3	4	5	6	7	8	9	10
2	学会了样条线的编辑	1	2	3	4	5	6	7	8	9	10
3	学会了二维图形直接生成三维模型的方法	1	2	3	4	5	6	7	8	9	10
4	学会了挤出、倒角等轮廓线类三维生成方法	1	2	3	4	5	6	7	8	9	10
5	学会了放样、布尔和图形合并方法	1	2	3	4	5	6	7	8	9	10
6	掌握了各种方法的综合运用	1	2	3	4	5	6	7	8	9	10
7	理解了图形建模的基本原理	1	2	3	4	5	6	7	8	9	10
8	具备了二维图形设计能力	1	2	3	4	5	6	7	8	9	10
9	了解了创建曲面形态的方法	1	2	3	4	5	6	7	8	9	10
10	提升了产品的创新设计意识	1	2	3	4	5	6	7	8	9	10
11	总计										

项目 6　产品材质制作

项目介绍

产品材质制作是指在 3ds Max 2021 中对产品进行真实材料视觉效果的模拟表现。运用软件技术手段，使产品在虚拟的三维空间中呈现出跟现实生活中一样的材质视觉效果，从而能够让人真实地感受产品的外在材质和工艺效果。通过材质编辑器，可以给模型模拟现实生活中的金属、塑料、木材、陶瓷、皮革、玻璃等大部分材质。

本项目先介绍 3ds Max 2021 中材质与贴图的概念，材质编辑器的调用及参数设置方法以及软件中常用的标准材质和 V-Ray 插件材质，再结合装饰画和手串材质的制作来讲解材质制作的流程和方法。

学习目标

知识目标	了解 3ds Max 2021 中常见的材质类型； 了解产品材质的视觉及感觉特性
技能目标	熟练掌握运用材质编辑器制作各种材质的方法； 熟练掌握各种产品表面纹理贴图的使用和调整方法
素养目标	提升学生细致的观察能力； 培养学生严谨的工作作风

任务 1　掌握标准材质的制作与编辑方法

任务引入

3ds Max 2021 中的默认材质是软件自带的，通过材质编辑器可以模拟出常见的大多数材质效果，实际的材质制作过程中往往会将多种材质效果叠加，以达到理想的材质效果。本次任务讲解材质与贴图的关系及区别，材质编辑器的调用，材质编辑流程、参数设置及使用技巧。

相关知识

1．材质与贴图的概念

所谓材质就是指产品的制作材料，简单来说就是物体的可见性，即产品表面的物理现象，如颜色、软硬、凹凸、发光度、反射、折射、高光和透明度等可以观察到的特性。在 3ds Max 2021 中，产品材质的表现和制作就是通过软件技术手段来实现的。现实中的物体表面都有着丰富的纹理和图像效果，这就需要在调节产品材质物理特性的基础上为产品赋予合适的位图，赋予位图这一过程称为贴图。贴图是材质属性的一部分，多用来表现物体表面的纹理，它所反映的是不同材料的固有纹理走向和纹理特征。软件材质制作的目的是通过调整参数来表现现实中的金属、塑料、玻璃等材质的物理和化学特性，从而达到视觉上的美感享受。图 6-1 所示的金属材质明显反射了地面的棋盘格图案，但是未显示贴图图案；而图 6-2 所示的陶瓷材质则不具备反射特性，未能反射地面的棋盘格图案，但是却可以清晰地看见树枝贴图。

图 6-1 　　　　　　　　　　　　　　图 6-2

2．材质编辑器

在 3ds Max 2021 中，材质的制作和编辑都是在"材质编辑器"对话框中完成的，调用材质编辑器的方法是：在菜单栏中选择"渲染"—"材质编辑器"—"精简材质编辑器"命令，如图 6-3 所示。可以双击中间的文本框中默认的"01-default"材质名称，将其更改为方便自己记忆的材质名称。3ds Max 2021 中的材质类型主要分为软件自带的材质和 V-Ray 插件材质，这两种类型的材质都可以用来制作金属、塑料、玻璃等不同种类的材质。

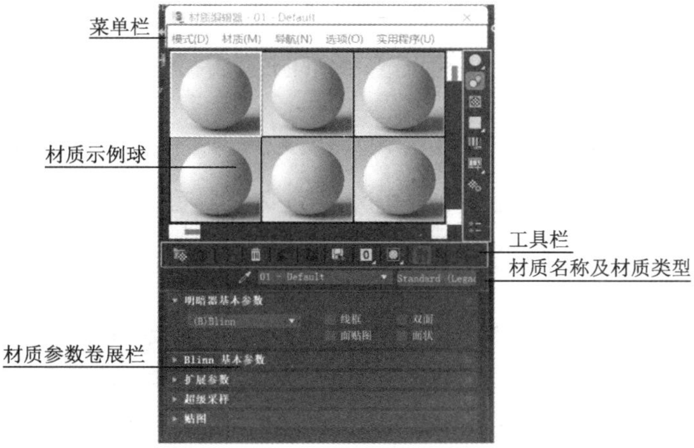

图 6-3

在 3ds Max 2021 中，默认的材质编辑器将材质分为标准材质、建筑材质、多维/子对象材质、混合材质等类型，这些材质的基本参数设置主要包括明暗器基本参数、Blinn 基本参数、扩展参数、贴图等。单击"材质编辑器"对话框中的 Standard (Legac 按钮，打开材质浏览器，可以看到扫描线和通用两大类材质，大约 19 种，如图 6-4 所示。如果软件安装了 V-Ray 插件，选择 V-Ray 渲染器后，单击"Standard"按钮就会出现 V-Ray 材质，大约 26 种，如图 6-5 所示。

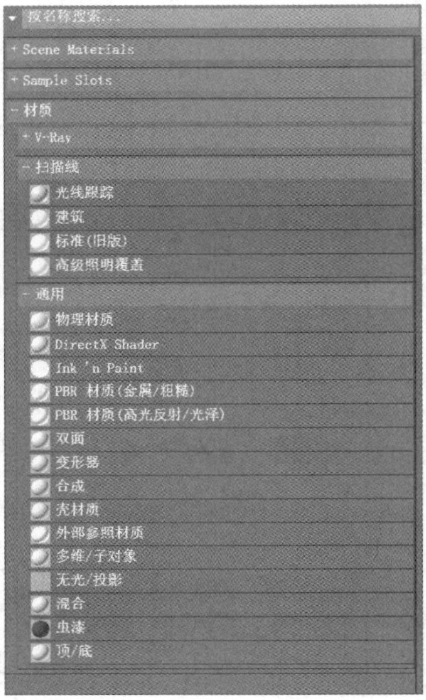

图 6-4

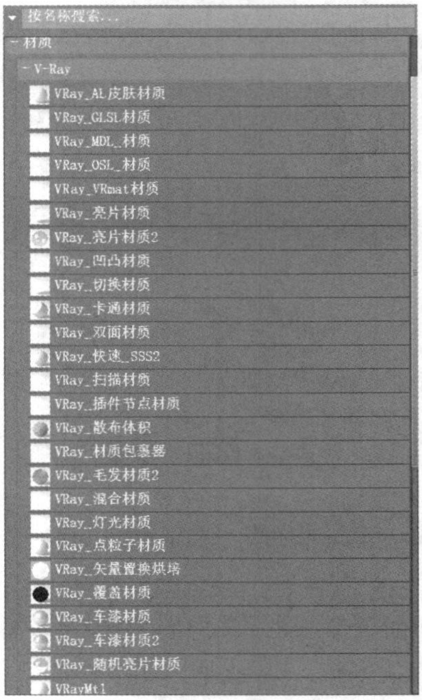

图 6-5

3. 标准材质

（1）材质明暗器

在"明暗器基本参数"卷展栏下可以选择材质明暗器的类型，有"线框""双面""面贴图""面状" 4 个选项，如图 6-6 所示。

选择"线框"选项使模型将以线框模式渲染材质；选择"双面"选项将使模型材质面呈双面显示；选择"面状"选项将使模型表面产生不光滑的明暗效果，把模型的每个面都作为平面来渲染，常用于制作加工过的宝石和任何块面分明的物体；选择"面贴图"选项可将材质应用到几何体的各个面。

例如，在场景中创建半径为 50mm 的茶壶模型，在参数面板中取消勾选"壶盖"复选框，如图 6-7 所示，模型渲染效果如图 6-8 所示。很明显可以看到模型内部的面没有显示，所以需要勾选"双面"复选框，茶壶效果如图 6-9 所示。继续勾选"线框"复选框，茶壶效果如图 6-10 所示。取消勾选"线框"复选框，勾选"面状"复选框，模型效果如图 6-11 所示。

图 6-6　　　　　　　　　　　　　　　　　图 6-7

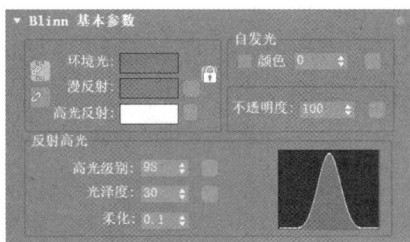
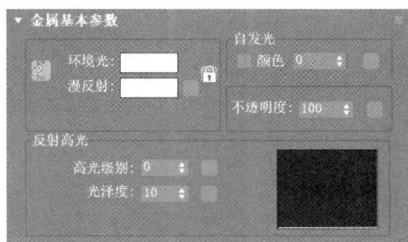

图 6-8　　　　　　图 6-9　　　　　　图 6-10　　　　　　图 6-11

"明暗器基本参数"卷展栏中可以给模型指定 8 种不同的材质渲染属性，用以确定材质的基本性质，其中最常用的是"各向异性""Blinn""金属"3 种。

各向异性：通过调节垂直方向上两个可见高光尺寸之间的差值来提供一种独特的高光效果，适用于椭圆形表面的模型，如毛发、玻璃等。

Blinn：以光滑的方式对表面进行渲染，用于表现冷色坚硬的材质，是最常用的一种明暗器。

金属：专用于金属材质的制作，用于突出金属强烈反光效果。

（2）基本参数

"基本参数"卷展栏用于设置材质的颜色、反光度和透明度等参数，还可以通过贴图实现材质表面纹理和图像的制作。当选择明暗器之后就会出现对应的基本参数面板，图 6-12 所示为"Blinn"明暗器基本参数，图 6-13 所示为"金属"明暗器基本参数。

图 6-12　　　　　　　　　　　　　　　　　图 6-13

重要参数说明如下。

环境光：用于模拟间接光，也可以用来模拟光能传递。

漫反射：在光照条件较好的情况下（如太阳光和人造光充足）物体表面反射出来的颜色，

又被称作物体的固有色，也就是物体本身的颜色。

高光反射：物体发光表面高亮显示部分的颜色。

自发光：使用"漫反射"颜色替换曲面上的任何阴影，从而创建出白炽灯的效果。

不透明度：用于控制材质的不透明度。

高光级别：用于控制"反射高光"的强度，数值越大，反射高光越强。

光泽度：用于控制镜面高亮区域，即反光区域的大小。数值越大，反光区域越小。

柔化：用于设置反光区和无反光区衔接的柔和度。0 表示没有柔化效果，1 表示最大柔化效果。

（3）扩展参数

"扩展参数"卷展栏对标准材质的所有着色类型来说都是相同的，可以用来设置透明度和反射级别。如图 6-14 所示的材质球，通过图 6-15 所示"扩展参数"卷展栏调整"高级透明"中的"数量"值和"过滤"颜色后，材质球呈现的效果如图 6-16 所示。

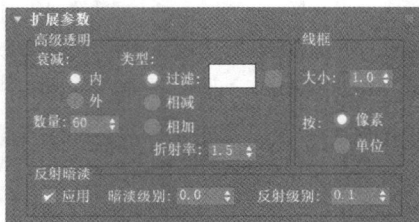
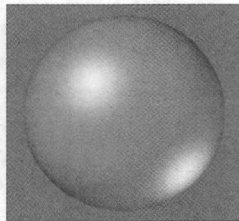

图 6-14   图 6-15   图 6-16

（4）超级采样

"超级采样"卷展栏如图 6-17 所示，用于给材质添加一个抗锯齿过滤，可以提高渲染效果图的图像质量，特别适用于渲染具有非常平滑的反射高光、凹凸贴图及高分辨率的图像。

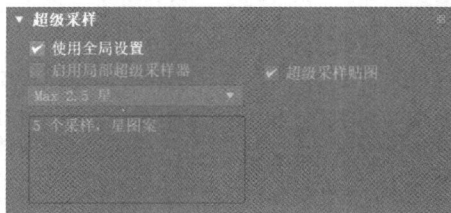

图 6-17

（5）贴图

"贴图"卷展栏如图 6-18 所示，可以对材质的环境光颜色、漫反射颜色、高光颜色等 12 个属性分别进行细节调整，用来表现材质的各种效果和表面纹理及图案。3ds Max 2021 自带的常用贴图有 50 多种，部分截图如图 6-19 所示。下面介绍几种常用的贴图。

① 位图（Bitmap）：3ds Max 2021 最常用的贴图类型。可以将实际生活中的材质图像，如大理石、木纹、布料、羽毛等作为位图使用，也可以使用动画或视频文件作为位图贴图，制作

材质动画的效果。单击"漫反射颜色"右侧的 ▨▨▨▨ 无贴图 ▨▨▨▨ 按钮，弹出"材质/贴图浏览器"对话框，如图 6-20 所示，在列表中双击"位图"选项，在弹出的"选择位图图像文件"对话框中选择需要的位图，单击将其打开，回到"位图"的材质编辑器界面，如图 6-21 所示。

图 6-18

图 6-19

图 6-20

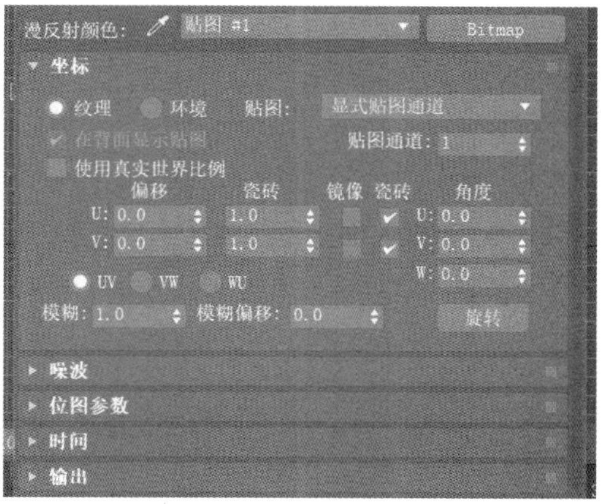

图 6-21

编辑器中的主要选项功能及参数设置说明如下。

"坐标"卷展栏：通过调整坐标参数，可以在应用了贴图的模型表面移动贴图。

偏移 U/V：在 UV 坐标系中更改贴图的位置。

UV/VW/WU：选择贴图的坐标系。

瓷砖："瓷砖"或"镜像"复选框处于勾选状态时，允许用户沿 x 轴，y 轴，z 轴重复贴图，从而创建无缝的纹理效果。

角度 U/V/W：绕 U 轴、V 轴和 W 轴旋转贴图。

旋转：单击"旋转"按钮，弹出"旋转贴图坐标"对话框，在圆圈内拖动绕 3 个轴旋转，在外部拖动则仅绕 W 轴旋转，同时 UVW 角度的值也会随着改变。

模糊：贴图与视口的距离决定贴图的锐度和模糊度，主要用于消除锯齿。

模糊偏移：用于控制贴图的锐度和模糊度。

"噪波"卷展栏：如图 6-22 所示，勾选"启用"复选框后，调整相应的参数，可以控制噪波的大小；勾选"动画"复选框后，可以给动画启用噪波效果。"相位"的数值可以控制噪波运动的速度。

"位图参数"卷展栏：如图 6-23 所示，单击"位图"右侧的长方形按钮，可以在计算机中重新选择一个图像文件。单击 重新加载 按钮也可以重新选择图像文件。在"过滤"选项组中可以选择图像的抗锯齿处理方式，默认为"四棱锥"。在"裁剪/放置"选项组中，勾选"应用"复选框，单击 查看图像 按钮，在弹出的对话框中缩放、移动红色选框，可以在图像上任意剪切一部分图像作为贴图使用。

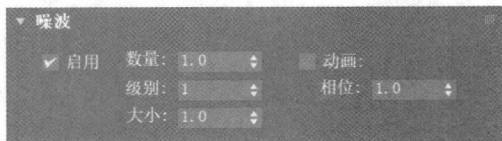

图 6-22

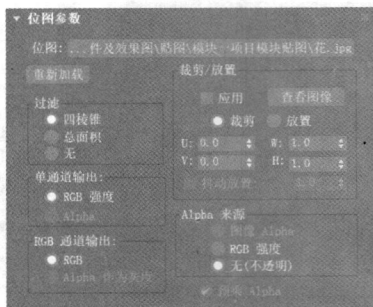

图 6-23

② 细胞（Cellular）：如图 6-24 所示，细胞贴图可以产生马赛克、鹅卵石、细胞壁等随机序列贴图效果，还可以模拟出海洋的效果，如图 6-25 所示。

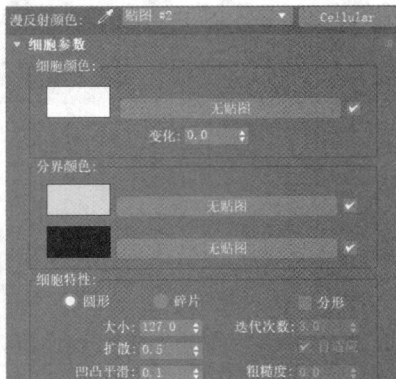

图 6-24

图 6-25

③ 衰减（Falloff）：如图 6-26 所示，衰减贴图可以产生由明到暗的衰减效果，主要用于"不透明度""自发光""过滤色贴图"等。它会产生一种透明衰减的效果，光线强的地方透明，光线弱的地方不透明，近似标准材质的"透明衰减"效果，更易于控制，示例如图 6-27 所示。

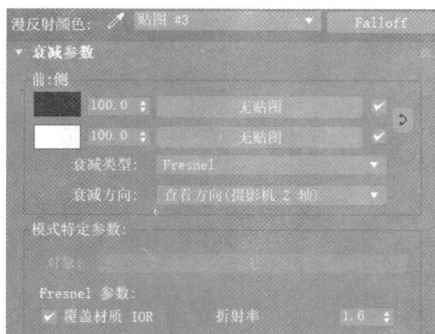

图 6-26　　　　　　　　　　　　　　图 6-27

④ 渐变（Gradient）：如图 6-28 所示，渐变贴图能够实现三色或 3 个图像的平滑过渡效果，包括线性渐变和放射渐变两种模式。通过渐变贴图技术不仅能产生丰富的颜色和图像嵌套效果，还能调节"噪波"参数，以精准控制区域融合时产生的杂乱效果，示例如图 6-29 所示。

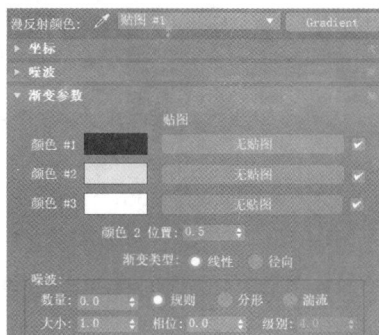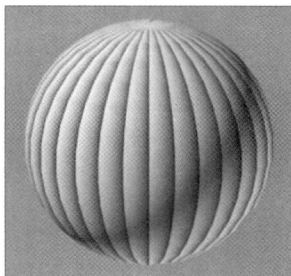

图 6-28　　　　　　　　　　　　　　图 6-29

⑤ 平铺（Tiles）：如图 6-30 所示，平铺贴图是计算机根据特定模式计算出来的图案，可以用来制作砖墙、铝扣板、马赛克等，常用来制作地面材质，如图 6-31 所示。

4．其他材质

其他材质是在标准材质的基础上结合一些特殊的材质和效果而形成的材质，因此，这些材质的参数和编辑方法和标准材质类似。

（1）建筑材质

在材质编辑器中将常用材质的反射、折射和透明度等提前设置好，需要时在模板中调用即可，如图 6-32 所示。用户根据要求简单更改颜色就可以制作出金属、玻璃等材质，如图 6-33 所示。

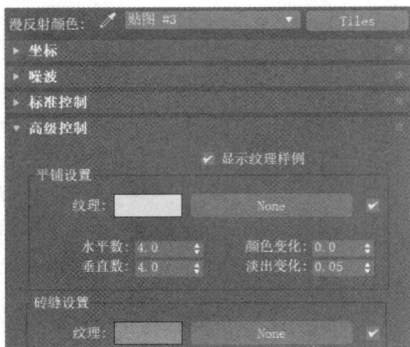

图 6-30

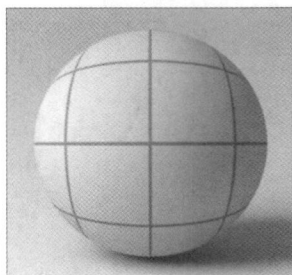

图 6-31

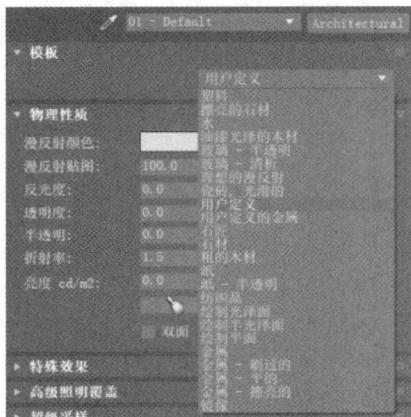

图 6-32

图 6-33

（2）物理材质

物理材质是 3ds Max 2021 新增的一类材质，是更高级的系统自带材质，其材质编辑器界面如图 6-34 所示。在"预设"卷展栏材质下拉列表中选择"古铜"类型，并将其赋予茶壶，效果如图 6-35 所示。

（3）多维/子对象

"多维/子对象"材质可以将模型材质设置为由多个不同材质组合而成的复合材质。制作复合材质时，会将不同的子材质指定给同一个模型不同部分的"多边形"子对象，其材质编辑器界面如图 6-36 所示。这类材质需要先给模型添加"可编辑多边形"修改器，然后选择"多边形"子对象，在"多边形"卷展栏中给模型不同部分的多边形面设置不同的 ID 号，如图 6-37 所示，才可以配合"多维/子对象"材质进行材质制作。

例如，在场景中创建球体模型，并且给球体模型添加"可编辑多边形"修改器，选择"多边形"子对象，再分别框选球体模型的上中下 3 部分，并在"多边形"卷展栏中将其材质 ID 号分别设置为 1、2、3。然后在材质编辑器中，选择一个新的材质球，单击 Standard (Legac) 按钮，在弹出的"材质/贴图浏览器"中双击"多维/子对象"材质，在弹出的材质编辑器界面上，单击 设置数量 按钮，设置"材质"数量为 3，制作 3 个颜色不同的标准材质，如图 6-36 所示。选择球体模型，单击 （将材质指定给选定对象）按钮，3 个不同颜色的材质将被赋予球体 3 个不同 ID 的多边形部分，得到的球体材质效果如图 6-38 所示。

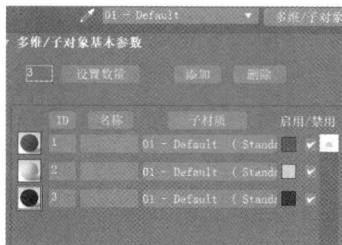

图 6-34

图 6-35

图 6-36

图 6-37

图 6-38

任务实践：运用"多维/子对象"材质创建装饰画框模型

在 3ds Max 2021 中创建切角长方体，并给其添加"编辑多边形"修改器，以便对其进行编辑修改，完成画框模型的创建。在材质编辑器中给画框添加"多维/子对象"材质，分别给模型制作主体画和木质外框，装饰画框渲染效果如图 6-39 所示。

微课视频

6.1

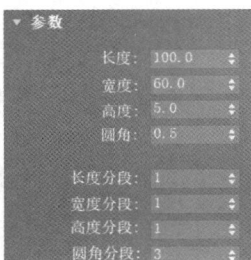

图 6-39

操作步骤如下。

（1）启动 3ds Max 2021，在命令面板中单击 ➕（创建）—◉（几何体）按钮，在下拉列表中选择"扩展基本体"类型，单击 切角长方体 按钮，在透视图中创建切角长方体，参数设置如图 6-40 所示，得到的模型效果如图 6-41 所示。

图 6-40

图 6-41

（2）在命令面板中单击 ◿（修改命令面板）按钮，在修改器下拉列表中选择"编辑多边形"修改器。选择"多边形"子对象，选择模型上表面，在"编辑多边形"卷展栏中单击 插入 工具后的小方块按钮，设置参数值为 2，单击两次加号再单击对号完成操作，如图 6-42 所示。继续单击 挤出 后的小方块按钮，设置参数值为−1，单击两次加号再单击对号完成操作，如图 6-43 所示。将模型分为外圈的画框和中间的画布两部分。

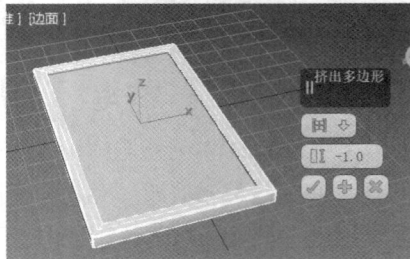

图 6-42   图 6-43

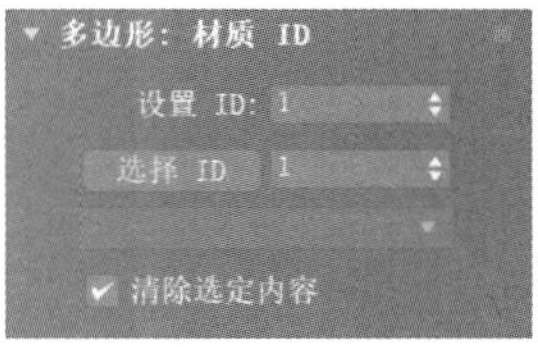

（3）选择"多边形"子对象，框选全部模型，在"多边形：
材质 ID"卷展栏下设置 ID 为 1，如图 6-44 所示，再单击图 6-43
中挤出的多边形面，按照同样的方法设置材质 ID 为 2。

（4）选择"边"子对象，框选 x 轴方向的全部边，如图 6-45
所示。再单击 连接 按钮后的小方块按钮，设置参数值为 6、80、
0，如图 6-46 所示，单击对号完成 x 方向的加线操作。同理选择 y
轴方向的全部边，单击 连接 按钮后的小方块按钮，设置参数值为 6、80、0，如图 6-47 所
示，单击对号完成 y 方向的加线操作。这一步属于模型优化，添加线条会使模型的棱角在渲
染的效果图中更加硬朗。

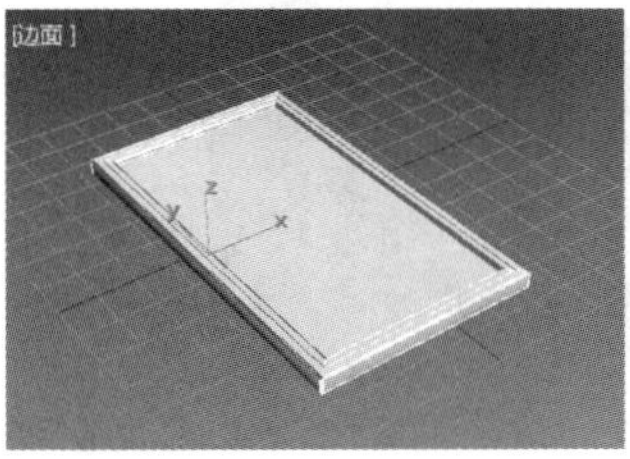

图 6-44

图 6-45 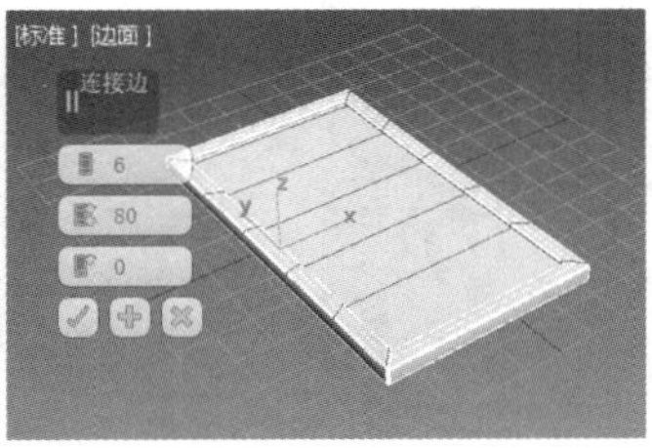　　　　图 6-46 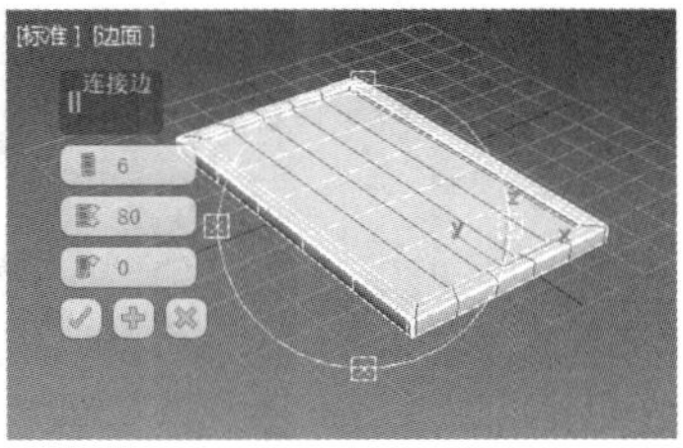　　　　图 6-47

（5）单击工具栏中的 （材质编辑器）按钮，打开"材质编辑器"对话框。单击 Standard (Legac)
按钮，在弹出的"材质/贴图浏览器"对话框中双击"多维/子对象"材质，单击 设置数量 按
钮，设置"材质数量"为 2，如图 6-48 所示。

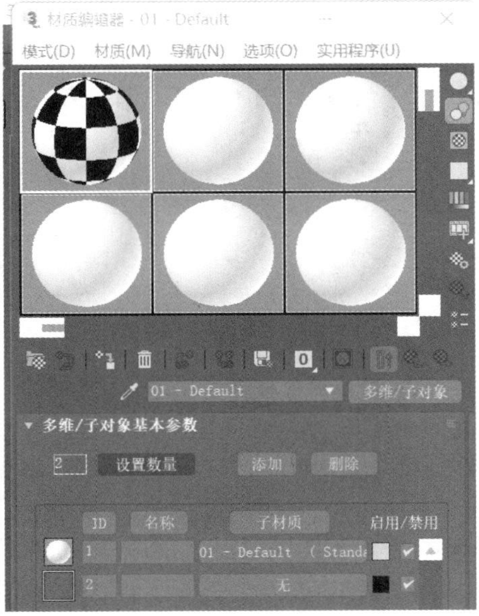

图 6-48

（6）单击材质 1 中右侧的 01 - Default（Standa 按钮，转到材质 1 的编辑界面，如图 6-49 所示，默认为标准材质。单击"漫反射"后的小方块，弹出"材质/贴图浏览器"对话框，双击"通用"卷展栏下的"位图"选项，选择素材"贴图—木材 13.jpg"，材质效果如图 6-50 所示。

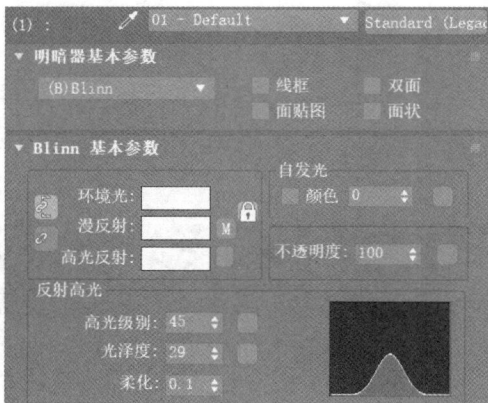

图 6-49
图 6-50

（7）在材质编辑器工具栏中单击 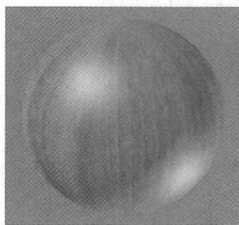（转到父对象）按钮，回到"多维/子对象"材质编辑界面。单击材质 2 右侧的 无 按钮，转到材质 2 的编辑界面，如图 6-51 所示，默认为标准材质。单击"漫反射"后的小方块，弹出"材质/贴图浏览器"对话框，双击"通用"卷展栏下的"位图"选项，选择素材"贴图—花.jpg"，材质效果如图 6-52 所示。

图 6-51
图 6-52

（8）在材质编辑器工具栏中单击 （转到父对象）按钮，回到"多维/子对象"材质编辑界面，如图 6-53 所示。选择装饰画模型，单击 （将材质指定给选定对象）按钮，最后得到的装饰画框材质效果如图 6-54 所示。

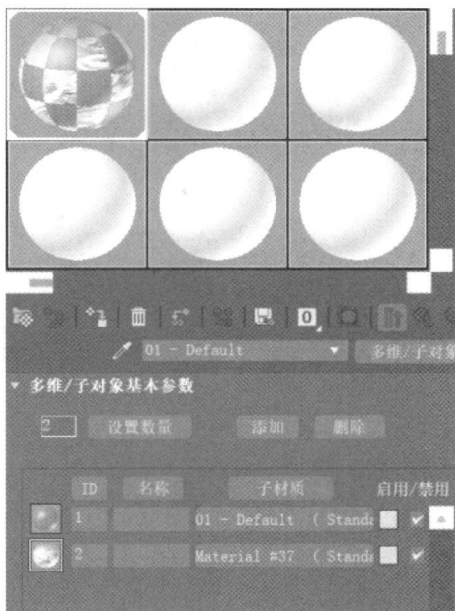

图 6-53

图 6-54

任务 2　制作 V-Ray 材质

任务引入

在 3ds Max 2021 中安装 V-Ray 插件并且在渲染设置中将其指定为产品渲染器之后，材质浏览器中才会出现 V-Ray 材质和贴图。在场景中使用 V-Ray 材质能够获得更加准确的物理照明（光能分布）、反射和折射效果，更快的渲染速度。本次任务介绍 V-Ray 插件、VRayMtl 材质及其他 V-Ray 材质的调用、参数设置及效果。

相关知识

1. V-Ray 插件介绍

V-Ray 材质是给 3ds Max 2021 安装 V-Ray 插件之后才会出现的材质类型。V-Ray 插件是 Chaos Group 和 ASGVIS 公司联合出品的一款高质量渲染插件。给 3ds Max 2021 安装 V-Ray 插件之后，软件创建面板就会出现 VRay_灯光，如图 6-55 所示。渲染器设置面板的"选择渲染器"对话框中就会有 V-Ray 渲染器，如图 6-56 所示，渲染窗口如图 6-57 所示。

"材质/贴图浏览器"含有 V-Ray 材质 26 种和 V-Ray 贴图 32 种。相比软件自带的材质和渲染器，使用 V-Ray 材质制作更为简单，效率高、图像质量高，而且可以轻松控制物体的模糊、反射和折射效果，能制作出类似蜡烛、水珠等材质的半透明、透明效果。

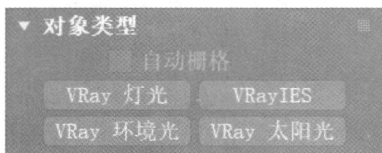

图 6-55

图 6-56

图 6-57

2. VRayMtl 材质

VRayMtl 材质是最常用的材质，其编辑界面的"预设"中，提供了很多材质模板，其物理特性（反光、折射、透明度等）都已设置完成，用户只需根据要求更改颜色、纹理等少量参数即可。VRayMtl 材质的"参数"设置面板包含 6 个卷展栏：基本参数、清漆层参数、光泽参数、双向反射分布函数、选项和贴图。

（1）基本参数：用于对材质的漫反射、反射、折射、半透明、自发光等参数进行设置。"漫反射"可以用来设置颜色或者贴图，打开"预设"下拉列表，选择需要的材质类型，如图 6-58 所示。

漫反射：物体的漫反射决定了物体表面的颜色。单击后方的色块，可以调整材质的颜色。单击右边的小方块按钮可弹出"材质/贴图浏览器"对话框，用于设置漫反射材质或者贴图。

粗糙度：数值越大，粗糙效果越明显，可以模拟绒布的效果。

反射：反射靠颜色的灰度来控制，颜色越白反射效果越强，越黑反射效果越弱。单击右边的小方块按钮，可以使用贴图的灰度来控制反射的强弱。

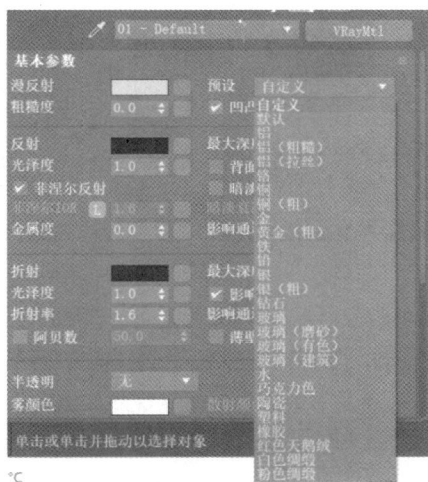

图 6-58

光泽度：通常也被称为"反射模糊"。物理世界中所有物体都有光泽度，默认值 1 表示没有模糊效果，值越小物体表面越模糊。单击右边的小方块按钮，可以通过贴图的灰度来控制光泽度。

菲涅尔反射：勾选该复选框后，反射强度便会与物体的入射角度有关，入射角度越小，反射越强，当垂直入射时，反射强度最弱。例如，在观察玻璃时，当人的视线与玻璃垂直，往往看不到明显的反射；当视线与玻璃有一定角度时，人就会察觉反射。这种现象就是菲涅尔反射。水也有这样的特性，所以在模拟玻璃或水面效果时，应勾选该复选框。

折射：和反射的原理一样，颜色越白，物体越透明，进入物体内部产生折射的光线也就越多；颜色越黑，物体越不透明，进入物体内部产生折射的光线也就越少。单击右边的小方块按钮，可以通过贴图的灰度来控制折射的强弱。

光泽度：用于控制物体的折射模糊程度。

折射率：用于设置透明物体的折射率。

影响阴影：用于控制透明物体产生的阴影。

雾颜色：可以让光线在通过透明物体后变少，这个颜色值和物体尺寸有关，厚的物体颜色需要设置淡一点才有效果。

（2）清漆层参数：如图 6-59 所示，一般用于模拟家具表面的清漆效果。

图 6-59

（3）光泽参数：如图 6-60 所示，用于控制材质表面的光泽度。

（4）双向反射分布函数：如图 6-61 所示，这是对物理世界中随处可见的双向反射现象的模拟。例如，常见的不锈钢锅底的高光形状是由两个锥形构成的，这就是双向反射现象。

图 6-60　　　　　　　　　　　　　　　图 6-61

明暗器列表：包含 4 种明暗器类型，即反射、沃德、多面、微面 GTR(GGX)。"反射"适用于硬度高的物体，高光区很小；"沃德"适用于表面柔软或粗糙的物体，高光区最大；"多面"适用于大多数物体，高光区大小适中；"微面 GTR(GGX)"表现能力也很强。默认为"反射"。

各向异性：用于控制高光区的形状，可形成拉丝效果。

翻转：用于控制高光区的方向。

局部轴：有 x 轴、y 轴、z 轴 3 个轴可供选择，使用不同的贴图通道与"UVW"贴图进行关联，可实现一个物体在多个贴图通道中使用不同的"UVW"贴图，得到各自对应的贴图坐标。

使用光泽度/使用粗糙度：这两个选项用于精确调整反射的光泽特性。当勾选"使用光泽度"复选框时，将赋于材质表面尖锐、清晰的反射高光；当勾选"使用粗糙度"复选框时，则会使反射高光呈现柔和、模糊的质感。

GTR 尾部衰减：用于控制从突出显示的区域到非突出显示的区域的转换。

（5）选项：参数面板如图 6-62 所示。

跟踪反射：用于控制光线是否追踪反射。取消勾选后，将不渲染反射效果。

跟踪折射：用于控制光线是否追踪折射。取消勾选后，将不渲染折射效果。

中止：指定一个阈值，低于这个值，反射/折射将不会被跟踪。

环境优先：确定当反射或折射的光穿过几种材质时使用的环境，确保每种材质都有一个环境覆盖。

光泽菲涅尔：勾选该复选框后，系统将启用光泽菲涅尔算法，以更精确地模拟光泽反射和折射效果。这种算法不仅关注光线和表面法线间的角度，更考虑到光滑表面上每个"微面"的细微差异，因此会使反射和折射呈现的效果更加自然和真实。

（6）贴图：如图 6-63 所示，这里的贴图与标准材质一致，可以在漫反射、反射等通道中设置材质或者贴图。

不透明度：主要用于制作半透明物体。

凹凸：主要用于制作物体表面的凹凸效果，和噪波贴图配合使用效果较好。

通过应用贴图，可为当前材质添加逼真的环境渲染效果。

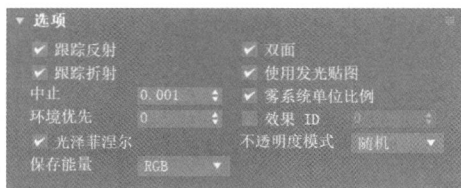

图 6-62

图 6-63

3. V-Ray 其他材质

其他材质是在 VRayMtl 材质的基础上结合一些特殊的材质效果而形成的材质，因此，这些材质的参数和编辑方法和 VRayMtl 材质类似。

（1）VRay_灯光材质：主要用于模拟霓虹灯、屏幕等自发光效果。其"参数"卷展栏如图 6-64 所示。

图 6-64

颜色：设置对象自发光的颜色，后面的数值框可以理解为灯光的倍增器。可以单击右侧的"无贴图"按钮加载贴图用于代替颜色。

不透明度：用于使用贴图指定发光体的不透明度。

背面发光：勾选该复选框后，可使材质物体的光源实现双面发光，从而补偿摄影机曝光。

补偿摄影机曝光：勾选该复选框后，VRay_灯光材质产生的照明效果将更显著，进一步增强摄影机的曝光效果。

倍增颜色的不透明度：勾选该复选框后，使用下方的"置换"贴图通道加载黑白贴图，可以通过贴图的灰度强弱来控制发光强度，白色为最强。

置换：可以通过加载贴图的方式来控制发光效果。通过调整倍增数值来控制贴图发光的强弱，数值越大光越亮。

直接照明：用于控制 VRay_灯光材质是否参与直接照明计算。

（2）VRay_双面材质：可以设置物体前、后两面的材质，常用来制作纸张、窗帘、树叶等效果，其参数面板如图 6-65 所示。

半透明：当设置为 0 时，最终效果将全部显示正面材质；当设置为 1 时，最终效果将全部显示背面材质；当设置为 0.5 时，正面和背面材质各占一半。

（3）VRay_混合材质：可以让多个材质以层的方式混合来模拟物理世界中的复杂材质，如图 6-66 所示，类似软件自带材质里的混合材质，但其渲染速度要快很多。

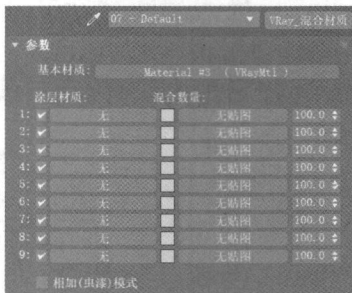

图 6-65　　　　　　　　　　　　图 6-66

混合数量：用于设置"涂层材质"混合多少到"基本材质"上。如果颜色为白色，那么这个"涂层材质"将全部混合上去，"基本材质"将不起作用；如果颜色为黑色，那么这个"涂层材质"自身就没什么效果。混合数量也可以由贴图通道来代替。

（4）VRay_快速_SSS2：用于计算模型表面散射效果的材质，主要用于渲染皮肤、大理石等半透明材料，"常规参数"卷展栏如图 6-67 所示，"漫反射和子表面散射"卷展栏如图 6-68 所示。

图 6-67　　　　　　　　　　　　图 6-68

预设：可以使用各种预设的材质。多数材质是基于 H.Jensen 等提供的测量数据。

比例：该选项为高级选项，用于精确调整次表面散射的半径比例，以实现更细腻的材质渲染效果。

IOR：材质的折射率。大多数水基材质的折射率为1.3。

整体颜色：用于控制材质的总体色调。该颜色作为漫反射和次表面两者的滤镜而起作用。

漫反射颜色：用于设置漫反射部分的颜色。

漫反射数量：用于设置漫反射部分的数量。请注意，这个值事实上是用来控制漫反射层与次表面散射层的混合程度的。当值为0时将没有漫反射层；当值为1时将只有漫反射层，而没有次表面散射层。漫反射层用来模拟物体表面的灰尘等效果。

子表面颜色：用于设置次表面层的大体颜色（位于漫反射层之下）。

散射颜色：用于设置内部散射的颜色。较亮的颜色将令光线产生更多的散射，使材质更加透明；较暗的颜色令材质看起来跟漫反射的颜色更相似。

散射半径（厘米）：用于控制光线散射的数量。较小的值将产生较少的光线散射，令材质看起来更接近漫反射的颜色；较大的值让材质看起来更透明。注意，该值总是以厘米为单位；该材质将根据当前所选场景的单位，自动将数值转换为厘米制的数值。

相位函数：一个介于-1到+1之间的值，用于决定光线在材质内部进行散射的大体方向。当值为0时，光线的散射均匀地朝各个方向（各向同性散射）；正值意味着将产生更多前向散射（即散射方向与光线射入的方向一致）；负值意味着将产生更多的反向散射（即散射方向与光线射入的方向相反）。大多数水基材质（如皮肤、牛奶等）会产生强烈的前向散射，而像大理石一样的坚硬材质将产生反向散射。该参数对单一散射（一次反弹）的影响更大。正值减弱单一散射（一次反弹）的效果，负值从整体上加强单一散射（一次反弹）的效果。

任务实践：运用 VRayMtl 材质制作手串效果图

玉石手串是人们日常生活中比较常见的手腕装饰品，该手串材质具有黑曜石的视觉质感。在 3ds Max 2021 中给手串模型制作 VRayMtl 材质及相应的折射贴图，再配合 VRay_灯光即可完成手串的材质制作，手串效果如图 6-69 所示。

微课视频

6.2

图 6-69

操作步骤如下。

（1）启动 3ds Max 2021，在菜单栏中选择"文件"—"打开"命令，弹出"打开文件"对话框，选择素材"项目6—任务1—手串模型.max"。

（2）在命令面板中单击➕（创建）—⬜（几何体）按钮，在下拉列表中选择"标准基本体"类型，单击 平面 按钮，在顶视图中给模型创建地面，并完全覆盖透视图视口安全框区域（安全框是模型渲染效果图的区域，按 Shift+F 快捷键或者单击透视图左上角的"透视"文字，在下拉菜单中勾选"显示安全框"复选框），场景效果如图 6-70 所示。

（3）在工具栏中单击（渲染设置）按钮，打开"渲染设置"对话框，在"渲染器"下拉列表中选择"V-Ray 5，update 1.3"渲染器，如图 6-71 所示。

图 6-70   图 6-71

（4）在命令面板上单击➕（创建）—💡（灯光）按钮，在下拉列表中选择"V-Ray"类型，单击 VRay 灯光 按钮，在顶视图中从左上角向右下角拖动创建 VRay_灯光。在命令面板中单击（修改命令面板）按钮，在灯光参数"常规"卷展栏中将"倍增"设置为 5，如图 6-72 所示。

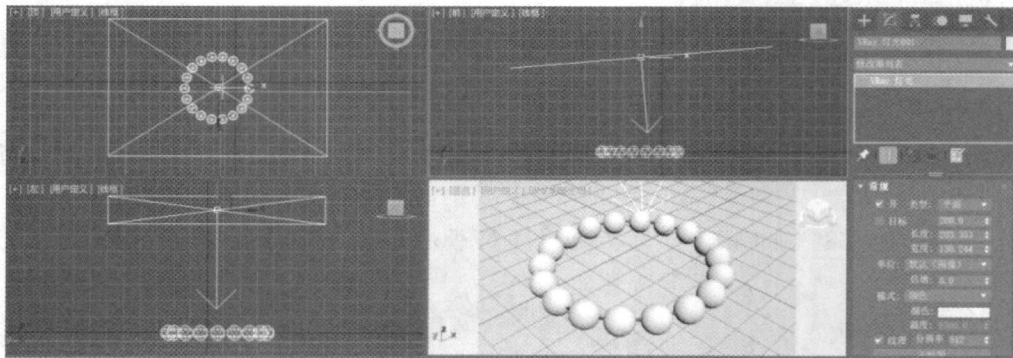

图 6-72

（5）单击（材质编辑器）按钮，打开"材质编辑器"对话框，单击 Standard (Legacy) 按钮，在弹出的"材质/贴图浏览器"对话框中双击"VRayMtl"材质。在"基本参数"卷展栏中的"预设"下拉列表中选择"钻石"类型，在"折射"颜色色块后单击灰色小方块，在弹出的"材质/贴图浏览器"中双击"位图"贴图，在弹出的"选择位图图像"对话框中依次选择"教材配套源文件及效果图—贴图—花.jpg"。材质编辑器参数面板如图 6-73 所示，材质球效果如图 6-74 所示。选择手串珠子模型，单击（将材质指定给选定对象）按钮完成操作。

图 6-73　　　　　　　　　　　　　　　　图 6-74

（6）在材质编辑器中重新选择一个材质球，单击 Standard (Legac 按钮，在弹出的"材质/贴图浏览器"对话框中双击"VRayMtl"材质。在"基本参数"卷展栏中的"预设"下拉列表中选择"红色天鹅绒"类型，参数面板如图 6-75 所示。选择手串连接线模型，单击 **1**（将材质指定给选定对象）按钮完成操作。

（7）在菜单栏中选择"渲染"—"环境"命令，在弹出的"环境和效果"对话框中将"背景"中的"颜色"设置为白色，单击"环境贴图"下方的 Standard (Legac 按钮，在弹出的"材质/贴图浏览器"对话框中双击"位图"，依次选择"教材配套源文件及效果图—贴图—花.jpg"，再将"全部照明"中的"环境光"设置为浅蓝色，参数面板如图 6-76 所示。

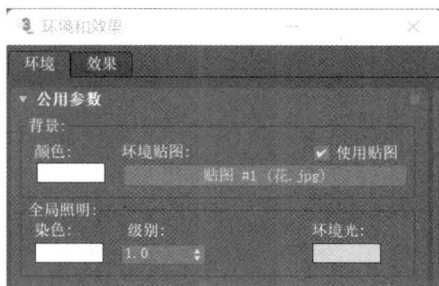

图 6-75　　　　　　　　　　　　　　　　图 6-76

（8）在透视图中，在工具栏中单击 **🔧**（快速渲染）按钮，即可得到图 6-69 所示的手串效果图。

项目总结

本项目主要介绍了 3ds Max 2021 中材质与贴图的概念，材质的类型及其制作流程，材质编辑器中的参数设置等。以下为项目 6 的教师教学自查表和学生学习效果自查表，用来帮助教师和学生了解教授和学习本项目之后的自我满意度，查漏补缺。

项目 6 教师教学自查表

序号	我认为学生……	非常不同意 ←						→ 非常赞同			
1	了解了材质与贴图的概念	1	2	3	4	5	6	7	8	9	10
2	熟悉了材质编辑器	1	2	3	4	5	6	7	8	9	10
3	了解了标准材质的参数及含义	1	2	3	4	5	6	7	8	9	10
4	了解了其他材质的参数及含义	1	2	3	4	5	6	7	8	9	10
5	了解了 VRayMtl 材质的参数及含义	1	2	3	4	5	6	7	8	9	10
6	了解了 VRayMtl 其他材质的参数及含义	1	2	3	4	5	6	7	8	9	10
7	掌握了常见材质的制作方法	1	2	3	4	5	6	7	8	9	10
8	掌握材质表面纹理的制作方法	1	2	3	4	5	6	7	8	9	10
9	提升了产品材质的审美意识	1	2	3	4	5	6	7	8	9	10
10	提升了材质的创新设计意识	1	2	3	4	5	6	7	8	9	10
11	总计										

项目 6 学生学习效果自查表

序号	我认为我……	非常不同意 ←						→ 非常赞同			
1	了解了材质与贴图的概念	1	2	3	4	5	6	7	8	9	10
2	熟悉了材质编辑器	1	2	3	4	5	6	7	8	9	10
3	了解了标准材质的参数及含义	1	2	3	4	5	6	7	8	9	10
4	了解了其他材质的参数及含义	1	2	3	4	5	6	7	8	9	10
5	了解了 VRayMtl 材质的参数及含义	1	2	3	4	5	6	7	8	9	10
6	了解了 VRayMtl 其他材质的参数及含义	1	2	3	4	5	6	7	8	9	10
7	掌握了常见材质的制作方法	1	2	3	4	5	6	7	8	9	10
8	掌握材质表面纹理的制作方法	1	2	3	4	5	6	7	8	9	10
9	提升了产品材质的审美意识	1	2	3	4	5	6	7	8	9	10
10	提升了材质的创新设计意识	1	2	3	4	5	6	7	8	9	10
11	总计										

项目 7　创建产品灯光与摄影机

项目介绍

现实中因为光的存在，人才能看见物体。自然界中，不同光线下物体所呈现的外在效果也会千差万别，3ds Max 2021 就是运用这种自然光照的原理创建灯光系统来模拟现实中的光照，创建摄影机系统来模拟人的视角，从而让产品效果图在人的视觉上呈现出真实自然的效果。

本项目先介绍 3ds Max 2021 中灯光和摄影机的创建、参数设置与调整以及产品渲染效果图的制作与输出，然后进行软件操作实践，完成魔方模型的渲染输出和保存。

学习目标

知识目标	了解 3ds Max 2021 中的灯光和摄影机类型； 了解灯光和摄影机中各种参数设置的效果
技能目标	熟练掌握各种灯光颜色、倍增等参数的设置和调整； 熟练掌握场景摄影机的创建、调整及参数设置
素养目标	提升学生丰富的想象力； 培养学生的光影审美

任务 1　创建灯光

任务引入

在 3ds Max 2021 中制作的灯光是用来模拟真实照明的一类特殊对象，例如模拟家用或办公室的灯，舞台和放映电影时使用的灯光及太阳光等。本次任务介绍在 3ds Max 2021 中如何给产品创建合适的灯光类型，以及各种灯光的参数设置方法与空间光影的调整，学生通过以上操作可以为产品塑造不同的视觉风格。

相关知识

1. 灯光属性

在 3ds Max 2021 中，当场景中没有灯光时，软件系统就使用默认的照明来着色或渲染场景，默认的效果都比较平淡，甚至不真实，此时就需要添加不同的灯光来替换默认照明，使场景的光影效果更加逼真。一旦创建了灯光对象，默认照明就会被关闭，删除创建的灯光则会重新启用默认照明。按照现有的光学理论，自然光和人造光的属性主要有以下几类。

光强度：指的是光源在特定方向上发出的光通量量度。具体来说，标准灯光的强度等于其灯光颜色的亮度值与倍增系数的乘积。

入射角：指的是曲面法线与光源方向之间的夹角。一般而言，入射角越大，曲面接收到的光越少，视觉上就会越暗。

光线衰减：在现实世界中，灯光的强度将随着距离的加长而减弱，这种效果叫作衰减。远离光源的对象看起来较暗，距离光源较近的对象看起来较亮。

灯光颜色：适当地为场景灯光添加相应的灯光色可以极大地增强场景的真实度。例如，太阳光一般为浅黄色，且会随着时间的变化而变化；白炽灯投射出的是橘黄色灯光。灯光颜色具有加色的属性，灯光的三基色为红、绿、蓝。随着多种颜色的灯光混合在一起，场景会变得越来越亮并且逐渐趋于白色。

2. 标准灯光

3ds Max 2021 提供了 6 种标准灯光类型，如图 7-1 所示，每种类型的灯光都模拟了现实世界中不同光源的特性。其中，目标聚光灯、目标平行光、自由聚光灯、自由平行光用来模拟那些具有明确照射方向的光源，如台灯、聚光灯、射灯等；泛光、天光则用来模拟全方位发射光线的光源，如灯泡、太阳等，为场景带来均匀、全面的照明效果。

（1）目标聚光灯

在场景中创建目标聚光灯的方法：启动 3ds Max 2021，在命令面板中单击 ➕（创建）— 💡（灯光）按钮，在下拉列表中选择"标准"类型，单击 目标聚光灯 按钮，在任意视口中单击，拖动即可创建一盏目标聚光灯，如图 7-2 所示。

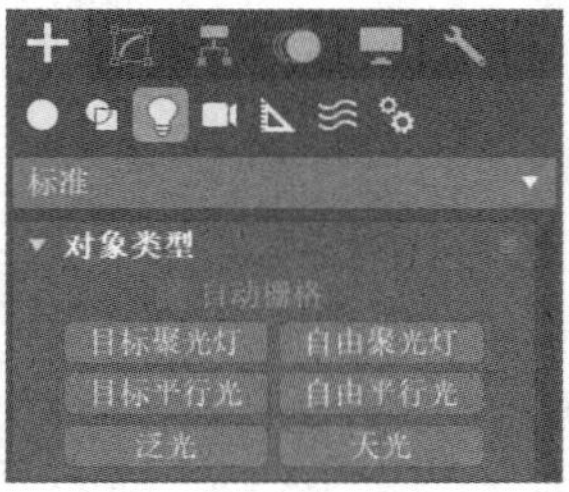

图 7-1

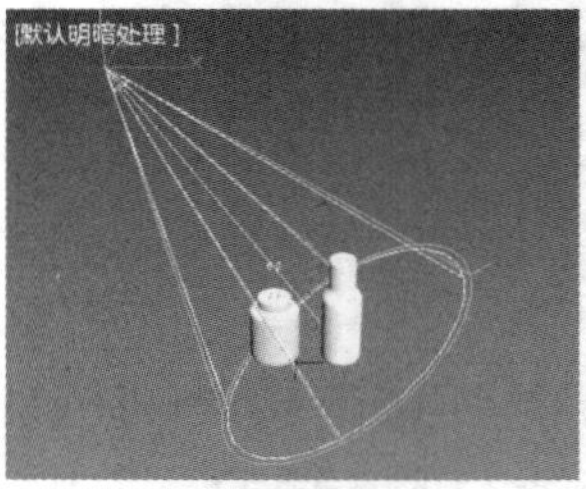

图 7-2

在命令面板中单击 （修改命令面板）按钮，"修改"命令面板中会显示目标聚光灯的参数设置面板，如图 7-3 所示。

①"常规参数"卷展栏如图 7-4 所示，该卷展栏是所有类型的灯光都有的，用于设定灯光和灯光阴影的开启和关闭、包含或排除的对象及灯光阴影的类型等。

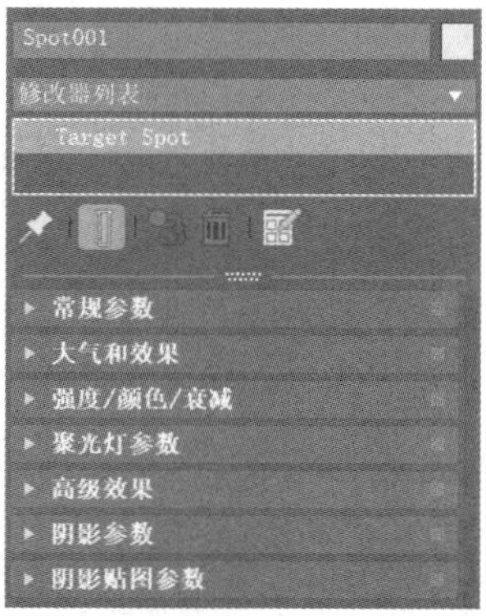

图 7-3

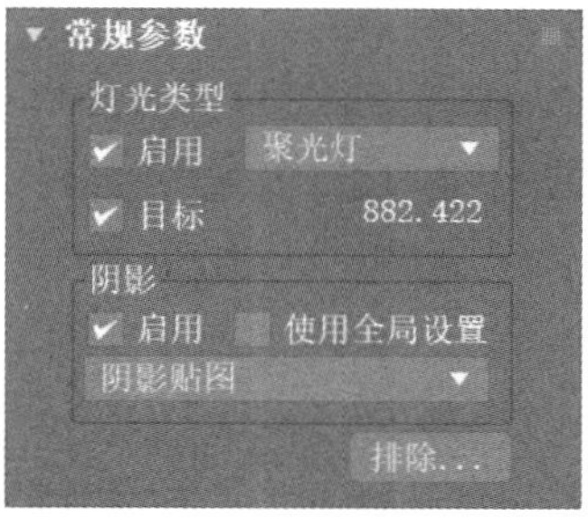

图 7-4

➤ "灯光类型"选项组选项如下。

启用：勾选该复选框，灯光被打开；未选定时，灯光关闭。被关闭的灯光图标在场景中用黑色表示。其后的下拉列表用以改变当前灯光的类型，包括"聚光灯""平行光""泛光"3 种类型。改变灯光类型后，灯光特有的参数也将随之改变。

目标：勾选该复选框，可为灯光设定目标。灯光与其目标之间的距离显示在复选框的右侧。对于自由光，可以自行设定该值；而对于目标光，则可通过移动灯光、灯光的目标或取消勾选该复选框来改变值的大小。

➤ "阴影"选项组选项如下。

启用：用于控制灯光是否产生阴影。

使用全局设置：用于指定阴影使用局部参数还是全局参数。勾选该复选框，其他有关阴影的设置将采用场景中默认的、全局统一的参数设置，如果修改了其中一个使用该设置的灯光，则场景中所有使用该设置的灯光都会相应地改变。

阴影贴图：该下拉列表中有 5 种阴影类型，分别是高级光线跟踪、区域阴影、阴影贴图、光线跟踪阴影和 VRayShadow，如图 7-5 所示。

光线跟踪阴影：该类型阴影能够产生真实的阴影效果，因为它在计算阴影时充分考虑了模型材质的物理属性。但其计算量较大，可能会影响到渲染速度。

高级光线跟踪：作为光线跟踪阴影的进阶版本，它提供了更多的调节参数，允许用户更精细地控制阴影效果。

区域阴影：该类型阴影能够模拟由面积光或体积光产生的阴影效果，是追求真实光照效果的出色工具。

阴影贴图：通过从灯光角度计算产生阴影对象的投影，并将其投射到后方对象上，以模拟假阴影。其优点在于渲染速度快，阴影边缘柔和；其缺点在于阴影效果不够真实，无法准确反映透明物体的阴影效果。

VRayShadow：作为 VRay 渲染器自带的阴影类型，它是模拟真实光照的首选工具，能够提供高质量且逼真的阴影效果。

排除：用于设置灯光是否照射某个对象，或者是否使某个对象产生阴影。单击该按钮会弹出"排除/包含"对话框，如图 7-6 所示。选中"排除"选项时，灯光的照明和阴影会排除右侧列表中的对象，选中"包含"选项时，灯光的照明和阴影会包含右侧列表中的对象。"包含"与"排除"不能同时影响场景对象，默认为"排除"。无对象即表示所有对象都受灯光影响。

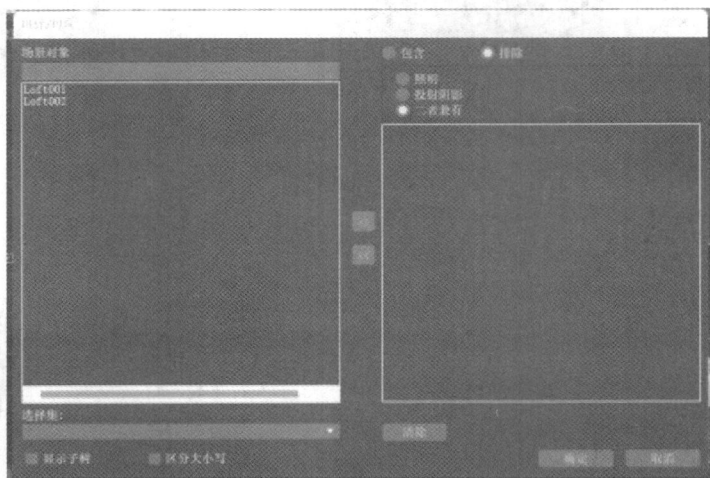

图 7-5
图 7-6

②"强度/颜色/衰减"卷展栏如图 7-7 所示，该卷展栏用于设定灯光的强弱、颜色及衰减参数。

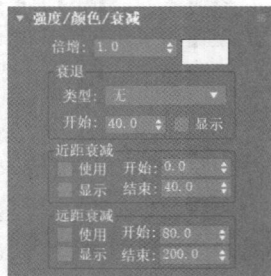

倍增：类似灯的调光器。默认为 1，值越大光越亮，越小光越暗。当"倍增"为负值时该灯光为吸光灯，可以降低场景亮度。

颜色选择器：位于"倍增"的右侧，用于设置灯光的颜色。

衰减：用于设置灯光的衰减。在其下拉列表中有"无""倒数""平方反比"3 种衰减类型。默认为"无"，不会产生衰减；"倒数"

图 7-7

类型使光从光源处开始线性衰减，距离越远，光越弱；"平方反比"类型使光以离光源距离的平方比的倒数进行衰减，这种类型最接近真实世界灯光的照射效果。

③ "聚光灯参数"卷展栏如图 7-8 所示。

聚光区/光束：用于设置光线完全照射的范围，在此范围内物体将受到全部光线的照射。

衰减区/区域：用于界定光线衰减终止的边界，超出此数值范围的区域将完全失去光照效果，从而确保该范围内的物体不受任何光线的影响。

④ "阴影参数"卷展栏如图 7-9 所示。

对象阴影：单击"颜色"后面的色块，可以设置阴影的颜色，"密度"用于控制颜色的深浅。

贴图：勾选该复选框，可以给阴影区域贴位图。

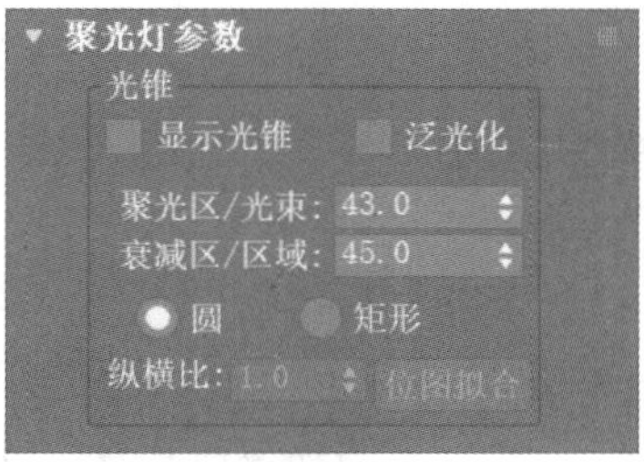

图 7-8 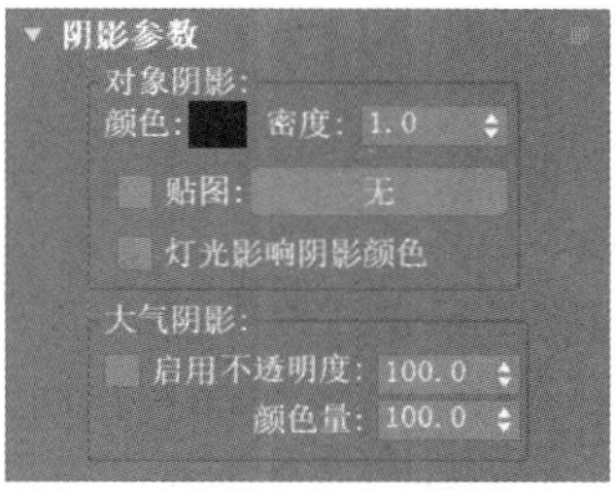　　　　　　　　　　　　　　图 7-9

（2）其他灯光

除了目标聚光灯，3ds Max 2021 还提供了 5 种其他类型的灯光，这些灯光的参数设置与目标聚光灯类似，功能分别如下。

① 自由聚光灯：用于产生锥形照射区域。实际上是一种受限制的目标聚光灯，也就是说它相当于一种无法通过改变目标点和投影点来改变投射范围的目标聚光灯，但是可以通过工具栏中的 工具来改变其投射方向。

② 目标平行光：用于产生一个圆柱状的平行照射区域，其他功能与目标聚光灯基本相似。目标平行光主要用于模拟阳光、探照灯、激光束等效果。

③ 自由平行光：一种与自由聚光灯相似的平行光束，它的照射范围是柱形的。

④ 泛光：一种点光源，能够向四周均匀辐射光线，照明范围灵活可调，因此是最通用的光源之一。它常被用来为整个场景提供基础照明。

⑤ 天光：模拟的是自然日光的照射效果，通常与"光线跟踪"技术结合使用，用来创建逼真的日光照明场景。

通常灯光是和物体的材质共同起作用的，它们之间合理搭配可以产生恰到好处的色彩和明暗对比，从而使三维模型作品更具立体感和真实感。

3. V-Ray 灯光

3ds Max 2021 包括 VRay 灯光、VRayIES、VRay 环境光和 VRay 太阳光，如图 7-10 所示。VRay 灯光主要用于模拟室内灯光或产品展示，是室内渲染中使用频率最高的一种灯光。

（1）VRay 灯光

创建 VRay 灯光之后，灯光的参数设置如图 7-11 所示。通过参数的设置和调整可以制作出符合场景需求的灯光效果。

①"常规"卷展栏如图 7-12 所示。

开：控制灯光的开关。

类型：提供了"平面""穹顶""球体""网格""圆形"5 种类型。"平面"一般用于制作片灯、窗口自然光或用于补光；"穹顶"的作用类似 3ds Max 的"天光"，光线来自位于灯光 z 轴的半球状圆顶；"球体"是以球形的光来照亮场景，多用于制作各种灯的灯泡；"网格"用于制作特殊形状的灯带、灯池，但必须有一个可编辑网格模型为基础。

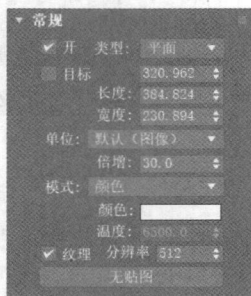

图 7-10　　　　　　　图 7-11　　　　　　　图 7-12

目标：勾选该复选框后，场景中会显示灯光的目标点。

长度：用于设置平面灯光的长度。

宽度：用于设置平面灯光的宽度。

单位：用于设置灯光的强度单位。"默认（图像）"为默认单位，灯光的强弱将由其颜色、亮度、大小等属性共同决定，从而实现直观且灵活的灯光强度控制。

倍增：用于设置灯光的强度。

模式：用于选择照明模式，有"颜色"和"温度"两个选择。

颜色：可通过单击色块来设置颜色。

温度：可通过设置温度参数来调整灯光的冷暖色调。

纹理：勾选该复选框后，允许用户使用贴图作为半球光的光照。

分辨率：贴图光照的计算精度，最大为 2048。

无贴图：单击该按钮，可选择纹理贴图。

②"矩形/圆形灯光"卷展栏如图 7-13 所示。

定向：用于控制平面或灯光的光照分布。默认情况下，光线在光点所在侧面的各方向上均匀分布。该参数值增加至 1，光线的扩散范围逐渐收窄，形成更为集中的方向性照明；该参数值为 0 时（默认值），光线在光源周围以无特定方向的方式照射；而 0.5 的设定则使光锥扩展至约 45 度角；当达到最大值 1 时，光锥角度缩至 90 度，形成明确的定向光照效果。

预览：用于设置是否允许显示光照的范围。

预览纹理图：勾选后即可在视图中实时预览并显示所应用的纹理贴图，方便用户进行材质和光照效果的调整。

③ "选项"卷展栏如图 7-14 所示。

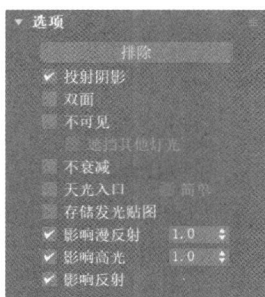

图 7-13　　　　　　　　　　　　　图 7-14

排除：单击该按钮弹出"包含/排除"对话框，可从中选择要排除或包含灯光的对象模型，选中"排除"时"包含"将失效，反之则"排除"失效。

投射阴影：用于控制是否对物体产生照明阴影。

双面：用于控制是否让灯光的双面都产生照明效果，只有当灯光类型为"平面"时才有效，其他灯光类型无效。

不可见：用于控制渲染后是否显示灯光的形状。

不衰减：在真实世界中，所有光线都是有衰减的，如果取消勾选该复选框，VRay 灯光将不计算衰减效果。

天光入口：勾选该复选框，VRay 灯光转换为天光，此时的 VRay 灯光变成间接照明，失去直接照明效果。"投射阴影""双面""不可见"等参数将不可用，均被"天光"参数取代。

存储发光贴图：如果使用发光贴图来计算间接照明，勾选该复选框后，发光贴图会存储灯光的照明效果。它有利于快速渲染场景，渲染完之后，可以把这个 VRay 灯光关闭或者删除。

影响漫反射：用于决定灯光是否影响物体材质属性的漫反射。

影响高光：用于决定灯光是否影响物体材质属性的高光。

影响反射：用于决定灯光是否影响物体材质属性的反射。

④ "采样"卷展栏如图 7-15 所示。

阴影偏移：用于控制阴影的清晰度和范围，以避免自遮挡和"泄露"问题。

中止：默认为 0.001。当该值为 0 且场景中存在大量透明物体时，可能会导致渲染时间较长。

⑤"视口"卷展栏如图 7-16 所示。

启用视口着色：视口为"真实"状态时，会对视口照明产生影响。

视口线框颜色：勾选该复选框后，表示光的线框在视图中将以指定的颜色显示。

⑥"高级选项"卷展栏如图 7-17 所示。

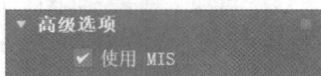

| 图 7-15 | 图 7-16 | 图 7-17 |

使用 MIS：勾选该复选框后，系统将自动分配一部分光线用于直接照明，另一部分则用于全局光照，以模拟漫反射材料的间接照明效果，或者用于反射计算以呈现光滑表面的光泽度。该复选框默认已勾选，以便为用户提供更全面和真实的光照模拟效果。

（2）VRay 太阳光

VRay 太阳光主要用于模拟真实的室外太阳光照射效果。在创建"VRay 太阳光"后，会弹出提示对话框，如图 7-18 所示，提示是否要添加 VRay 天空环境贴图，单击"是"按钮就为场景添加了一张默认的天空贴图，可在"环境与效果"对话框中查看环境贴图，也可以删除不再需要的环境贴图。

①"太阳参数"卷展栏如图 7-19 所示。

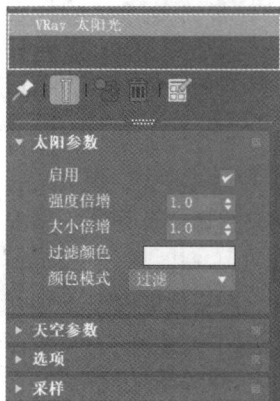

| 图 7-18 | 图 7-19 |

启用：用于控制太阳光的打开或关闭。

强度倍增：用于调节 VRay 渲染中太阳光的亮度。对于 VRay 摄影机，默认值 1 通常适用；若使用的是标准摄影机，建议将该值设置为 0.03～0.05，以避免场景出现过亮或曝光过度的效果，因为"VRay 太阳光"是专为 VRay 渲染器设计的灯光。

大小倍增：用于控制阴影的模糊程度，值越大，阴影越模糊。随着数值的增大，阴影的边缘将变得更加模糊；反之，数值减小则会使阴影边缘变得更为锐利。尽管该参数名为"大小倍增"，但实际上它并不直接改变太阳在场景中的视觉大小，而是通过调整阴影的模糊程度来营造 VRay 太阳体积感的变化效果。

过滤颜色：用于自定义太阳光的颜色。

颜色模式：选择不同的模式以不同方式来影响 VRay 太阳光的颜色。

② "天空参数"卷展栏如图 7-20 所示。

天空模型：用于指定生成 VRay 天空纹理的过程模型。

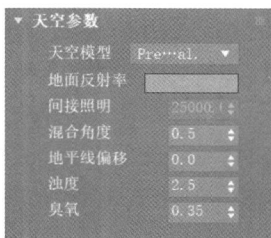

图 7-20

地面反射率：用于改变地面的颜色。

混合角度：用于控制 VRay 天空在地平线和真实天空之间过渡的平滑程度或范围。

地平线偏移：从默认位置（绝对地平线）偏移地平线。

浊度：这个参数代表空气的混浊度，能影响天空的颜色。如果数值小，表示为晴天干净的空气，天空颜色比较蓝；如果数值大，则表示为阴天有灰尘的空气，天空颜色呈橘黄色。

臭氧：这个参数是指空气中臭氧的含量。如果数值小，则太阳光颜色就比较黄；如果数值大，则太阳光颜色就比较蓝。

③ "选项"卷展栏如图 7-21 所示。

排除：与标准灯光的"排除"选项一样，用来设置不受照明的物体。

不可见：勾选该复选框，VRay 太阳光将不再被相机或反射面捕获，从而有效避免光滑表面产生不必要的明亮斑点，提高渲染效果。

影响漫反射：用于决定 VRay 太阳光是否影响材质的漫反射特性。

影响高光：用于决定 VRay 太阳光是否影响材质的高光。

投射大气阴影：勾选该复选框，大气效果会在模型表面投射阴影。

④ "采样"卷展栏如图 7-22 所示。

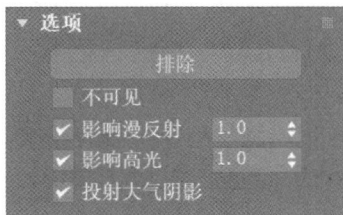

图 7-21

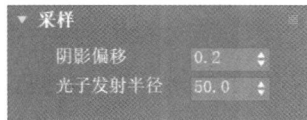

图 7-22

阴影偏移：用于控制阴影与物体之间的距离，值越大，阴影越偏向灯光的方向。

光子发射半径：值越大，照射范围越大。

任务实践：运用 V-Ray 灯光制作魔方效果图

魔方是一款具备趣味性的益智玩具，深受儿童和成人的喜爱。本次实践先运用"切角长方体""可编辑多边形"修改器完成魔方的三维模型制作，再运用"多维/子对象"材质完成魔方的 6 个面和主体的不同色彩、塑料材质制作，最后给模型场景创建 V-Ray 灯光并设置合理的灯光参数，从而完成魔方效果图的制作，效果如图 7-23 所示。

微课视频　　微课视频

7.1-1　　　7.1-2

图 7-23

操作步骤如下。

（1）启动 3ds Max 2021，在命令面板中单击 ➕（创建）—⚪（几何体）按钮，在下拉列表中选择"扩展基本体"类型，单击 切角长方体 按钮，创建边长为 100、圆角为 2、各分段数均为 3 的立方体，参数设置如图 7-24 所示，得到的模型效果如图 7-25 所示。

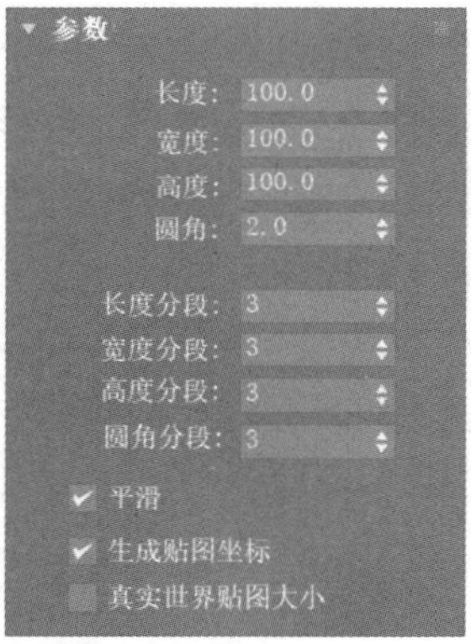

图 7-24

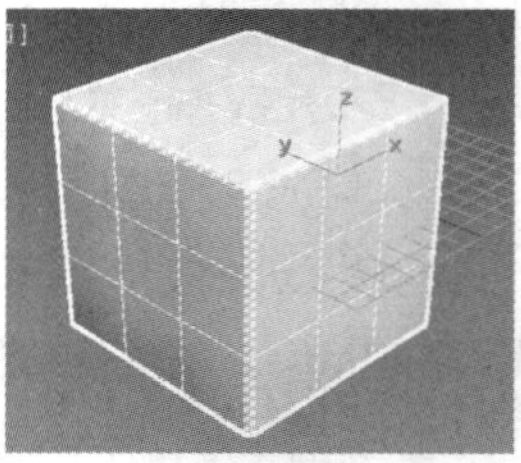

图 7-25

（2）在命令面板中单击 ✐（修改命令面板）按钮，在修改器下拉列表中选择"编辑多边形"修改器，选择"多边形"子对象，再在视图中选择立方体顶面的 9 个多边形，如图 7-26 所示。在"编辑多边形"卷展栏下，单击 插入 后方的设置小按钮，在弹出的参数设置中选择"多边形"类型，设置值为 1，如图 7-27 所示。（注意，单击插入设置类型按钮，将插入类型设为"按多边形"类型。）

（3）再在"编辑多边形"卷展栏中单击 挤出 后方的设置小按钮，在弹出的参数设置中将数值设为-1，单击两次加号，再单击对号完成操作，得到的效果如图 7-28 所示。继续单

击　插入　后方的设置小按钮，在弹出的参数设置中设置数值为 1，单击对号完成操作，得到的效果如图 7-29 所示。

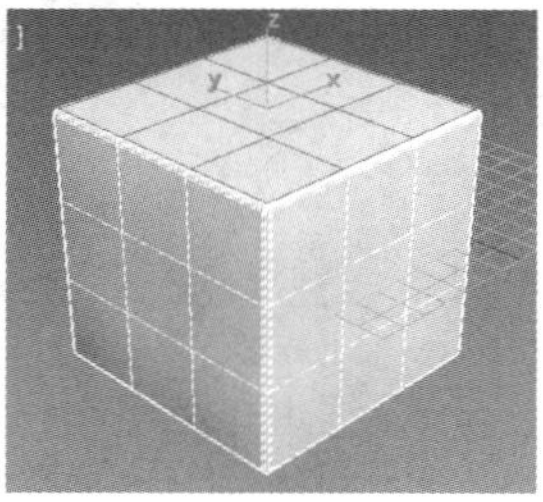

图 7-26

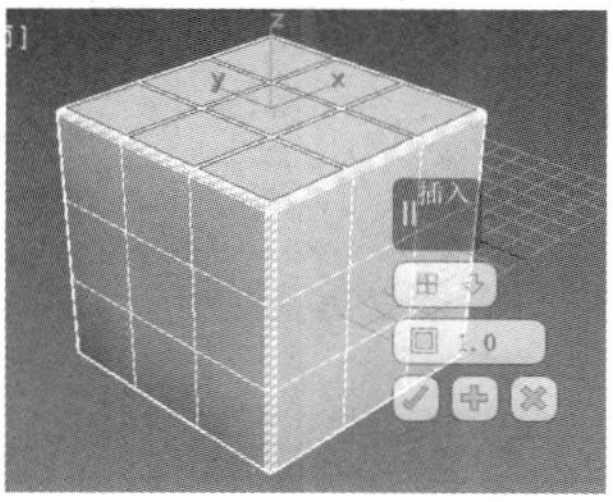

图 7-27

图 7-28

图 7-29

（4）继续单击　挤出　按钮后方的设置小按钮，在弹出的参数设置中将数值设为 1，单击两次加号，单击对号完成操作，得到的效果如图 7-30 所示。单击　倒角　□ 按钮后方的设置小按钮，在弹出的参数设置中分别设置数值为 1、−1，单击对号完成操作，得到的效果如图 7-31 所示。

（5）运用同样的方法，对立方体模型的另外 5 个面做同样的处理，最后得到的效果如图 7-32 所示。

图 7-30

图 7-31

图 7-32

（6）选择"边"子对象，框选模型右侧沿 y 轴的边，单击　连接　□ 按钮，在弹出的参数设置中，分别将数值设置为 2、90、0，得到的效果如图 7-33 所示。这样做的目的是加固魔方的方块棱线，使其在渲染时棱角分明。按照这种方法，依次对其他所有方向的边加线优化，确保每个面上的小方块的布线如图 7-34 所示。

图 7-33

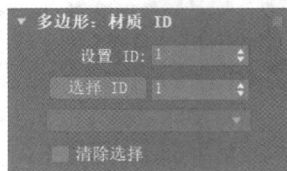

图 7-34

（7）给模型添加材质 ID 号。选择"多边形"子对象，框选全部模型，如图 7-35 所示，在"多边形：材质 ID"卷展栏中设置 ID 为 1，如图 7-36 所示。

图 7-35

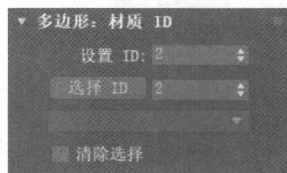

图 7-36

（8）退出模型的框选，单击加选顶面上的 9 个小多边形，如图 7-37 所示，在"多边形：材质 ID"卷展栏中设置 ID 为 2，如图 7-38 所示。

图 7-37

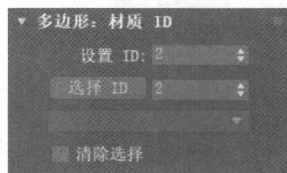

图 7-38

（9）运用同样的方法分别选择另外 5 个面，分别设置材质 ID 为 3、4、5、6、7，完成魔方的材质 ID 号设置。

（10）在命令面板中单击 （修改命令面板）按钮，在修改器下拉列表中选择"网格平滑"修改器，在"细分量"卷展栏中，设置"迭代次数"为 2，如图 7-39 所示，得到的模型效果如图 7-40 所示。

（11）在菜单栏中选择"渲染"—"材质编辑器"—"精简材质编辑器"命令，打开"材质编辑器"对话框。

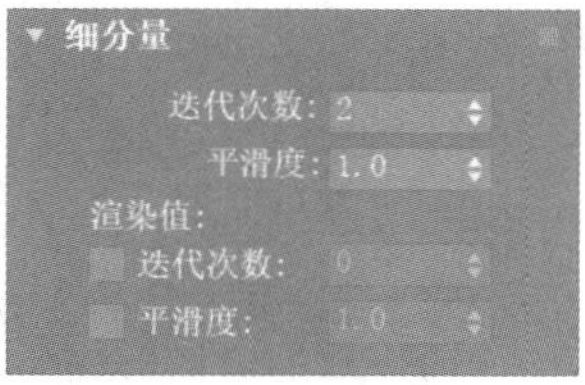

图 7-39

图 7-40

（12）选择一个材质球，单击 Standard (Legac 按钮，在弹出的"材质与贴图"浏览器中，选择"多维/子对象"材质，如图 7-41 所示。

（13）单击 设置数量 按钮，弹出"设置材质数量"对话框，将材质数量设为 7。单击"ID"号为 1 的子材质长条 02 - Default (Standa 按钮，进入首个材质的编辑界面。单击 Standard (Legac 按钮，在弹出的"材质与贴图"浏览器中，选择"VRayMtl"材质。在"基本参数"卷展栏中，单击"漫反射"后面的色块，将其颜色改为白色。打开"预设"下拉列表，选择"塑料"类型，其余参数保持默认设置，如图 7-42 所示。

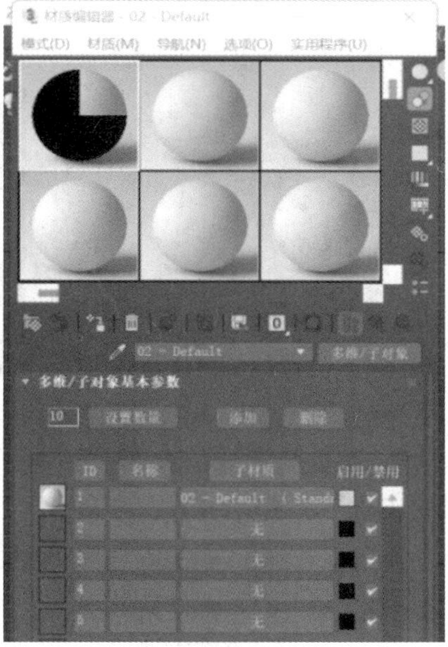

图 7-41

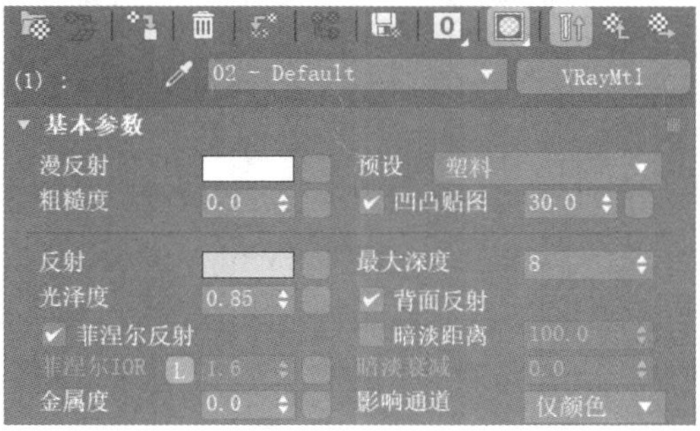

图 7-42

（14）在材质编辑器工具栏中单击 （转到父对象）按钮，回到"多维/子对象"材质编辑界面，单击并拖动 02 - Default (VRayMt 按钮至下面材质 2 上的 无 按钮上，并更改颜色为红色，在弹出的"实例（副本）材质"对话框中选择"复制"命令，效果如图 7-43 所示。再将材质 2 复制给材质 3，依次类推，完成其他 4 个材质，并从材质 2 开始依次更改颜色为橙、黄、绿、青、蓝、紫。最后的效果如图 7-44 所示。

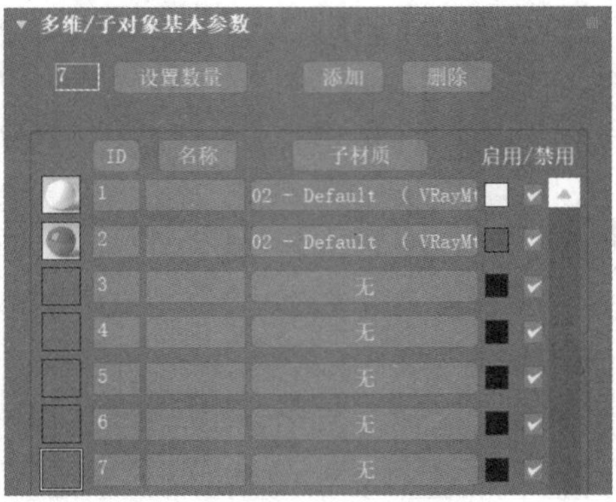

图 7-43 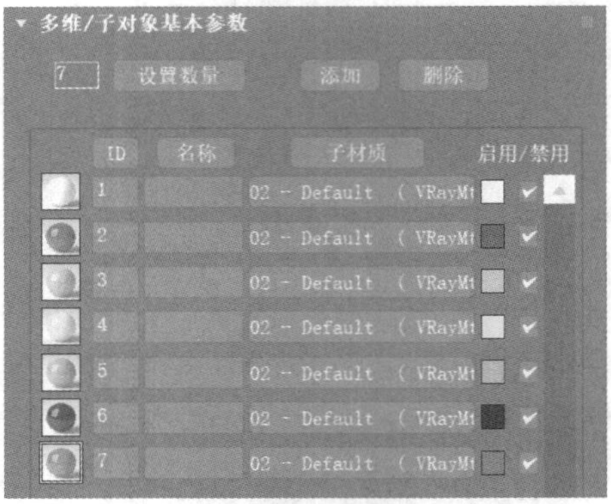   图 7-44

（15）选择魔方模型，单击 （将材质指定给选定对象）按钮，设置好的魔方材质效果如图 7-45 所示。

（16）在命令面板中单击 ➕（创建）— ◯（几何体）按钮，在下拉列表中选择"标准基本体"类型，单击 平面 按钮，在顶视图中创建平面作为地面。调整平面的尺寸和位置，确保它完全覆盖透视图中的安全框区域，以达成预期的视觉效果，如图 7-46 所示。

图 7-45    图 7-46

（17）在"材质编辑器"中选择一个新的材质球，单击 Standard (Legac 按钮，在弹出的"材质与贴图"浏览器中，选择"VRayMtl"材质。在"基本参数"卷展栏中，为"漫反射"属性设置颜色，设置红、绿、蓝三色的色值均为 200，以得到一种特定的灰色调。完成后单击 （将材质指定给选定对象）按钮，将材质赋予地面。

（18）在命令面板中单击 ➕（创建）— 💡（灯光）按钮，在下拉列表中选择"VRay"类型，单击 VRay 灯光 按钮，在视图中创建 VRay 灯光，如图 7-47 所示。

（19）在 VRay 灯光的"常规"卷展栏中，将"长度"设置为 1000，"宽度"设置为 500，"倍增"设置为 2，其他参数不变，如图 7-48 所示。

（20）选择透视图，在工具栏中单击 （快速渲染）按钮，弹出渲染进度条并可观察到产品渲染实时效果，如图 7-49 所示。

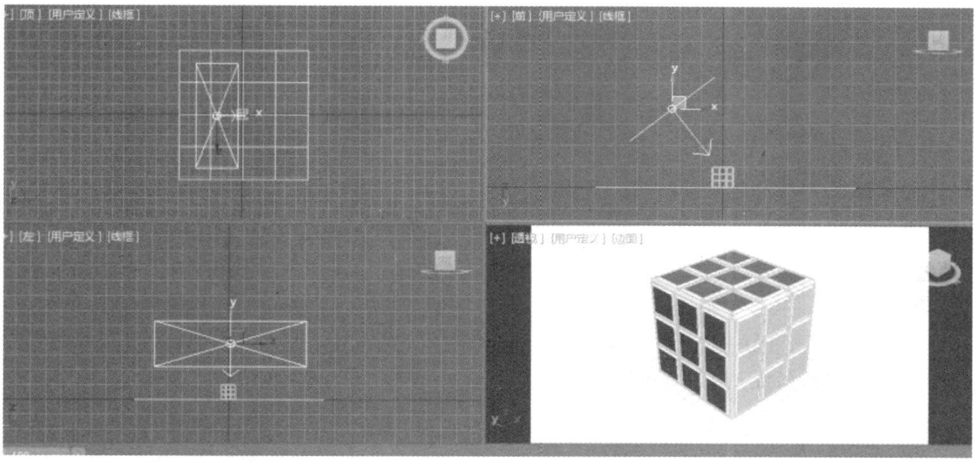

图 7-47

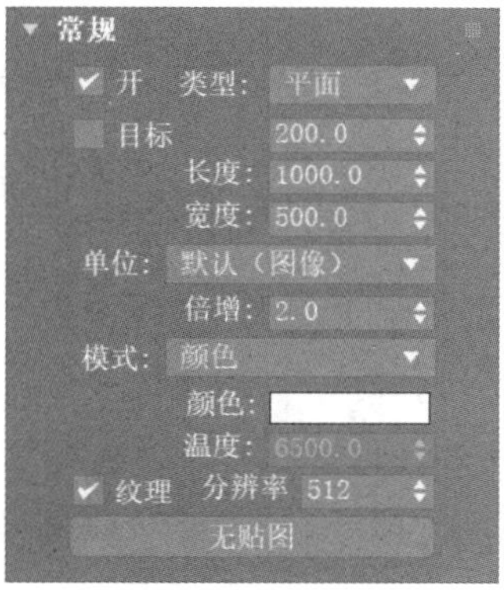

图 7-48

图 7-49

任务 2　创建摄影机

任务引入

摄影机是场景必不可少的组成单位，涉及丰富的构图技巧和镜头语言。在 3ds Max 2021 中通过创建摄影机视图可以完成静态图像和动态视频的制作。本次任务介绍摄影机的属性、摄影机与构图，以及标准摄影机的创建方法及参数设置与调整。

相关知识

1. 摄影机属性

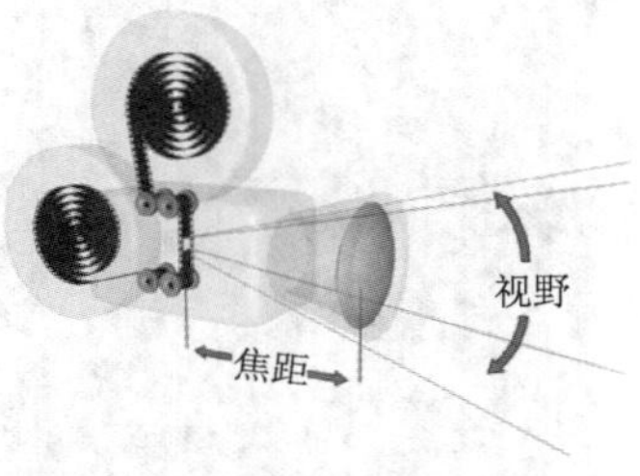

真实世界中摄影的基本属性包括焦距和视野，如图 7-50 所示。

焦距：传统摄影机中镜头与感光胶片之间的距离，称为镜头焦距。

视野：以水平线度数来测量，与镜头的焦距直接相关，反映了摄影机能够捕获的场景范围。

图 7-50

2. 摄影机与构图

摄影机与视图中物体的相对位置和距离远近以及视角大小，决定了产品效果图的构图。3ds Max 2021 提供的摄影机类型如图 7-51 所示。物理摄影机将场景的帧设置与曝光控制及其他效果集成在一起，是基于物理的真实照片级渲染的最佳摄影机类型。物理摄影机功能的支持级别取决于所使用的渲染器。目标摄影机包括摄影机镜头和目标点，用于查看目标对象周围的区域，与自由摄影机相比，它更容易定位，通常用来确定最佳构图。

图 7-51

摄影机构图与绘画的构图类似，也分为一点透视、两点透视和三点透视。一点透视也称平行透视，凡是在方形物体的平面中存在平行于画面的透视均称为平行透视，它的特点是只有一个消失点，在视觉上可以产生集中、稳定和庄重有力的效果。除了垂直于地面的那组平行线的透视仍然保持垂直外，其他两组平行线均消失于画面两侧，从而产生两个消失点，这就是两点透视。在两点透视的基础上，垂直于地面的那组平行线的透视再产生一个消失点，这就产生了 3 个消失点（在画面的上方），这种透视称为三点透视。常见的产品效果图构图主要用两点透视。

3. 标准摄影机

标准摄影机是 3ds Max 2021 中默认的摄影机，包括目标、自由和物理 3 种类型。

（1）创建摄影机

3 种摄影机的创建方法一样，下面以目标摄影机为例介绍摄影机的创建方法。具体操作如下。

① 启动 3ds Max 2021，在命令面板中单击 ➕（创建）— 📷（摄影机）按钮，在下拉列表中选择"标准"类型，单击 目标 按钮，在视图中单击拖动即可完成创建，得到的效果如图 7-52 所示。（注意可以假想摄影机为人的眼睛，以此来确定摄影机的位置和方向。）

② 单击透视图左上角 [+] [透视] [用户定义] [默认明暗处理] 中的"透视"，弹出图 7-53 所示的菜单，选择"摄影机"就可以切换到摄影机视图，同时右下角的透视图控制按钮变成图 7-54 所示的摄影

机视图控制按钮。

摄影机	>
灯光	>
✓ 透视	P
正交	U T
顶	T
底	
前	F
后	
左	L
右	
还原活动透视视图(A)	
保存活动透视视图(S)	
扩展视口	>
显示安全框	Shift+F
视口剪切	

图 7-52　　　　　　　图 7-53

图 7-54

（2）目标和自由摄影机参数

目标和自由摄影机的参数均有"参数"和"景深参数"两个卷展栏，如图 7-55 和图 7-56 所示。

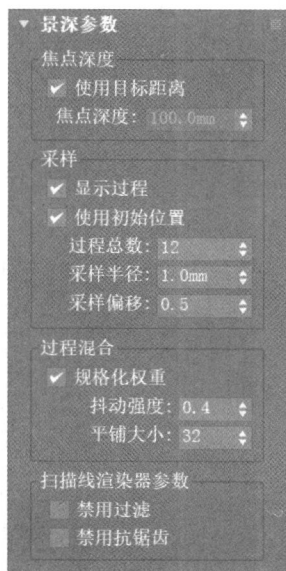

图 7-55　　　　　　　图 7-56

①"参数"卷展栏介绍如下。

镜头：在调整摄影机焦距时，以毫米（mm）为单位，利用"镜头"微调器来精确指定焦距值，而非依赖"备用镜头"选项组中的预设"备用"值。此外，若更改"渲染设置"对话框中的"光圈宽度"值，将自动更新"镜头"微调器字段的数值，这一变动虽然不会直接影响视口显示，但却会改变"镜头"值与视场（Field of View，FOV）值之间的对应关系，并进一步影响摄影机锥形光线的纵横比。

视野：用于定义摄影机所能观察到的区域宽度，即视野的广度。在默认的水平视野设置下，调整"视野"参数将直接影响摄影机捕捉到的地平线的弧度，从而改变画面的宽广感。

正交投影：勾选该复选框，摄影机视口将呈现无透视的用户视口效果，即所有线条均保持平行，无远近大小变化；取消勾选，则摄影机视口恢复为标准的透视视口，展现真实世界的深度感。在正交投影模式下，视口导航区的按钮操作与常规操作一致（透视视口特性除外）。虽然"透视"功能在技术上仍然允许移动摄影机和调整 FOV，但勾选"正交投影"复选框将暂停显示这两项操作的效果，以确保在禁用正交投影后，所做的调整能够立即生效并可见。

➤ "备用镜头"选项组：用于设置摄影机的焦距（以 mm 为单位），提供了 15mm、20mm、24mm、28mm、35mm、50mm、85mm、135mm、200mm 共 9 种常用焦距供用户快速选择。

类型：可在"目标摄影机"和"自由摄影机"之间切换。

显示圆锥体：用于显示摄影机视野定义的锥形光线（实际上是一个四棱锥）。锥形光线出现在其他视口，但是不会出现在摄影机视口中。

显示地平线：用于显示地平线。摄影机视口中的地平线层级显示为一道深灰色的线条。

➤ "环境范围"选项组：用于定义环境大气效果的作用范围，具体通过调整"近距范围"和"远距范围"两个参数来实现。

显示：勾选该复选框，摄影机锥形光线内的矩形区域将被显示，直观地展示"近距范围"和"远距范围"的设定效果。

近距范围/远距范围：位于这两个范围之间的对象将会根据设定的远端值和近端值逐渐消失或显现。

➤ "剪切平面"选项组：用于定义剪切平面。在视口中，剪切平面在摄影机锥形光线内显示为红色矩形（带有对角线）。

手动剪切：用于排除场景中的某些几何体，只查看或渲染场景中的某些部分。

近距剪切/远距剪切：用于设置近距剪切和远距剪切平面。对摄影机来说，比近距剪切平面近或比远距剪切平面远的对象是不可视的。

➤ "多过程效果"选项组：在该选项组中，用户可灵活设置参数，精准控制摄影机的景深和运动模糊效果。当这些效果由摄影机渲染时，系统会通过"偏移"技术，在多个通道中并行处理场景渲染，以实现精细的模糊效果。此过程也将相应地增加渲染时间。

启用：勾选该复选框将启用效果预览和渲染；取消勾选则不渲染该效果，简单直观。

预览：单击该按钮，即可在当前活动的摄影机视口中预览效果。若当前视口非摄影机视口，则此功能不可用。

景深：在下拉列表中可选择所需的多重过滤效果，即景深或运动模糊，两者不可同时选择。默认设置为"景深"。

渲染每过程效果：勾选该复选框，可逐过程渲染景深或运动模糊的模糊效果；若取消勾选，则仅渲染最终的模糊效果。默认取消勾选，以加快渲染速度。

目标距离：用于设定目标摄影机镜头与目标点之间的距离。

② "景深参数"卷展栏介绍如下。

摄影机可以产生景深多重过滤效果，通过在摄影机镜头到目标点的路径上产生模糊效果来模拟现实中摄影机的景深效果。当在"参数"卷展栏的"多过程效果"选项组中选择"景深"效果后，会出现相应的"景深参数"卷展栏。

➤ "焦点深度"选项组选项如下。

使用目标距离：默认勾选，将摄影机的目标距离用作该过程中点偏移摄影机的距离；取消勾选，则基于"焦点深度"的值进行摄影机偏移。

焦点深度：当"使用目标距离"复选框处于未勾选状态时，设置摄影机的偏移。

➤ "采样"选项组选项如下。

显示过程：勾选该复选框，渲染帧窗口显示多个渲染通道；取消该复选框的勾选，渲染帧窗口则只显示最终结果。此控件对在摄影机视口中预览景深无效。默认勾选。

显示过程：勾选该复选框，渲染帧窗口将展示多个渲染通道；取消勾选，则仅显示最终渲染结果。注意，此参数在摄影机视口预览景深时无效。默认设置为勾选。

使用初始位置：勾选该复选框，摄影机的初始位置将作为第 1 个渲染过程的起点；取消勾选，则所有过程按偏移量进行渲染。默认状态为勾选。

过程总数：用于设置渲染效果的过程总数。增加数值可以提高效果的精确度，但也会相应延长渲染时间。默认值为 12。

采样半径：用于控制场景图像偏转的半径，从而影响模糊效果。增大值将增强整体模糊效果，减小值则减弱模糊效果。

采样偏移：用于调整模糊效果的权重，使其远离或靠近采样半径。增大值可增强景深模糊效果的一致性，减小值则产生更自然的模糊效果。

规格化权重：勾选该复选框，将通过统一标准的随机权重值混合过程，确保效果更加平滑，有效避免斑纹等异常现象；取消勾选，则效果将更为尖锐，但可能带有颗粒感。

抖动强度：用于调整过程的抖动强度。增大值将增强抖动的程度，尤其在对象边缘产生更为显著的颗粒化效果。

平铺大小：该参数以百分比形式设定抖动图案的重复尺寸，以精确控制抖动效果的细腻度。

➤ "扫描线渲染器参数"选项组：用于在渲染多过程场景时取消过滤和抗锯齿效果，提高渲染速度。

禁用过滤：勾选该复选框后，将禁用过滤过程。默认不勾选。

禁用抗锯齿：勾选该复选框后，将禁用抗锯齿。默认不勾选。

（3）物理摄影机参数

物理摄影机与目标摄影机/自由摄影机的创建方法一样，但参数有所不同。"物理摄影机"参数面板中共有 7 个卷展栏，如图 7-57 所示。

① "基本"卷展栏如图 7-58 所示。

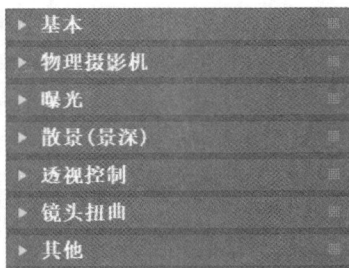

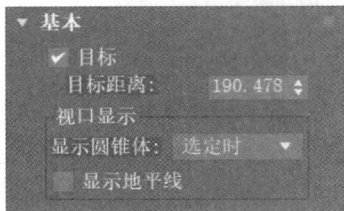

图 7-57　　　　　　　　　　　　图 7-58

目标：勾选该复选框后，摄影机包括目标对象，摄影机的行为与"目标摄影机"的行为相似——用户可以通过移动目标来设置摄影机的目标；取消勾选该复选框后，摄影机的行为将与"自由摄影机"相似——用户可以通过变换摄影机对象本身来设置摄影机的目标。默认勾选。

目标距离：用于设置目标与焦平面之间的距离。目标距离会影响聚焦、景深等。

显示圆锥体：可在下拉列表中选择显示摄影机圆锥体时的类型，分为"选定时"（默认设置）、"始终"和"从不"3 种类型。

显示地平线：勾选该复选框后，地平线在摄影机视口中将显示为水平线（摄影机帧包括地平线的情况下），默认不勾选。

② "物理摄影机"卷展栏如图 7-59 所示。

➤ "胶片/传感器"选项组选项如下。

预设值：用于选择胶片模型或电荷合传感器预设选项包含"35mm（全帧）"胶片（默认设置）及多种行业标准的传感器设置，每种设置都有其默认的"宽度"值。

宽度：用于调整胶片的宽度以满足特定需求。

➤ "镜头"选项组选项如下。

焦距：用于设置镜头的焦距，默认值为 40。

图 7-59

指定视野：勾选该复选框后，可以设置新的视场角。默认的视场角取决于所选的胶片/传感器预设值。默认不勾选。

缩放：在不更改摄影机位置的情况下缩放镜头。

光圈：用于设置光圈数，此值将影响场景的曝光和景深。光圈数越低，光圈越大并且景深越窄。

➤ "聚焦"选项组选项如下。

使用目标距离：将目标距离作为焦距（默认设置）。

自定义：使用不同于目标距离的焦距。

聚焦距离：选中"自定义"选项后，允许用户自定义焦距。

镜头呼吸：通过将镜头向焦距方向移动或远离焦距方向的方式来调整视野。"镜头呼吸"值为0表示禁用此效果，默认值为1。

启用景深：启用后，摄影机在不等于焦距的距离上生成模糊效果。景深效果的强度基于光圈设置。默认为禁用状态。

➤ "快门"选项组选项如下。

类型：用于选择测量快门速度使用的单位。帧（默认设置）通常用于计算机图形，秒或分秒通常用于静态摄影，度通常用于电影摄影。

持续时间：用于根据所选的单位设置快门速度。该值可能会影响曝光、景深和运动模糊。

偏移：启用后，允许用户指定快门相对于每一帧的开始时间的打开时间。调整此值会直接影响运动模糊效果。默认为禁用状态。

启用运动模糊：勾选该复选框后，摄影机可以生成运动模糊效果。默认为禁用状态。

③ "曝光"卷展栏如图7-60所示。

曝光控制已安装：用以激活"物理摄影机"的曝光控制功能。若该功能已处于启用状态，则该按钮将显示"曝光控制已启用"，并自动禁用单击功能。

➤ "曝光增益"选项组选项如下。

手动：在此模式下，可以通过调整"ISO"值来设定曝光增益。一旦选中此单选项，系统会根据设定的ISO值、快门速度和光圈大小来自动计算曝光时间。注意，ISO值越高，所需的曝光时间相对越长。

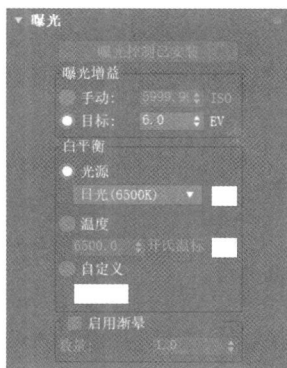

图7-60

目标（默认设置）：用于设置与3个摄影曝光值的组合相对应的单个曝光值。每增大或减小"EV"值，有效的曝光也会分别减少或增加，就像在快门速度值中所做更改时表示的一样。因此，值越大，生成的图像越暗；值越小，生成的图像越亮。默认"EV"值为6。

➤ "白平衡"选项组选项如下。

光源：按照标准光源设置色彩平衡，默认为"日光（6500K）"。

温度：以色温的形式设置色彩平衡，以开氏温度表示。

自定义：用于设置任意色彩平衡。单击下方色块打开"颜色选择器"，可以从中设置想使用的颜色。

启用渐晕：启用后，会渲染出胶片平面边缘变暗的效果。要在物理上更加精确地模拟渐晕效果，可使用"散景（景深）"卷展栏中的"光学渐晕（CAT眼睛）"控制。

数量：增大此数值可以增强渐晕效果。默认值为 1。

④ "散景（景深）"卷展栏如图 7-61 所示。

圆形：用于模拟圆形光斑产生的圆形散景效果。

叶片式：用于创建带有边缘的散景效果。可通过"叶片"值调整每个散景圈的边缘数量，通过"旋转"值定义每个散景圈的旋转角度。

自定义纹理：应用自定义贴图，以图案替换默认的散景圈。若贴图仅包含白色圈与黑色背景，则效果等同于标准散景。

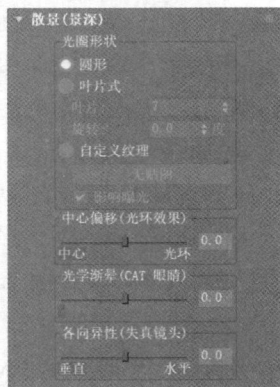

图 7-61

影响曝光：勾选该复选框，自定义纹理将影响场景的整体曝光，即根据纹理的透明度，允许更多或更少的光线进入场景（若贴图仅含白色圈与黑色背景，则光线透过量与圆形光圈相同）。默认勾选，取消勾选时纹理通光量等同于圆形光圈效果。

中心偏移（光环效果）：使光圈明度向中心（为负值时）或边缘（为正值时）偏移。正值会增加焦外区域的模糊量，而负值会减少模糊量。采用中心偏移设置的场景散景效果尤其明显。

光学渐晕（CAT眼睛）：通过模拟"猫眼"效果使场景呈现渐晕效果。

各向异性（失真镜头）：通过垂直（为负值时）或水平（为正值时）光圈模拟失真镜头。

⑤ "透视控制"卷展栏如图 7-62 所示。

➤ "镜头移动"选项组：用于沿水平或垂直方向移动摄影机视口，而不旋转或倾斜摄影机。在 x 轴和 y 轴方向上，将以百分比形式表示模/帧宽度（不考虑图像纵横比）。

➤ "倾斜校正"选项组：用于沿水平或垂直方向倾斜摄影机。用户可以使用它们来更正透视，特别是在摄影机已经向上或向下倾斜的场景中。

⑥ "镜头扭曲"卷展栏如图 7-63 所示。

无：不应用扭曲。

立方：该值不为零时，将对图像进行扭曲；为正值时将产生枕形扭曲效果；为负值时则产生筒形扭曲效果。

纹理：单击此按钮将打开"材质/贴图浏览器"，可以在其中指定所需的贴图，以基于纹理贴图扭曲图像。

⑦ "其他"卷展栏如图 7-64 所示。

➤ "剪切平面"选项组选项如下。

启用：勾选该复选框，摄影机锥形光线内的剪切平面将以红色栅格形式在视口中显示，便于用户直观调整。

近距与远距：用于设定两个剪切平面，分别是近距和远距，它们决定了场景中哪些对象可见。近距剪切平面应至少距摄影机 0.1 个单位，而比近距剪切平面近或比远距剪切平面远的对象将不会被渲染。注意，远距剪切值的范围限制在 10 ~ 32 的幂之间。

➤ "环境范围"选项组选项如下。

近距范围和远距范围：通过调整这两个参数，可以控制大气效果对特定区域内对象的渲染影响。位于这两个限制之间的对象将逐渐在远距值和近距值之间淡出，直至完全不可见。这些范围值基于场景单位进行设定，默认设置将覆盖整个场景范围。

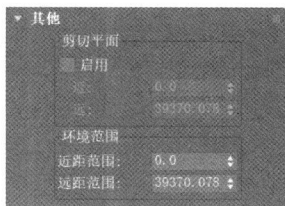

图 7-62　　　　　　　　　图 7-63　　　　　　　　　图 7-64

任务实践：为基本体模型创建两个不同角度的目标摄影机视图

一个场景可以创建多个摄影机，通过摄影机之间的切换可以快速转换模型观看视角。本实践是在一组基本体石膏模型场景中创建两个摄影机视图，如图 7-65 和图 7-66 所示，从而可以快速切换视角而不需要移动模型，以便渲染出不同视角的场景效果图。

微课视频

7.2

图 7-65　　　　　　　　　　　　　　图 7-66

操作步骤如下。

（1）启动 3ds Max 2021，在命令面板中单击 ➕（创建）— ◉（几何体）按钮，在下拉列表中选择"标准基本体"类型，在场景中创建圆锥、立方体、圆柱、四棱锥、长方体、球等 6 个基本体模型。再运用移动、旋转和缩放工具调整基本体的位置和方向，制作图 7-67 所示的场景模型效果图。

（2）在命令面板中单击 ╋（创建）—◉（几何体）按钮，在下拉列表中选择"标准基本体"类型，单击 平面 按钮，在顶视图创建平面作为地面，并调整其尺寸，使地面布满整个安全框，如图 7-68 所示。

图 7-67　　　　　　　　　　　　　图 7-68

（3）制作地面材质。在工具栏中单击 ▦（材质编辑器）按钮，在弹出的"材质编辑器"对话框中，选定一个材质球，单击"Blinn 基本参数"卷展栏中"漫反射"右侧的颜色色块，在弹出的"颜色选择器：漫反射颜色"对话框中将其颜色 RGB 值设置为 27、20、9，其他参数默认，如图 7-69 所示。选择地面，单击 ▦（将材质指定给选定对象）按钮。

（4）制作白色石膏材质。在"材质编辑器"对话框中选择第二个材质球，单击"Blinn 基本参数"卷展栏中"漫反射"右侧的颜色色块，在弹出的"颜色选择器：漫反射颜色"对话框中将其颜色 RGB 值设置为 230、230、230。在"反射高光"选项组中，将"高光级别"设置为 30，其他参数默认，如图 7-70 所示。

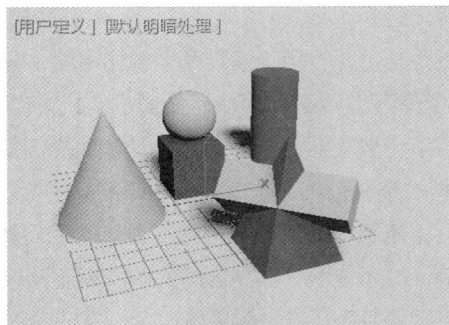

图 7-69　　　　　　　　　　　　　图 7-70

（5）在"贴图"卷展栏中，单击"凹凸"贴图右侧的 无贴图 按钮，在弹出的"材质/贴图浏览器"中双击"噪波"程序贴图，在"噪波参数"卷展栏中将"大小"设置为 1，如图 7-71 所示，得到的材质效果如图 7-72 所示。

（6）在材质编辑器工具栏中单击 ▦（转到父对象）按钮，单击 ▦（将材质指定给选定对象）按钮将材质指定给场景中的所有几何体模型。

图 7-71

图 7-72

（7）在命令面板中单击 ➕（创建）—💡（灯光）按钮，在下拉列表中选择"标准"灯光类型，单击 泛光 按钮，在场景中创建图 7-73 所示的两盏泛光灯，在"强度/颜色/衰减"卷展栏中，将两盏泛光灯的"倍增"分别设置为 2 和 1。

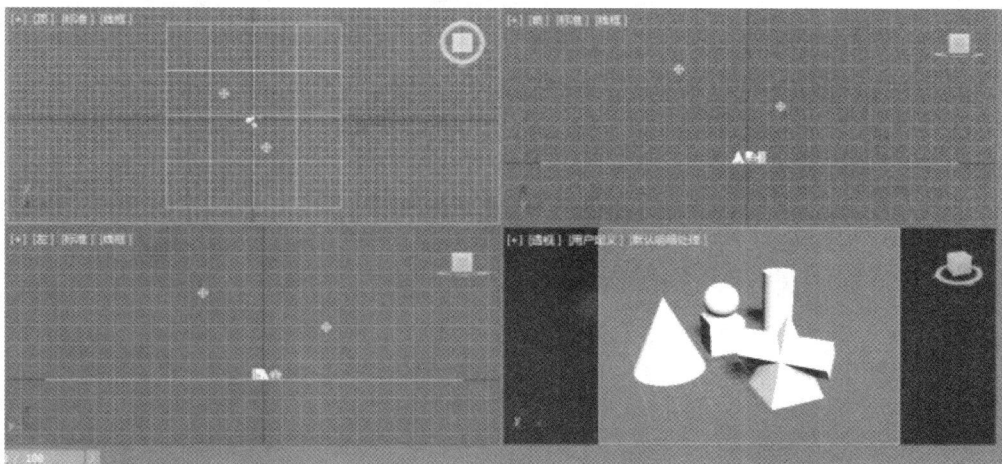

图 7-73

（8）选择左上角的泛光灯，在其"常规参数"卷展栏的"阴影"选项组中勾选"启用"复选框，且在下拉列表中选择"光线跟踪阴影"选项。

（9）在菜单栏中选择"创建"—"摄影机"—"从视图创建标准摄影机"命令，在透视图中基于当前的透视角度创建一架摄影机，效果如图 7-74 所示。

（10）在命令面板中单击 ➕（创建）—📷（摄影机）按钮，在下拉列表中选择"标准"摄影机类型，单击 目标 按钮，在侧视图中单击并拖动摄影机目标点到几何体模型中心，创建摄影机 Camera002；再单击透视图左上角的 [+] [Camera001]，选择图 7-75 所示的 Camera002，切换到摄影机 Camera002 视图并进行适当调整，得到的效果如图 7-76 所示。依次类推，就可以在场景中创建多个视角的摄影机视图。

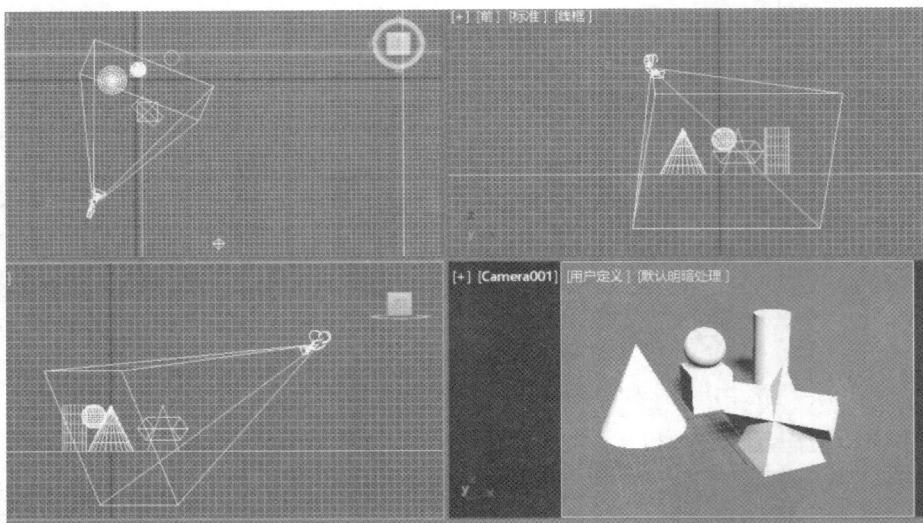

图 7-74

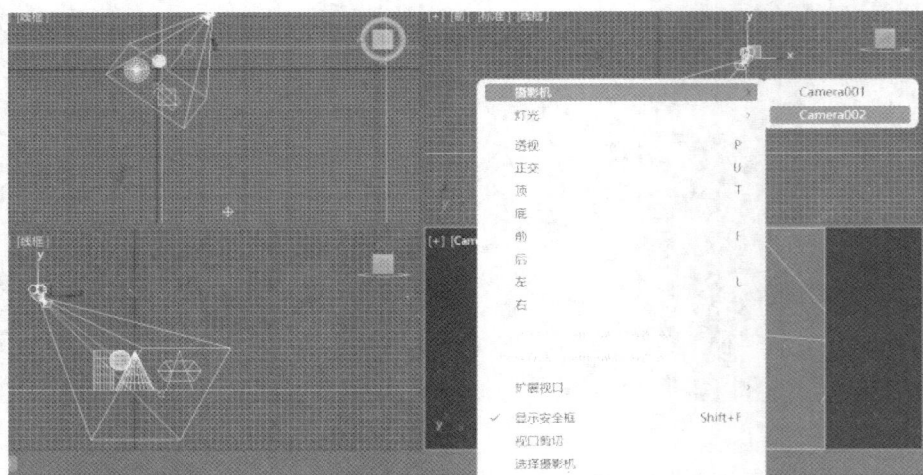

图 7-75

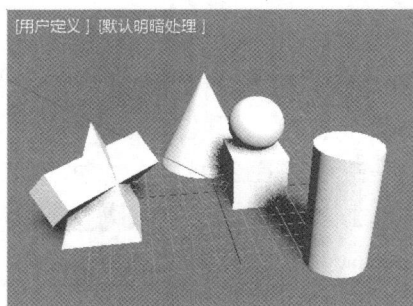

图 7-76

任务3　渲染输出

任务引入

渲染输出是制作产品效果图的最后一步，3ds Max 2021 通过特定的渲染器将场景中的产品渲染成静态的图片或者动态的三维动画。渲染出的效果图是产品的形态、材质、灯光和场景等相互配合呈现出来的最终结果。本次任务介绍 3ds Max 2021 中的默认扫描线渲染器和 V-Ray 渲染器，以及不同渲染器的参数设置和应用效果。

相关知识

1. "公用" 选项卡

在进行渲染之前，首先要设置相关渲染参数，在菜单栏中选择 "渲染" — "渲染设置" 命令、按 F10 快捷键或单击工具栏中的 按钮，均可打开渲染设置对话框，在下拉列表中选择需要的渲染器，如图 7-77 所示。

选择渲染器之后下方面板就会出现渲染器的参数设置选项卡，下面以 V-Ray 渲染器为例介绍常用的 "公用"、V-Ray 和 GI 选项卡。"公用" 选项卡为渲染图像或动画的基本参数设置面板，如图 7-77 所示。

时间输出：主要用于确定将要对哪些帧进行渲染。

单帧：只对当前帧进行渲染，得到静态图像。

活动时间段：对当前活动的时间段进行渲染。当前活动时间段以视图中动画时间轴上所显示的关键帧范围为依据。

范围：用于手动设置渲染的范围。

输出大小：用于确定渲染图像的大小。

选项：用于对渲染方式进行设置。一般使用默认选项。

渲染输出：单击 文件... 按钮，弹出 "保存" 对话框，选择渲染输出的效果图保存位置格式，常用的图像格式为 JPG，动画格式为 AVI。

2. V-Ray 选项卡

V-Ray 选项卡如图 7-78 所示。

（1）"帧缓冲区" 卷展栏如图 7-79 所示。

"帧缓冲区" 卷展栏下的参数可以代替 3ds Max 2021 自身的帧缓存窗口，可以用于设置渲染图像的大小，以及保存渲染图像等。

启用内置帧缓冲区：勾选该复选框，就可以使用 V-Ray 自身的渲染窗口了。

内存帧缓冲区：勾选该复选框，渲染图像将实时加载至内存并通过帧缓冲窗口展示，便于用户观察渲染进度；取消勾选，则渲染结果将直接保存至指定的硬盘文件夹，从而节省系统内存资源。

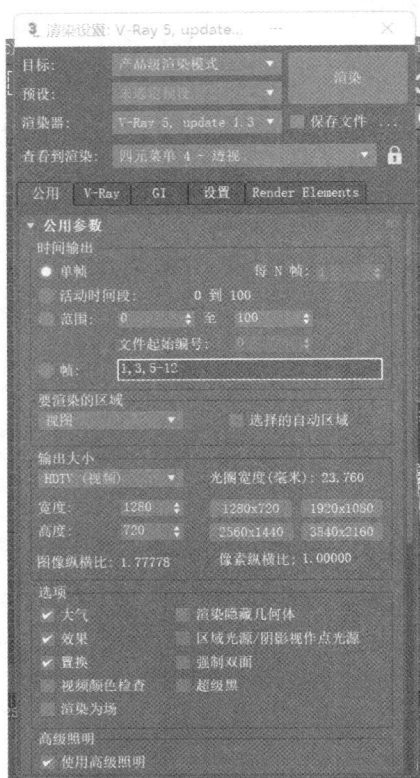

图 7-77

图 7-78   图 7-79

从 MAX 获取分辨率：勾选该复选框后，将从"公用"选项卡的"输出大小"选项组中获取渲染尺寸；处于未勾选状态时，将从 V-Ray 渲染器的"输出分辨率"选项组中获取渲染尺寸。

宽度：用于设置像素的宽度。

高度：用于设置像素的长度。

（2）"全局开关"卷展栏如图 7-80 所示。

"全局开关"卷展栏下的参数主要用来对场景中的灯光、材质、置换等进行全局设置。

置换：控制是否开启场景中的置换效果。一般为默认。

灯光：控制是否开启场景中的灯光效果。

覆盖深度：用于控制整个场景中反射、折射的最大深度，后面的输入框中的数值表示反射、折射的次数。

最大透明级别：用于控制透明材质被光线追踪的最大深度。值越大，被光线追踪的深度越深，效果越好，但渲染速度会越慢。

（3）"图像采样器（抗锯齿）"卷展栏如图 7-81 所示。

图 7-80

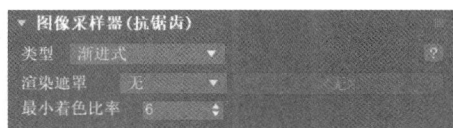

图 7-81

类型：用来设置图像采样器的类型，包括"渲染块"和"渐进式"两种。

最小着色比率：控制反锯齿的射线数量（AA）和其他效果，如高光反射、GI、区域阴影等。这个设置对渐进式图像采样器特别有用。该值高意味着花费在 AA 上的时间少，且更多的工作将被放在阴影效果的采样中。

（4）"渐进式图像采样器"卷展栏如图 7-82 所示。

最小细分：用于控制图像中每个像素将接收的最小采样数，采样的实际数量是细分值的平方。

最大细分：用于控制图像中每个像素将接收的最大采样数，采样的实际数量是细分值的平方。

渲染时间：用于设定以分钟为单位的最大渲染时长。一旦达到设定的分钟数，渲染器将自动停止工作。这一时间涵盖了整个帧的渲染过程，包括所有 GI 预通过程，如灯光缓存和发光图等。若将此参数设置为[0.0]，则渲染过程将不受时间限制，直至完成。

噪波阈值：用于设置图像中所需的噪波级别。如果此值为 0，则整个图像均匀采样，直到达到最大值。

光束大小：是分布式渲染中的一个关键参数，用于精细调整每台机器上分配的工作负载大小。在采用分布式渲染时，适当提高该值能有效提高渲染服务器上 CPU 的利用率，从而加速渲染进程。

（5）"图像过滤器"卷展栏如图 7-83 所示。

勾选"图像过滤器"复选框后，可以从右侧的下拉列表中选择一种抗锯齿过滤器来对场景进行处理；如果不勾选该复选框，渲染时将使用纹理抗锯齿过滤器。

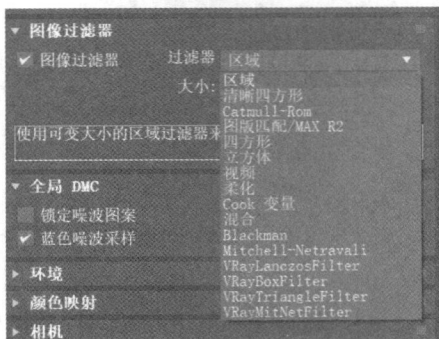

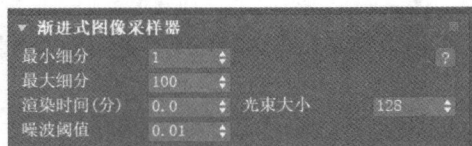

图 7-82　　　　　　　　　　　　　　　　图 7-83

"过滤器"下拉列表中常用选项的含义如下。

区域：用区域大小来计算抗锯齿。

清晰四方形：这款重组过滤器基于 Neslon Max 算法，能够清晰地重组 9 像素图像，呈现高质量的画面效果。

Catmul-Rom 过滤器：具备边缘增强功能，能有效锐化图像细节，使画面更加清晰、生动。

图版匹配/MAX R2 技术：采用 3ds Max R2 的经典方法，无需额外的贴图过滤即可实现摄影机与场景或"无光/投影"元素背景图像的精确匹配，提升视觉呈现的一致性。

四方形：和"清晰四方形"类型相似，能产生一定的模糊效果。

立方体：基于立方体的 25 像素过滤器，能产生一定的模糊效果。

视频：一种适合制作视频动画的抗锯齿过滤器。

柔化：一种用于轻度模糊效果的抗锯齿过滤器。

Cook 变量：一种通用过滤器，设置较小的数值可以得到清晰的图像效果。

混合：一种用混合值来确定图像清晰或模糊的抗锯齿过滤器。

Blackman：一种没有边缘增强效果的抗锯齿过滤器。

Mitchell-Netravali：一款常用的过滤器，能够在保留图像细节的同时产生微妙的模糊效果，增强图像的柔和感。

VRay LanczosFilter：该过滤器在渲染速度和图像质量之间实现了出色的平衡，是追求高效率和高品质渲染的理想选择。

VRayBoxFilter：该过滤器采用"盒子"方式进行抗锯齿处理，能有效减少锯齿现象，提高图像的平滑度。

"大小"用于设置过滤器的大小。

（6）"环境"卷展栏如图 7-84 所示。

勾选"GI 环境""反射/折射环境""折射环境""二次无关环境"复选框，可以设置天光的亮度、反射、折射和颜色等参数。

（7）"颜色映射"卷展栏如图 7-85 所示。

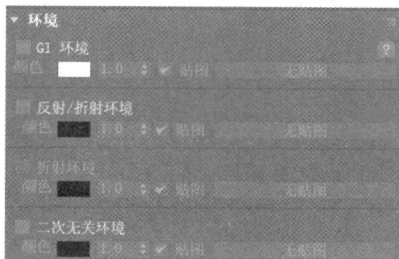

图 7-84

图 7-85

"类型"提供不同的曝光模式，包括"线性倍增""指数""HSV 指数""强度指数""伽马校正""强度伽马""莱因哈德"7 种模式。

线性倍增：基于最终色彩的亮度进行线性的倍增，可能会导致靠近光源的点过分明亮。"线性倍增"模式包括 3 个局部参数，"暗色倍增"是对暗部的亮度进行控制，加大该值可以提高暗部的亮度；"明亮倍增"是对亮部的亮度进行控制，加大该值可以提高亮部的亮度；"伽马"主要用于控制图像的伽马值。

指数：采用指数模式，它可以降低靠近光源的物体表面的曝光效果，同时场景颜色的饱和度也会降低。

HSV 指数：与"指数"模式相似，不同点在于可以保持场景物体的颜色饱和度，但是使用这种方式会取消高光的计算。

强度指数：是对上面两种指数曝光模式的结合，既抑制了光源附近物体表面的曝光效果，又保持了场景物体的颜色饱和度。

伽马校正：采用伽马来修正场景中的灯光衰减和贴图色彩，其效果和"线性倍增"曝光模式类似。"伽马校正"模式包括"倍增""反向伽马""伽马值"3 个局部参数，"倍增"主要用于控制图像的整体亮度倍增；"反向伽马"是 V-Ray 内部转化的，例如输入 2.2 就和显示器的伽马 2.2 相同；"伽马值"主要用于控制图像的整体亮度。

强度伽马：不仅拥有"伽马校正"模式的优点，同时还可以修正场景灯光的亮度。

莱因哈德：使用该模式可以把"线性倍增"和"指数"模式混合起来，包括一个"加深值"局部参数，主要用于控制"线性倍增"和"指数"曝光的混合值，0 表示"线性倍增"不参与混合，1 表示"指数"不参与混合，0.5 表示"线性倍增"和"指数"曝光效果各占一半。

3. GI 选项卡

开启全局照明后，光线会在物体与物体之间反弹，因此光线计算会更加准确，图像也更加真实，如图 7-86 所示。

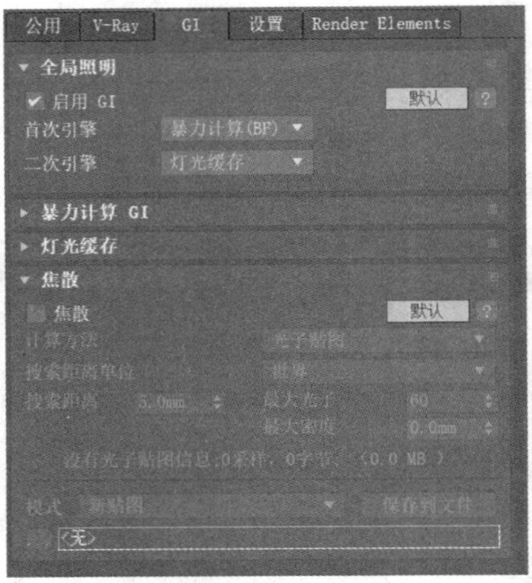

图 7-86

启用 GI：勾选该复选框后，将开启全局照明效果。

首次引擎：下拉列表中包括发光贴图、暴力计算（BF）、灯光缓存 3 个选项。发光贴图是渲染时常用的引擎，其优点是速度快，缺点是不能较好地表现细节光照。暴力计算（BF）渲染时间较长，但效果最好，参数较低时更容易产生噪点，一般使用较少。灯光缓存是渲染时常用的引擎，其优点是速度快，还能加快反射/折射模糊的计算；缺点是会占用大量内存，对计算机配置要求较高。

二次引擎：下拉列表中包括暴力计算（BF）和灯光缓存两个选项。

焦散：光线通过其他对象反射或者折射之后在产品表面所产生的效果。

任务实践：对魔方模型进行渲染输出并保存

为场景中已经完成的魔方模型设置渲染器、效果图尺寸及文件保存路径，最后选择摄影机视图进行渲染输出，输出效果如图 7-87 所示。

微课视频

7.3

图 7-87

操作步骤如下。

（1）启动 3ds Max 2021，在菜单栏中选择"文件"—"打开"命令，在弹出的"打开文件"对话框中依次选择"教材配套源文件及效果图—项目 7—任务 3—魔方.max"。

（2）在工具栏中单击 （渲染设置）按钮，弹出"渲染设置"对话框。

（3）在弹出的"渲染设置"对话框的"渲染器"下拉列表中选择"V-Ray"渲染器。

（4）在"查看到渲染"下拉列表中选择需要渲染的视图，单击列表后的 按钮将视图锁定，否则渲染器将渲染活动视口模型。

（5）在"公用"选项卡中的"输出大小"下拉列表中选择"自定义"选项，尺寸设置为 640×480，如图 7-88 所示。

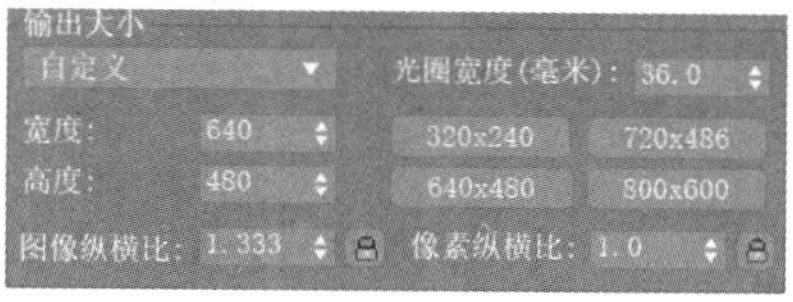

图 7-88

（6）在"公用"选项卡的"渲染输出"中勾选"保存文件"复选框，单击 文件... 按钮，在弹出的"渲染输出文件"对话框中选择渲染图像的保存路径和保存格式，如图 7-89 所示。

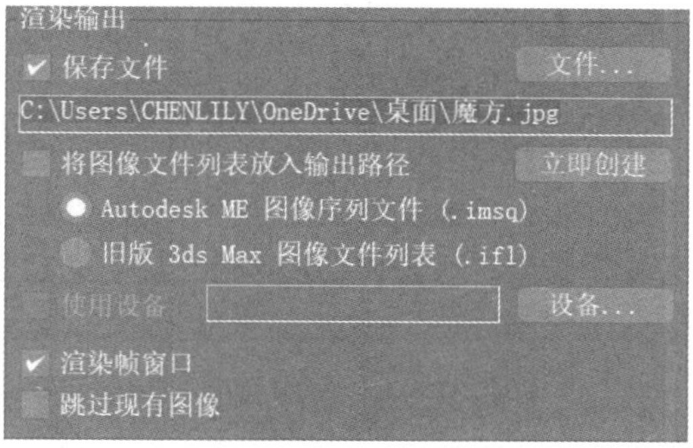

图 7-89

（7）在透视图中单击左上角的 透视 文字，在弹出的下拉列表中选择"摄影机"类型，选择 Camera001 摄影机视图，单击右上角的 渲染 按钮，即可得到图 7-87 所示的魔方效果图。

项目总结

本项目主要介绍了 3ds Max 2021 中灯光的类型、灯光的创建及参数的设置与调整，讲解了摄影机的概念与构图、摄影机的创建及参数的设置与调整，以及 3ds Max 2021 中默认扫描线渲染器和 V-Ray 渲染器面板的参数设置与调整。以下为项目 7 的教师教学自查表和学生学习效果自查表，用来帮助教师和学生了解教授和学习本项目之后的自我满意度，查漏补缺。

项目 7 教师教学自查表

序号	我认为学生……	非常不同意 ←→ 非常赞同									
1	了解了灯光的属性	1	2	3	4	5	6	7	8	9	10
2	学会了标准灯光的调用	1	2	3	4	5	6	7	8	9	10
3	学会了 V-Ray 灯光的调用	1	2	3	4	5	6	7	8	9	10
4	了解了摄影机的属性和构图	1	2	3	4	5	6	7	8	9	10
5	学会了创建摄影机	1	2	3	4	5	6	7	8	9	10
6	学会了摄影机参数的调整方法	1	2	3	4	5	6	7	8	9	10
7	学会了渲染输出的方法	1	2	3	4	5	6	7	8	9	10
8	学会了渲染设置中的参数设置方法	1	2	3	4	5	6	7	8	9	10
9	提升了效果图渲染的效果	1	2	3	4	5	6	7	8	9	10
10	有了产品效果图的创新意识	1	2	3	4	5	6	7	8	9	10
11	总计										

项目 7 学生学习效果自查表

序号	我认为我……	非常不同意 ←→ 非常赞同									
1	了解了灯光的属性	1	2	3	4	5	6	7	8	9	10
2	学会了标准灯光的调用	1	2	3	4	5	6	7	8	9	10
3	学会了 V-Ray 灯光的调用	1	2	3	4	5	6	7	8	9	10
4	了解了摄影机的属性和构图	1	2	3	4	5	6	7	8	9	10
5	学会了创建摄影机	1	2	3	4	5	6	7	8	9	10
6	学会了摄影机参数的调整方法	1	2	3	4	5	6	7	8	9	10
7	学会了渲染输出的方法	1	2	3	4	5	6	7	8	9	10
8	学会了渲染设置中的参数设置方法	1	2	3	4	5	6	7	8	9	10
9	提升了效果图渲染的效果	1	2	3	4	5	6	7	8	9	10
10	有了产品效果图的创新意识	1	2	3	4	5	6	7	8	9	10
11	总计										

第二篇
实践篇

实践篇选取了座椅、灯具、玩具、花瓶、插座五类具有代表性的设计产品，以产品的功能与结构、材质与工艺和设计美学等基础知识作为理论铺垫，然后运用 3ds Max 2021 完成这些产品的三维建模、材质制作及灯光摄影机制作等，并最终渲染输出产品展示效果图。学生可通过大量实践提高应用能力，拓宽设计思路，为今后的工作岗位服务。

项目 8　座椅产品设计及效果图制作

项目介绍

好的产品设计不仅可以满足人民日益增长的物质文化产品需要，同时也能带领企业迅速占领市场，创造良好的经济效益。依靠创新设计改变依靠价格优势的传统竞争模式，调动设计师的创新设计意识和实践，设计出经济适用、舒适美观的产品，符合人的基本需求和社会发展基本规律。

本项目包含两方面内容，一是从椅子的功能与结构、材质与工艺及设计美学 3 个方面讲解座椅的设计理论知识；二是先运用 3ds Max 2021 绘制与编辑图形，然后结合可编辑多边形、壳等修改器完成模型制作，最后给椅子制作材质灯光、创建摄影机，调整到满意的视觉构图后渲染输出，从而完成座椅效果图的制作。

学习目标

知识目标	了解座椅产品设计的基本原则和美学规律
技能目标	熟练运用基本原则和美学规律进行座椅产品的设计
素养目标	培养学生对座椅产品的创新设计能力

相关知识

1. 座椅的功能与结构

座椅按使用场所可以分为用于办公的工作座椅，用于生活休息的休闲椅，用于特定场合的特殊功能座椅（如儿童餐桌椅、吧台吧椅、轮椅等），而椅子也因满足相应功能而诞生了特定的内部及外部结构。图 8-1 所示的工作座椅因为需要给长时间工作的人提供保护和支持，所以其设计必须考虑舒适性、可调节功能（因人的高矮、胖瘦等生理差异）、可移动性（可节省距离取物，方便调节腿部活动范围等），以及由此产生的座椅靠背机械调节结构、底部支撑结构的液压升降结构、地面滑轮结构、双侧扶手调节结构等。消费者在购买工作座椅时更多考虑的就是座椅的工具性功能，其次才是时尚美观等美学功能。图 8-2 所示的休闲椅则更多体现造型艺术，皮革材质及精良的制作工艺能带来更多视觉上和精神上的享受和体验。

图 8-1　　　　　　　　　　　　　　图 8-2

2. 座椅的材质与工艺

现代椅子常见材质有塑料、木材、皮革、金属、织物等，其中塑料因为成本低、色彩鲜艳、造型多样而受到设计师、消费者和市场的一致青睐。椅子的制作方法因材质的不同而不同，塑料采用注塑加工，木材采用切割榫接，金属采用机器切割焊接等。针对不同材质所采取的表面处理工艺也不同。图 8-3 所示的椅子采用藤编的设计手法，配合金属加以固定，再套上皮质坐垫，展现出天然复古的艺术气息；图 8-4 所示的椅子采用合金锻打、焊接等工艺成型，看起来现代感十足。

图 8-3　　　　　　　　　　　　　　图 8-4

3. 座椅的设计美学

座椅的设计美学融合了技术美与艺术美，二者相互依存，不可分割。以办公座椅为例，其美学价值体现在人机工程学设计的可调节性和可移动性上，这些设计能够有效缓解办工人员因长时间工作而产生的身体不适。而休闲座椅则更多展现出其独特的美学形态、材质工艺美，并在特定环境中成为营造空间美的重要元素。图 8-5 所示为包豪斯经典 533F 椅子，其设计核心在于反重力结构下形成的曲线形态，这一技术美不仅令人赞叹，还赋予了座椅出色的舒适性。再如图 8-6 所示的休闲椅子，其设计灵感来源于儿童在父亲身上攀爬的温馨瞬间。设计师巧妙地将椅子塑造为可任意攀爬躺卧的形态，不仅充满趣味，更传递出温暖与亲密的情感。

图 8-5

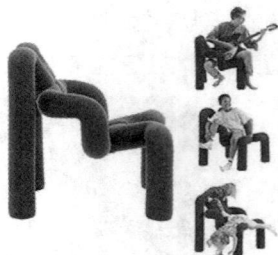
图 8-6

任务实践：制作木质环保凳子效果图

本任务实践是制作一组可以穿插叠放的木质环保凳子效果图，如图 8-7 所示。这种类型的凳子可以节省存放空间，其整体形态结构体现了美学构成中的重复和韵律、统一和变化，既具备良好的使用功能，又具有一定的产品艺术欣赏价值。

微课视频

8.1-1

微课视频

8.1-2

图 8-7

制作步骤如下。

（1）启动 3ds Max 2021，选择左视图，在命令面板中单击 ✚ （创建）— ⬭ （图形）按钮，在下拉列表中选择"样条线"类型，单击 矩形 按钮，在"键盘输入"卷展栏中设置长度为 120，宽度为 100，单击 创建 按钮，如图 8-8 所示，得到的矩形效果如图 8-9 所示。

图 8-8

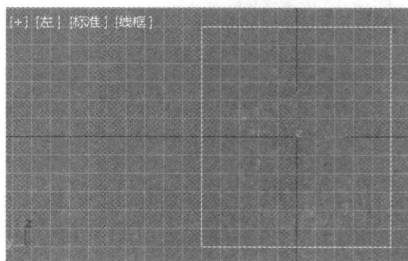
图 8-9

（2）在命令面板中单击 ◪ （修改命令面板）按钮，在修改器下拉列表中选择"编辑样条线"修改器，选择"分段"子对象，按 Delete 键删除底部直线，图形效果如图 8-10 所示。

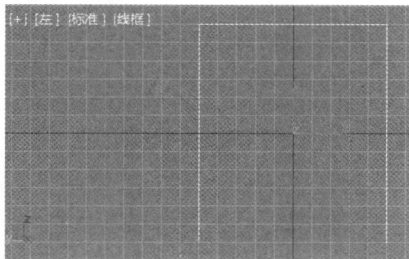

图 8-10

（3）继续在修改器下拉列表中选择"扫描"修改器，在"截面类型"卷展栏中选中"使用内置截面"选项，并在下拉列表中选择"条"选项，如图 8-11 所示。在"参数"卷展栏中设置长度为 8，宽度为 3，如图 8-12 所示，得到的模型效果如图 8-13 所示。

图 8-11

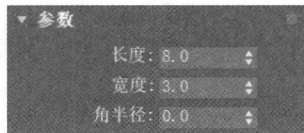

图 8-12

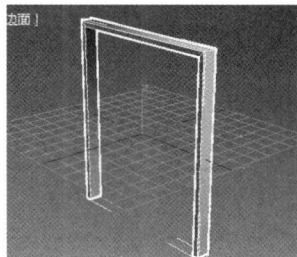

图 8-13

（4）继续在修改器下拉列表中选择"编辑多边形"修改器，选择"边"子对象，选择图 8-14 所示的一圈线后，单击"编辑边"卷展栏中的 连接 □ 按钮，在弹出的参数设置中，分别设置参数为 1、0、92，如图 8-15 所示。对另外对应的一边执行同样的操作。再次单击退出"边"子对象的选择。

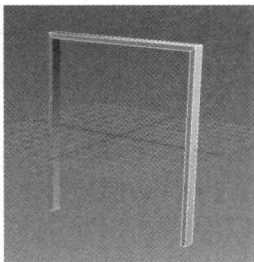

图 8-14

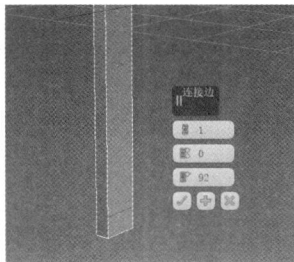

图 8-15

（5）选中模型，按住 Shift 键，选择移动工具，将模型沿 x 轴方向移动适当的距离并复制，效果如图 8-16 所示。在"编辑几何体"卷展栏中，单击 附加 按钮，选择复制出来的模型，将两个模型附加为一个模型，效果如图 8-17 所示，再次单击 附加 按钮，退出操作。

图 8-16   图 8-17

（6）选择"多边形"子对象，选择图 8-18 所示的多边形及对面的多边形，按 Delete 键删除。选择"边界"子对象，按住 Ctrl 键选择两个对应的边界，单击"编辑边界"卷展栏中的 桥 按钮，参数设置及模型效果如图 8-19 所示。对于凳子的另一侧，采用相同的操作方法进行处理，最终效果如图 8-20 所示。至此凳子的支撑框架结构完成。

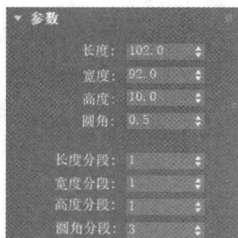

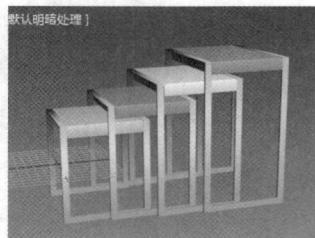

图 8-18   图 8-19   图 8-20

（7）在顶视图中，在命令面板中单击 ✚（创建）—⚫（几何体）按钮，在下拉列表中选择"扩展基本体"类型，单击 切角长方体 按钮，参数设置如图 8-21 所示，创建完成后将模型移动到合适的位置，如图 8-22 所示。

（8）用同样的方法，选择合适的参数，创建其他几个凳子的坐垫，产品的整体效果如图 8-23 所示。

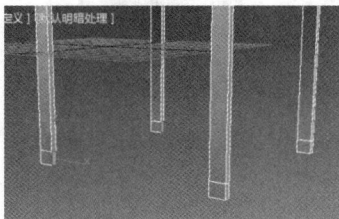

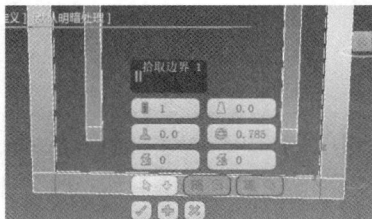

图 8-21   图 8-22   图 8-23

（9）在命令面板中单击 ✚（创建）—⚫（几何体）按钮，在下拉列表中选择"标准基本体"类型，单击 平面 按钮，在顶视图中创建平面，放置在椅子下方作为地面。

（10）单击工具栏中的 ▦（材质编辑器）按钮，弹出"材质编辑器"对话框，选择第 1
个材质球，命名为"椅子框架"，单击 Standard (Legac 按钮，在弹出的"材质/贴图浏览器"中选
择"VRayMtl"材质。

（11）单击"基本参数"卷展栏下"漫反射"后
面的灰色小方块，在弹出的"材质/贴图浏览器"中双
击"位图"，在弹出的"选择位图图像文件"对话框中
选择素材"贴图—木纹 01.jpg"，如图 8-24 所示。

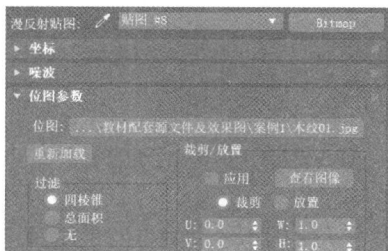

（12）在"材质编辑器"工具栏中单击 ▦ 按钮，
返回主界面。在"基本参数"卷展栏中设置"粗糙
度"为 0.6，"光泽度"为 0.6，其他参数默认即可，
如图 8-25 所示。分别选择 4 个凳子的框架模型，单
击 ▦（将材质指定给选定对象）按钮，将制作好的材质赋予 4 个凳子的框架，得到的效果如
图 8-26 所示。

图 8-24

图 8-25

图 8-26

（13）选择第 2 个材质球，命名为"蓝色座面"，单击 Standard (Legac 按钮，在弹出的"材
质/贴图浏览器"中选择"VRayMtl"材质。在"基本参数"卷展栏的"预设"下拉列表中
选择"红色天鹅绒"类型。单击"漫反射"后的色块，设置色块的 RGB 值为 0、0、150，
"粗糙度"为 0.6。单击"反射"后的色块，设置色块的 RGB 值为 43、91、214，设置完成
后如图 8-27 所示。选择第 1 个最矮的凳子坐垫，单击 ▦（将材质指定给选定对象）按钮，
模型效果如图 8-28 所示。

（14）选择第 3 个材质球，命名为"深色木纹座面"，单击 Standard (Legac 按钮，在弹出的"材
质/贴图浏览器"中选择"VRayMtl"材质。单击"基本参数"卷展栏下"漫反射"后方的灰

色小方块，在弹出的"材质/贴图浏览器"中双击"位图"，在弹出的"选择位图图像文件"对话框中选择素材"贴图—木纹 02.jpg"。

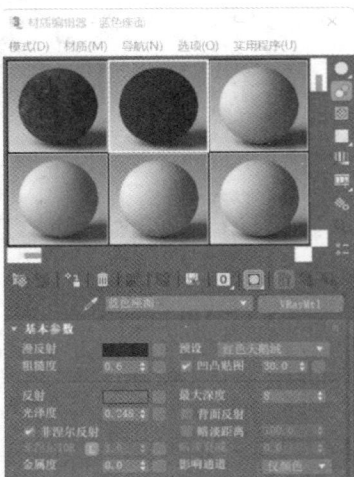

图 8-27

图 8-28

（15）在"材质编辑器"工具栏中单击 按钮，返回主界面。在"基本参数"卷展栏中设置"粗糙度"为 0.6，"光泽度"为 0.6，其他参数默认即可，如图 8-29 所示。选择第 2 个凳子的坐垫，单击 （将材质指定给选定对象）按钮，得到的模型效果如图 8-30 所示。

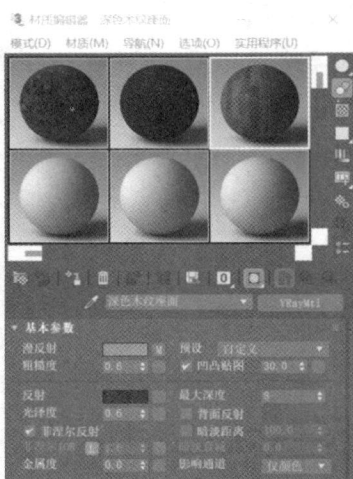

图 8-29

图 8-30

（16）选择第 4 个材质球，命名为"红色座面"，单击 Standard (Legac 按钮，在弹出的"材质/贴图浏览器"中选择"VRayMtl"材质。在"基本参数"卷展栏中打开"预设"下拉列表，选择"红色天鹅绒"类型。单击"漫反射"后的色块，设置色块的 RGB 值为 154、0、0，"粗糙度"为 0.6。单击"反射"后的色块，设置色块的 RGB 值为 59、43、50，设置完成后如图 8-31 所示。选择第 3 个凳子的坐垫，单击 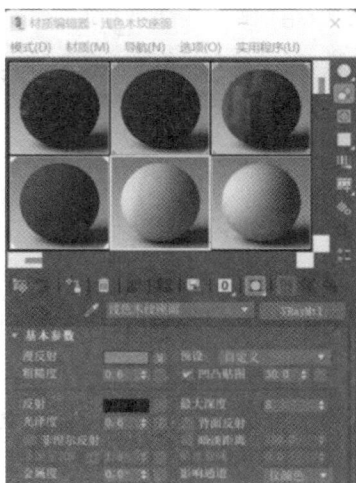（将材质指定给选定对象）按钮，模型效果如图 8-32 所示。

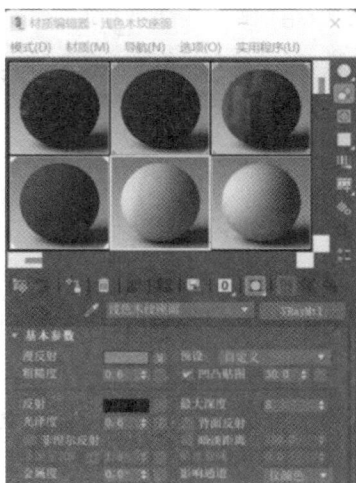

| 图 8-31 | 图 8-32 |

（17）选择第 5 个材质球，命名为"浅色木纹座面"，单击 Standard (Legac) 按钮，在弹出的"材质/贴图浏览器"中选择"VRayMtl"材质。在"基本参数"卷展栏中，单击"漫反射"后面的灰色小方块，在弹出的"材质/贴图浏览器"中双击"位图"，在弹出的"选择位图图像文件"对话框中选择素材"贴图—木纹 03.jpg"。

（18）在"材质编辑器"工具栏中单击 按钮，返回主界面。在"基本参数"卷展栏中设置"粗糙度"为 0.6，"光泽度"为 0.6，其他参数默认即可，如图 8-33 所示。选择第 4 个凳子的坐垫，单击 （将材质指定给选定对象）按钮，模型效果如图 8-34 所示。

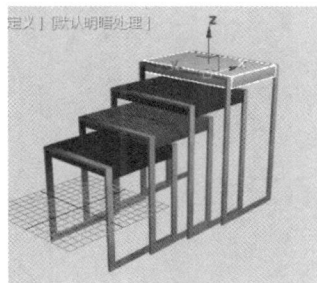

| 图 8-33 | 图 8-34 |

（19）选择第 6 个材质球，命名为"地面"。在"Blinn 基本参数"卷展栏中，将"漫反射"色块颜色设置为白色。在"反射高光"选项组中将"高光级别"设置为 20，其他参数默认即可，如图 8-35 所示。在材质编辑器的工具栏中单击 [图标]（将材质指定给选定对象）按钮，将制作好的材质赋予地面。

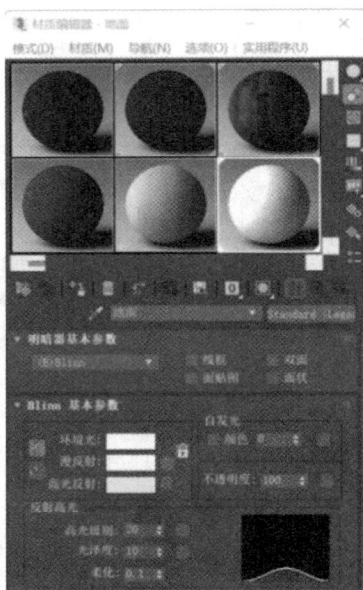

图 8-35

（20）在命令面板中单击 [图标]（创建）— [图标]（摄影机）按钮，在下拉列表中选择"V-Ray"类型，单击 VRay 物理相机 按钮，在场景中单击并拖动，创建物理摄影机，在透视图中切换到物理摄影机视图，效果如图 8-36 所示。

图 8-36

（21）在命令面板中单击 ✚（创建）—💡（灯光）按钮，在下拉列表中选择"V-Ray"类型，单击 ▊VRay 灯光 ▊ 按钮，分别在不同视图中点击拖动，创建图 8-37 所示的三盏 VRay 灯光，灯光参数默认即可。

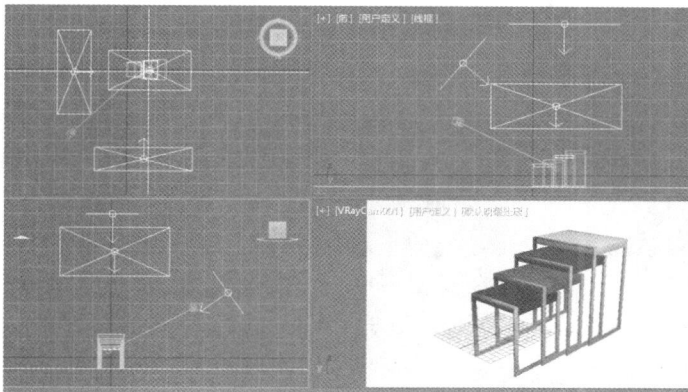

图 8-37

（22）在工具栏中单击 🔧（渲染设置）按钮，打开"渲染设置"对话框，在"渲染器"下拉列表中选择"V-Ray"渲染器。在"公用"选项卡中设置合适的尺寸。

（23）单击工具栏中的 🫖（渲染）按钮即可得到图 8-37 所示的产品效果。

实践拓展：制作椅子效果图

本实践拓展是制作椅子效果图，图 8-38 所示的反重力结构设计使椅子整体造型线条流畅且富有变化，趣味而优雅兼得。椅子采用皮革和金属材质，在认知触感上营造出一种对比，增加了椅子的现代感。

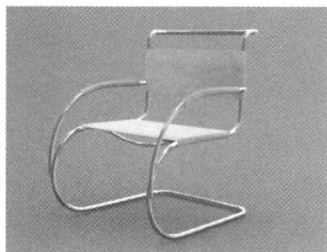

图 8-38

微课视频
8.2-1

微课视频
8.2-2

微课视频
8.2-3

微课视频
8.2-4

微课视频
8.2-5

案例制作步骤如下。

（1）启动 3ds Max 2021，在命令面板中单击 ✚（创建）—⚙（图形）按钮，在下拉列表中选择"样条线"类型，单击 ▊ 线 ▊ 按钮，在前视图中创建图 8-39 所示的一条二维曲线作为椅子的主体结构。

（2）在命令面板中单击 （修改命令面板）按钮，在修改器堆栈中单击"Line"左边的加号，选择"样条线"子对象，勾选"几何体"卷展栏"连接复制"选项组中的"连接"复选框，如图 8-40 所示。在左视图选择图形，按住 Shift 键向右移动样条线，得到的图形效果如图 8-41 所示。

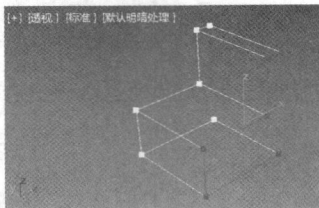

| 图 8-39 | 图 8-40 | 图 8-41 |

（3）选择"线段"子对象，在视图中选择不要的线段，按 Delete 键删除，在座面上留下一条线作为坐垫支撑，如图 8-42 所示。

（4）选择"顶点"子对象，选择所有顶点，单击"几何体"卷展栏中的 焊接 按钮，将所有重影点焊接成一个点。单击"几何体"卷展栏中的 圆角 按钮，选择顶点进行圆角处理，完成椅子主体框架模型的制作，得到的图形效果如图 8-43 所示。

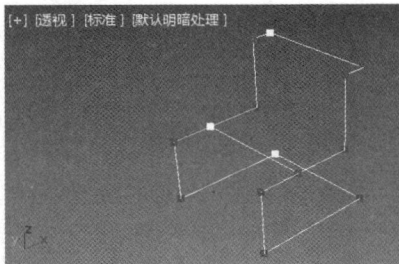

| 图 8-42 | 图 8-43 |

（5）运用上述方法，在前视图创建图 8-44 所示的图形作为椅子的扶手，删除多余的线段，调整圆角，得到的图形效果如图 8-45 所示。

（6）分别选择两个图形，在修改面板的"渲染"卷展栏中勾选"在渲染中启用"和"在视口中启用"复选框，设置合适的线条厚度，模型效果如图 8-46 所示。

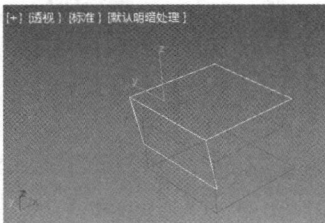
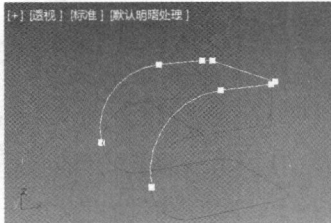
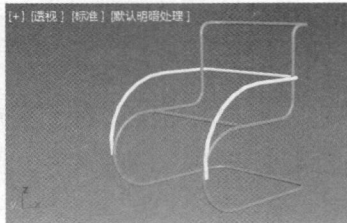

| 图 8-44 | 图 8-45 | 图 8-46 |

（7）在命令面板中单击 （修改命令面板）按钮，在修改器下拉列表中选择"编辑多边形"修改器，选择"元素"子对象，选择座面上的横梁，单击"编辑几何体"卷展栏中的 分离 □ 按钮，弹出"分离"对话框，如图 8-47 所示，单击"确定"按钮，模型效果如图 8-48 所示。

图 8-47

（8）选择分离出来的对象，对其进行等比例缩放，模型效果如图 8-49 所示。

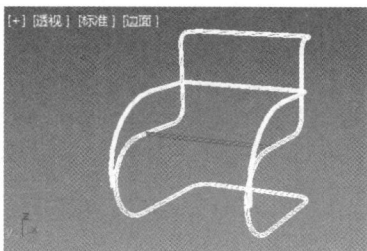

图 8-48

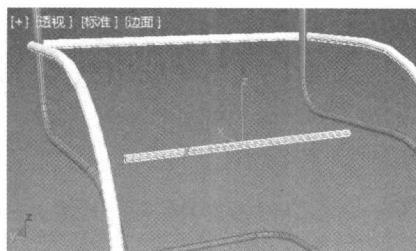

图 8-49

（9）继续在修改器列表中选择"编辑多边形"修改器，选择"多边形"子对象，在"编辑多边形"卷展栏中单击 倒角 □ 按钮和 挤出 □ 按钮，参数设置及效果分别如图 8-50 和图 8-51 所示，完成后的模型效果如图 8-52 所示。

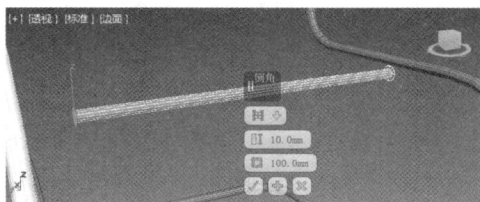

图 8-50

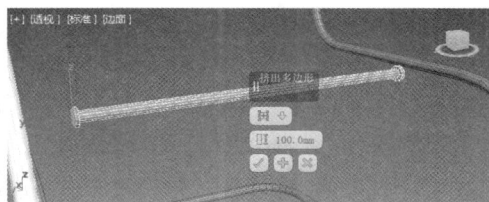

图 8-51

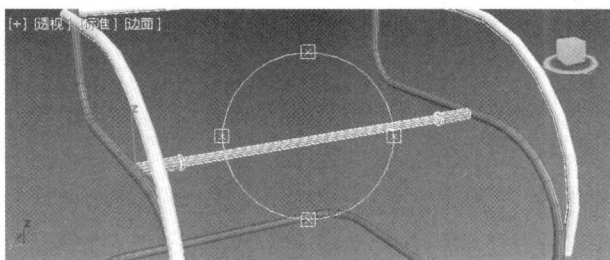

图 8-52

（10）继续选择"边"子对象，框选图 8-53 所示的全部边，单击"编辑边"卷展栏中的 连接 按钮，参数设置及模型效果如图 8-54 所示。

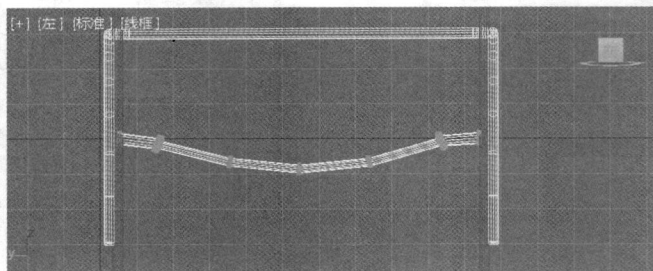

图 8-53   图 8-54

（11）选择"顶点"子对象，运用移动、旋转工具对其形状进行调整，模型效果如图 8-55 所示。

图 8-55

（12）将调整好的座面支架复制一根，调整位置，整体效果如图 8-56 所示。

（13）制作坐垫。选择扶手模型，右击，在弹出的四元菜单中选择"隐藏当前选择"命令；选择座椅支架，在"编辑多边形"修改器中选择"多边形"子对象，框选图 8-57 所示的红色部分模型。

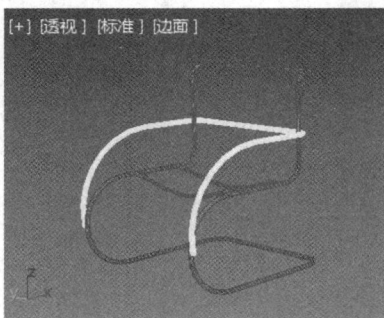

图 8-56

图 8-57

（14）在"编辑多边形"卷展栏中，单击 分离 □ 按钮，在弹出的"分离"对话框中，勾选"分离为克隆"复选框，如图 8-58 所示。对分离出来的对象更改颜色，如图 8-59 所示。

（15）选择"多边形"子对象，删除坐垫框架对应部分，如图 8-60 所示。

（16）选择"边"子对象，选择对应的边，单击"编辑边"卷展栏下面的 桥 □ 按钮，将分段设置为 4，参数设置及效果如图 8-61 所示。

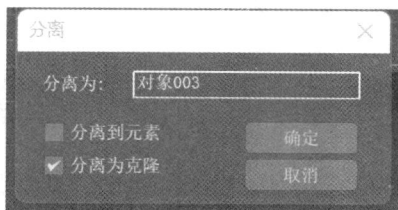

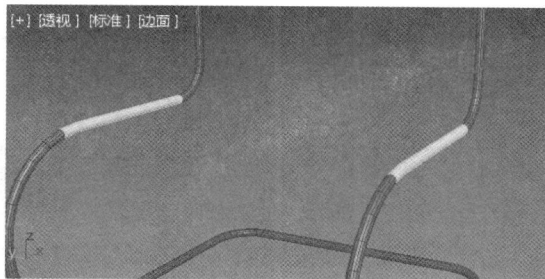

图 8-58   图 8-59

图 8-60   图 8-61

（17）选择底部的边，按住 Shift 键，沿 y 轴向右连续拖动复制 3 次，得到的效果如图 8-62 所示。选择"顶点"子对象，运用移动工具进行调整，如图 8-63 所示。椅子另一侧采用同样的方法制作。

图 8-62   图 8-63

（18）完成"编辑多边形"修改器的操作后，在修改器下拉列表中选择"壳"修改器，并为其设置合适的数量值作为壳体厚度。该步骤旨在模拟座椅表面皮革的厚实质感，效果可参考图 8-64。

（19）制作靠背。选择主体结构，选择"边"子对象，选择图 8-65 所示的边，在"编辑边"卷展栏中单击　连接　▫ 按钮，设置合适的分段，如图 8-66 所示。

（20）选择"多边形"子对象，在"编辑多边形"卷展栏中单击　分离　▫ 按钮，在弹出的"分离"对话框中勾选"分离为克隆"复选框，对分离出来的对象更改颜色，如图 8-67 所示。

（21）首先删除两个柱形相对部分的面，其次选择"边"子对象层级，精确选取上面相对应的边，然后单击"编辑边"卷展栏下面的 桥 按钮，设置分段为4，最后使用制作座面的方法完成靠背部分的建模。完成建模后，再为模型添加"壳"修改器，以模拟实际座椅的厚实质感，效果如图8-68所示。

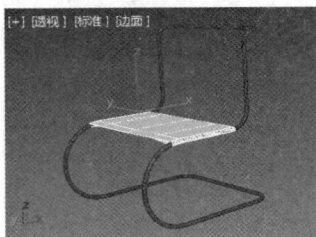

图 8-64

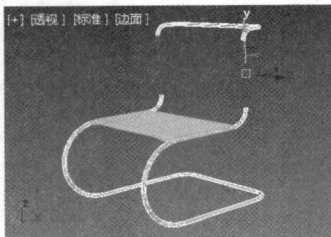

图 8-65

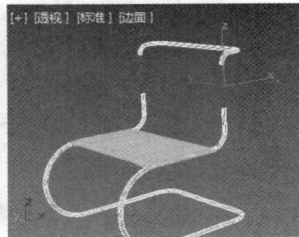

图 8-66

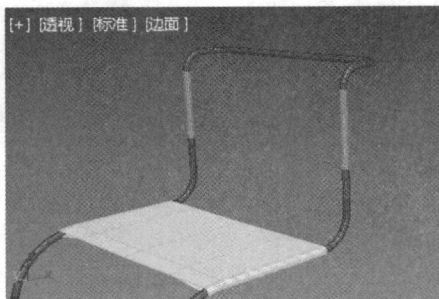

图 8-67

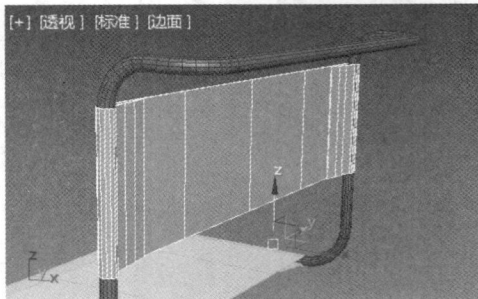

图 8-68

（22）在场景中右击，在弹出的四元菜单中选择"全部取消隐藏"命令，运用相同的方法给扶手制作手握部分，完成后的模型整体效果如图8-69所示。

（23）选择坐垫部分，右击，在弹出的四元菜单中选择"孤立当前选择"命令，模型效果如图8-70所示。

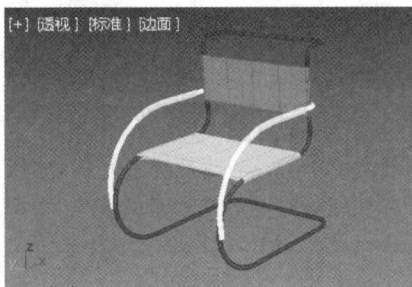

图 8-69

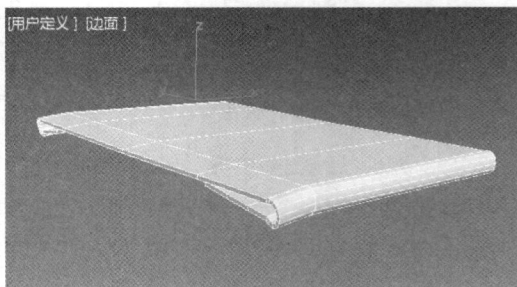

图 8-70

（24）在命令面板中单击 （修改命令面板）按钮，在下拉列表中选择"编辑多边形"修改器，选择"边"子对象，选择图8-71所示的边，单击"编辑边"卷展栏中的 切角 按钮，参数设置及模型效果如图8-72所示。

（25）按照同样的方法，依次对坐垫的其他边进行切角处理，效果如图8-73所示。

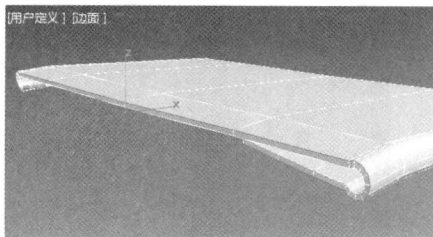

图 8-71   图 8-72

图 8-73

（26）按照上述切角制作方法，对靠背和扶手部分做最后的细节处理，模型效果分别如图 8-74 和图 8-75 所示。

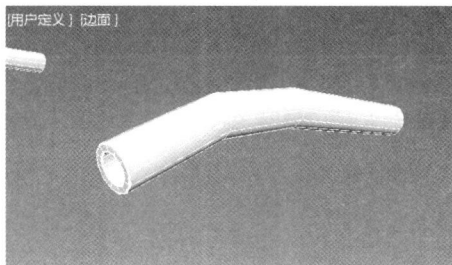

图 8-74   图 8-75

（27）选择扶手模型，在前视图中通过移动、旋转工具调整顶点的位置，使其与扶手框架完全贴合，模型效果如图 8-76 所示。

（28）在修改器下拉列表中分别给椅子各部分添加"涡轮平滑"修改器，再给模型的皮质靠背、扶手和座面部分添加"UVW 贴图"修改器，在参数面板中勾选"长方体"复选框即可。整体效果如图 8-77 所示。

（29）在命令面板中单击 — 按钮，在下拉列表中选择"标准基本体"类型，单击 平面 按钮，在视图中创建平面作为地面，场景模型效果如图 8-78 所示。

（30）在菜单栏中选择"渲染"—"环境"命令，打开"环境设置"对话框，将其背景颜色 RGB 值设置为 40、40、80，如图 8-79 所示。

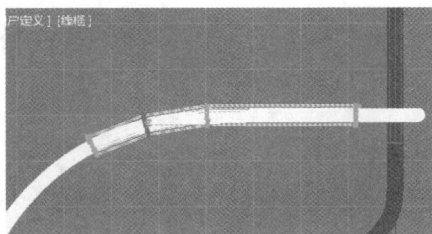

图 8-76

图 8-77

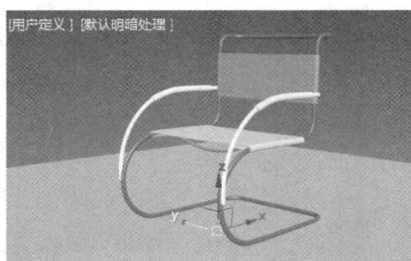

图 8-78

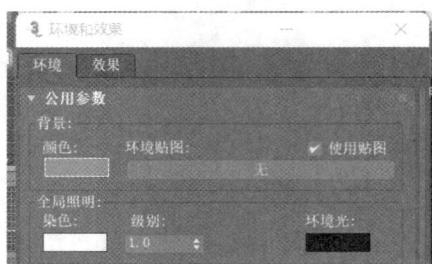

图 8-79

（31）单击工具栏中的 按钮，在"渲染设置"对话框中将渲染器设置为默认的扫描线渲染器，效果图的输出大小默认即可。

（32）单击工具栏中的 （材质编辑器）按钮，弹出"材质编辑器"对话框。在"材质编辑器"对话框中，选择一个空白材质球，在"Blinn 基本参数"卷展栏中单击"漫反射"右侧灰色小方块，在弹出的"材质/贴图浏览器"列表中双击"衰减"程序贴图。

（33）在"衰减参数"卷展栏中，单击第一个色块，将其颜色 RGB 设置为 255、150、57，单击后方的"无贴图"长条按钮，在弹出的"材质/贴图浏览器"列表中双击"位图"材质，在弹出的"选择位图图像文件"对话框中选择素材"贴图—皮革.png"，其他参数默认即可，如图 8-80 所示，得到的材质球效果如图 8-81 所示。将此材质赋予座椅的坐垫、靠背和扶手皮革部分。

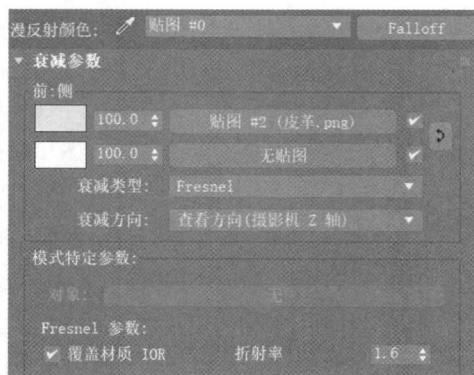

图 8-80

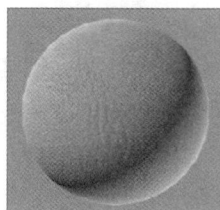

图 8-81

（34）再选择一个新的材质球，在"明暗器基本参数"卷展栏中选择"金属"类型，将"反射高光"中的参数设置为230、70，如图8-82所示。

（35）在"贴图"卷展栏中单击"反射"选项后面的 ▨▨▨▨ 无贴图 ▨▨▨▨ 按钮，在弹出的"材质/贴图浏览器"列表中双击"位图"材质，在弹出的"选择位图图像文件"对话框中选择素材"贴图—椅子.hdr"，得到的材质球效果如图8-83所示。将此材质赋予椅子的金属框架模型。

图8-82　　　　　　　　　　　　图8-83

（36）制作地面材质。再次选择一个新的材质球，单击 `Standard (Legac` 按钮，在弹出的"材质/贴图浏览器"列表中双击"无光/投影"材质。单击材质编辑器工具栏中的 ▨ （将材质指定给选定对象）按钮，将制作好的材质赋予地面。

（37）在命令面板中单击 ➕ （创建）— 💡 （灯光)按钮，在下拉列表中选择"标准"类型，单击 ▨▨ 天光 ▨▨ 按钮，在视图中创建天光，放在椅子上方适当的位置即可，参数设置如图8-84所示。

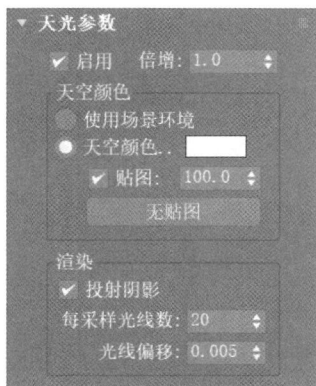

图8-84

（38）单击工具栏中的 ▨ （渲染）按钮即可得到图8-38所示的产品效果。

项目总结

本项目从功能与结构、材质与工艺及设计美学角度阐述了座椅的设计理论知识，再制作了凳子效果图和椅子效果图，帮助学生进一步理解座椅设计理论在产品设计上的体现，同时掌握软件建模、材质灯光创建和渲染输出等技能，从而将软件制作与产品设计理论融合，提升学生对座椅产品的设计能力和创新意识。以下为项目 8 的教师教学自查表和学生学习效果自查表，用来帮助教师和学生了解教授和学习本项目之后的自我满意度，查漏补缺。

项目 8 教师教学自查表

序号	我认为学生……	非常不同意 ←					→ 非常赞同			
1	了解了座椅产品的功能与结构	1	2	3	4	5	6	7	8	9	10
2	了解了座椅产品的材质与工艺	1	2	3	4	5	6	7	8	9	10
3	了解了座椅产品的设计美学	1	2	3	4	5	6	7	8	9	10
4	学会了座椅产品效果图的制作方法	1	2	3	4	5	6	7	8	9	10
5	提升了软件的综合运用能力	1	2	3	4	5	6	7	8	9	10
6	提升了人性化设计意识	1	2	3	4	5	6	7	8	9	10
7	提升了对座椅产品的设计能力	1	2	3	4	5	6	7	8	9	10
8	提升了对座椅产品的审美能力	1	2	3	4	5	6	7	8	9	10
9	提升了对座椅产品设计的创新意识	1	2	3	4	5	6	7	8	9	10
10	提升了产品设计的职业素养	1	2	3	4	5	6	7	8	9	10
11	总计										

项目 8 学生学习效果自查表

序号	我认为我……	非常不同意 ←					→ 非常赞同			
1	了解了座椅产品的功能与结构	1	2	3	4	5	6	7	8	9	10
2	了解了座椅产品的材质与工艺	1	2	3	4	5	6	7	8	9	10
3	了解了座椅产品的设计美学	1	2	3	4	5	6	7	8	9	10
4	学会了座椅产品效果图的制作方法	1	2	3	4	5	6	7	8	9	10
5	提升了软件的综合运用能力	1	2	3	4	5	6	7	8	9	10
6	提升了人性化设计意识	1	2	3	4	5	6	7	8	9	10
7	提升了对座椅产品的设计能力	1	2	3	4	5	6	7	8	9	10
8	提升了对座椅产品的审美能力	1	2	3	4	5	6	7	8	9	10
9	提升了对座椅产品设计的创新意识	1	2	3	4	5	6	7	8	9	10
10	提升了产品设计的职业素养	1	2	3	4	5	6	7	8	9	10
11	总计										

项目9 灯具产品设计及效果图制作

项目介绍

　　灯具，作为人造光源的载体，不仅承担着照亮生活、学习、工作空间的基本职责，更在营造空间艺术美感、舒缓生活压力、增添生活趣味、提升生活幸福感等方面发挥着重要作用。然而，灯具的过度使用也带来了一系列问题，如资源浪费、视力损伤及塑料、金属、玻璃等材料引发的环境污染。因此，强化照明美学意识，倡导绿色环保理念在灯具设计中尤为关键。

　　本项目包含两方面内容：第一，解析灯具的功能与结构、材质与工艺及设计美学原理，为灯具设计提供坚实的理论基础；第二，利用 3ds Max 2021 的图形绘制、编辑及挤出、车削等高级修改器技术，构建精细的灯具三维模型，并为模型赋予材质、灯光，设置摄影机，精细调整后进行渲染输出，完成高质量的灯具效果图制作。

学习目标

知识目标	了解灯具产品设计的基本原则和美学规律
技能目标	熟练运用基本原则和美学规律进行灯具产品的设计
素养目标	培养学生的创新设计能力

相关知识

1. 灯具的功能与结构

　　灯具的核心功能是确保与光源的电气连接，实现高效照明。在现代生活中，灯具更是作为美化空间的艺术品，深受市场和消费者的喜爱。灯具设计师在进行设计时需重点关注光线控制，确保光线按预期方向照射，减少光损失和眩光，同时融入能打动消费者、满足空间装饰需求的美学元素。灯具由三大核心部分组成：灯具主体、控光部件和电气部件。灯具主体包括灯座、支架、罩子等，它们不仅为光源提供机械固定和电气连接，还因应用场合的不同而呈现多样化的造型。控光部件通过不同的式样和反射板，实现对光线的精细控制，打造出各种配光效果。电气部件则负责点亮并稳定电源，如镇流器、触发器或驱动器等，确保灯具的稳定运行。图 9-1 所示为一款以树叶为创意来源的灯具，其清新自然的设计风格令人耳目一新。该灯具可灵活应用于台灯或吊灯，适应不同空间场景的需求。图 9-2 所示为一款集手电筒与台灯功能于一体的灯具，其几何分割的造型设计精巧独特，既实现了功能整合，又彰显了实用与趣味性的巧妙融合。图 9-3 所示为一款工作灯具，专为绘图工作设计，其灯头可全方位调整，展现了机械结构的工程美感。

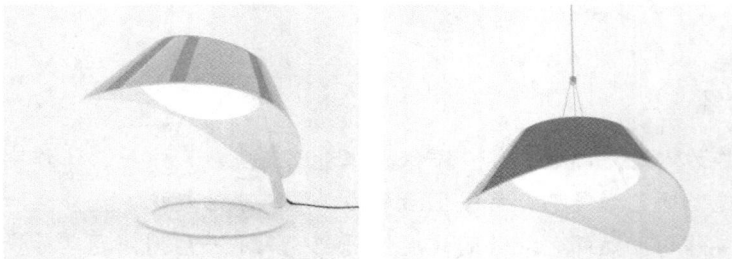

图 9-1

图 9-2

图 9-3

2. 灯具的材质与工艺

灯具的材质类型极为丰富，包括水晶灯、玻璃灯、亚克力灯、塑料灯、布艺灯、石材灯、藤艺灯等。其中水晶灯以其卓越的性能和品质尤其受欢迎。水晶灯通过在金、银、钨、钴、钯等贵金属表面形成约 9~10nm 的镀层，显著提升了材料的耐磨性、导电性能、耐腐蚀、耐高温、防氧化等特性，从而优化了产品品质。从制作工艺上看，水晶灯的制作过程主要是将石英等原材料加热至熔融状态，然后通过精确选择的模具铸压成型，最终完成组装。塑料灯罩则通常采用注塑加工的方式进行制作，而其他材质的灯具则根据其各自的材料特性，采用相应的加工方式和工艺。图 9-4 所示的灯具由布艺和木材围合而成，其几何造型与绿色环保的材质相得益彰，整体散发出淳朴而温暖的艺术气息。图 9-5 所示为包豪斯的经典灯具设计，它结合了塑料和金属材质，造型简约大方，操作使用非常人性化，体现了现代设计的精髓。

图 9-4

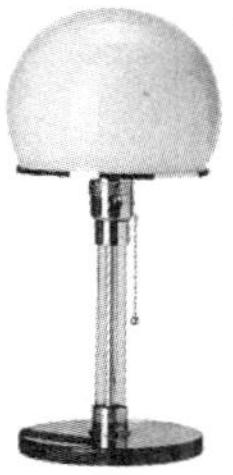

图 9-5

3. 灯具的设计美学

自灯具被发明以来，其功能不断完善，美学也趋于成熟。灯具的设计美学主要体现在以下几个方面。

（1）形态语义丰富、美好

随着人类社会的演进，不同地域和民族孕育了丰富多彩的文化。在东方，推崇"天人合一"的设计哲学，如《考工记》所述，强调设计需顺应天时地利、材质之美与工艺之巧，设计师在灯具创作中，会有意识地融入这些文化元素，以丰富灯具的形态语义；而在西方，古典主义、装饰艺术、现代主义和后现代主义等流派也交相辉映。图 9-6 所示为我国清代红木宫灯，它将中式绘画艺术与精湛的红木制作技术精巧融合。该灯具采用六边形造型，配以精致的卷纹装饰，在视觉上极具艺术美感，彰显了清代在绘画、木制结构和材料工艺上的艺术成就。图 9-7 所示为一款现代灯具设计，其灵感来源于人在运动奔跑时的形态，经过抽象处理形成动感十足的造型，富有趣味性。

图 9-6

图 9-7

（2）结构精巧、材质精美

精心设计的灯具结构，赋予了产品更多的趣味性与新奇感，而灯具的美感更源自其材质的独特韵味，加之精湛工艺带来的多样化视觉与触觉体验。图 9-8 所示为一款名为"苍鹰"的台灯，其通过巧妙的结构设计使灯罩在台灯主杆调整时始终维持水平，不仅增添了使用的趣味性，更展现了产品的机械结构之美。图 9-9 所示为一款旋转灯具，其通过结构设计允许通过弧形旋转支架灵活改变照明方向，为空间创造出多变的照明效果，彰显了设计的巧思与实用。

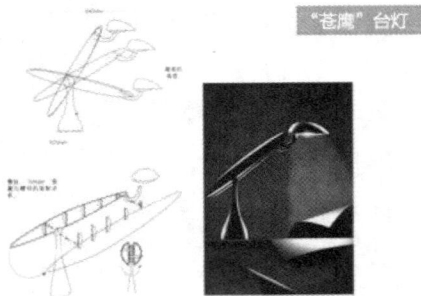

图 9-8　　　　　　　　　　图 9-9

（3）环境空间氛围的营造

灯具，作为仅次于自然光的重要人造光源，其设计不仅关乎光源的亮度，更可以通过独特的形态设计来调控光源的位置、方向和形式，与自然光和谐交融，共同营造魅力各异的光影艺术。图 9-10 所示为经典的 PH 系列灯具，其独特的叶片设计使直接光源经过二次反射后散发出柔和的灯光，为空间增添了一份宁静与舒适。图 9-11 所示为灯光墙面呈现出的放射状光影效果，犹如星光点点，营造出一种炫目动感、充满视觉冲击力的艺术氛围。

图 9-10　　　　　　　　　　图 9-11

任务实践：制作卡通灯具效果图

本任务实践是制作卡通灯具效果图，如图 9-12 所示。灯具采用仿生设计，将小动物形象抽象为几何形态的组合，主体颜色设置为红色，能够迅速抓住人们的视觉焦点。该灯具可以用于室内空间设计，让整体空间更富有童趣与动感。

微课视频　　微课视频

9.1-1　　9.1-2

图 9-12

案例制作步骤如下。

（1）启动 3ds Max 2021，在命令面板中单击 ➕（创建）— 🔵（图形）按钮，在下拉列表中选择"样条线"类型，单击 ▭圆▭ 按钮，在前视图中创建图 9-13 所示的同心圆。

（2）框选两个圆形，按住 Shift 键，沿 x 轴向右复制同心圆，得到的图形效果如图 9-14 所示。

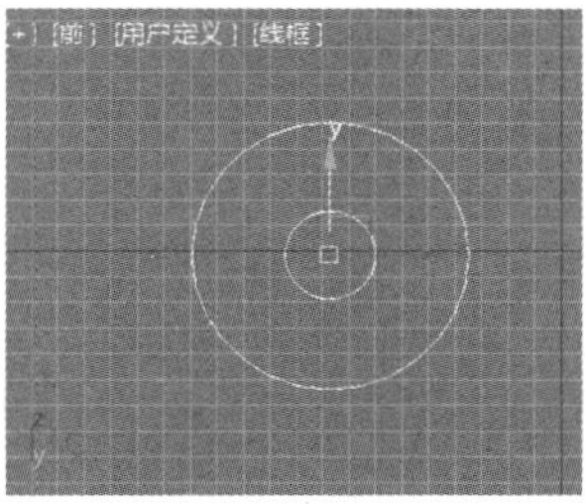

图 9-13

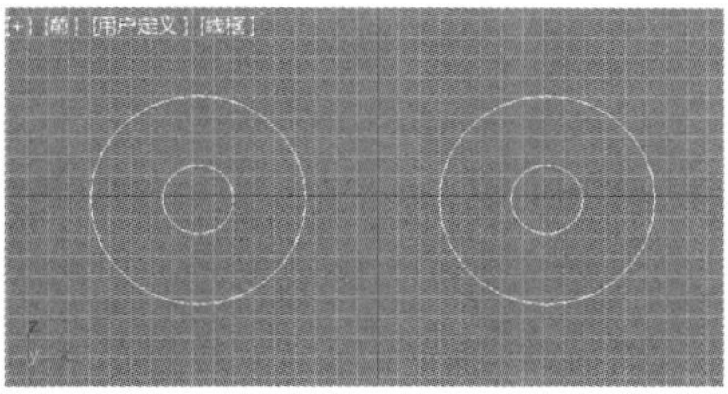

图 9-14

（3）在工具栏中右击 ▦（捕捉开关）按钮，在弹出的"栅格和捕捉设置"对话框中勾选"切点"和"顶点"复选框，如图 9-15 所示。

（4）在命令面板中单击 ➕（创建）— 🔵（图形）按钮，在下拉列表中选择"样条线"类型，单击 ▭弧▭ 按钮，在两个同心圆的大圆之间利用捕捉工具创建两段图 9-16 所示的弧线。

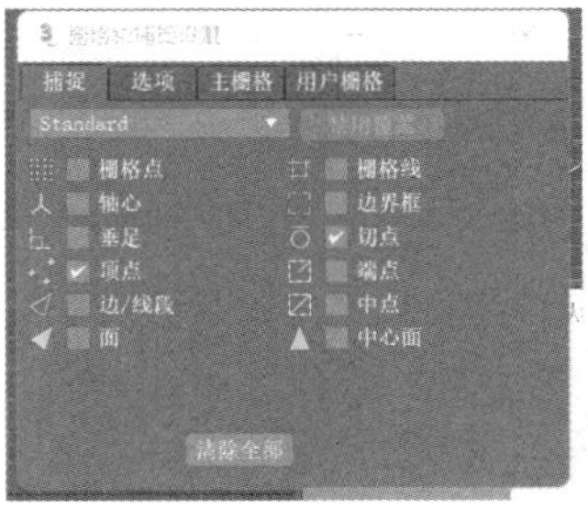

图 9-15

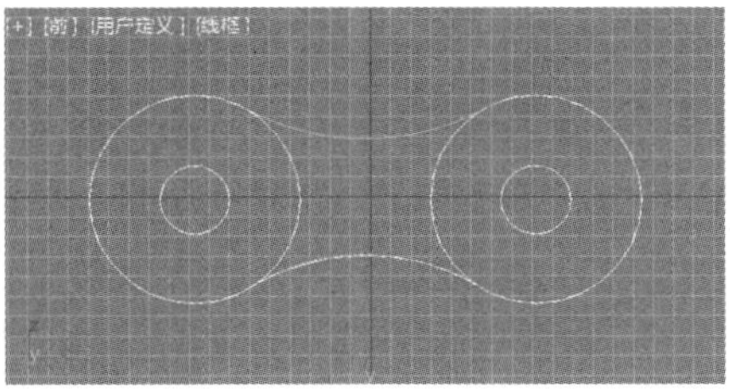

图 9-16

（5）单击 ▨（修改命令面板）按钮，在修改器下拉列表中选择"编辑样条线"修改器。单击"几何体"卷展栏下的 ▭附加▭ 按钮，在前视图中单击创建好的所有圆和弧，将它们附加为一个对象，得到的图形效果如图 9-17 所示。

（6）选择"样条线"子对象，单击"几何体"卷展栏下的 ▭修剪▭ 按钮，修剪视图中多余的线段，图形效果如图 9-18 所示。

（7）选择"顶点"子对象，框选所有顶点，单击"几何体"卷展栏下的 ▭焊接▭ 按钮，对修剪过的所有顶点进行焊接（修剪后的部分顶点会出现重影点，所以必须要进行焊接，否则会导致图形不闭合，无法实现顶点焊接等问题）。再通过移动顶点、旋转顶点贝塞尔手柄调整曲线顶点的位置和曲线曲率，调整后的图形如图 9-19 所示。

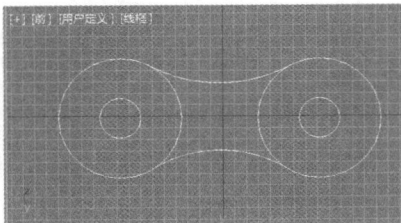

图 9-17

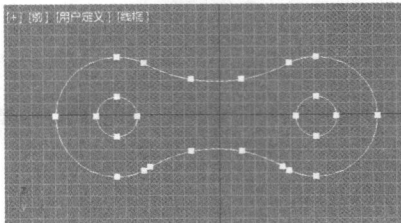

图 9-18

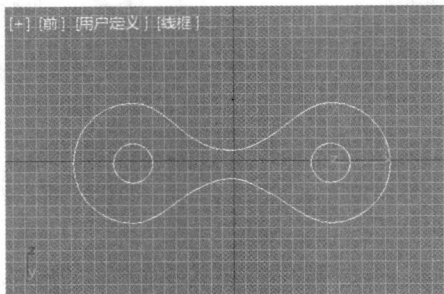

图 9-19

（8）在命令面板中单击 ⊿（修改命令面板）按钮，在修改器下拉列表中选择"挤出"修改器，在"参数"卷展栏中将"数量"设置为 150mm，如图 9-20 所示，得到的模型效果如图 9-21 所示。

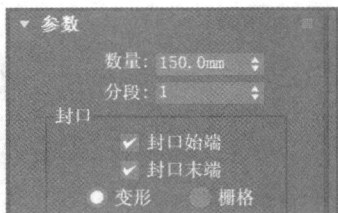

图 9-20

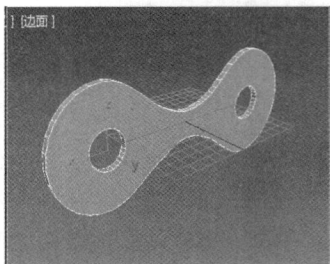

图 9-21

（9）在命令面板中单击 ➕（创建）— （图形）按钮，在下拉列表中选择"样条线"类型，单击 线 按钮，在前视图中创建图 9-22 所示的图形。

（10）在工具栏中单击 ⊿（修改命令面板）按钮，在修改器下拉列表中选择"车削"修改器，在其"参数"卷展栏中将度数设置为360°，轴的对齐方式设置为"最小"，得到的模型效果如图9-23所示。

（11）在命令面板中单击 ➕（创建）— （图形）按钮，在下拉列表中选择"样条线"类型，在场景中创建合适大小的圆、圆环、文本图形，然后使用"挤出"修改器创建灯具底部的造型，得到的模型效果如图 9-24 所示。

（12）在命令面板中单击 ➕（创建）— （几何体）按钮，在下拉列表中选择"标准基本体"类型，单击 平面 按钮，在顶视图中创建合适的灰色平面作为地面。

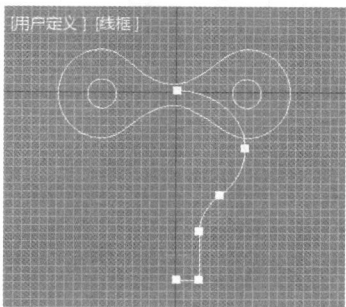
图 9-22

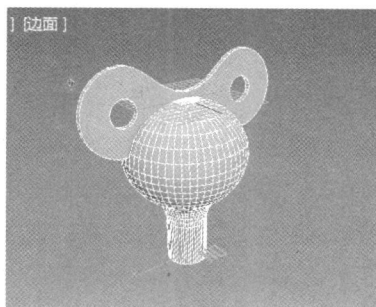
图 9-23

（13）单击工具栏中的 ▦（材质编辑器）按钮，弹出"材质编辑器"对话框，选择第一个材质球，命名为"灯罩"，单击 Standard (Legac 按钮，在弹出的"材质/贴图浏览器"中选择"VRayMtl"材质。

（14）在"基本参数"卷展栏下的"预设"下拉列表中选择"塑料"类型，将"漫反射"颜色设置为红色。选择上部灯罩，单击材质编辑器中的 ▦（将材质指定给选定对象）按钮，即可将材质赋予模型。

（15）运用同样的方法，制作模型底部的灰色塑料和黑色塑料材质，依次将材质赋予灯具底座的各个部分，得到的效果如图 9-25 所示。

图 9-24

图 9-25

（16）在命令面板中单击 ➕（创建）— ▦（灯光）按钮，在下拉列表中选择"V-Ray"类型，单击 VRay 太阳光 按钮，在场景中单击并拖动，创建图 9-26 所示的灯光。在"太阳参数"卷展栏中勾选"启用"复选框，将"强度倍增"设置为 0.01，"颜色模式"更改为"直接"，如图 9-27 所示。在"天空参数"卷展栏中，在"天空模型"下拉列表中选择"Preetham et al."类型，设置"浊度"为 5，其他参数默认即可，如图 9-28 所示。

（17）单击工具栏中的 ▦（渲染设置）按钮，打开"渲染设置"对话框，在渲染器下拉列表中选择"V-Ray"类型，在"输出大小"中设置合适的尺寸。

（18）单击工具栏中的 ▦（渲染）按钮即可得到图 9-12 所示的产品效果。

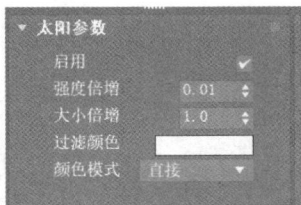

图 9-26

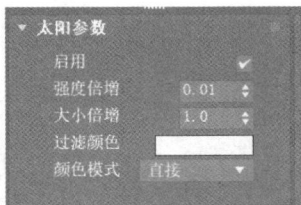

图 9-27

图 9-28

实践拓展：制作木质环保灯具效果图

本实践拓展是制作木质环保灯具效果图，如图 9-29 所示。这款灯具由木材弯曲挤压成型，配合圆形，产品形态的造型节奏感和韵律感油然而生，再配合木材的天然纹理及连接结构，整体形态设计使人感到温馨而又亲切。

图 9-29

微课视频　　微课视频

9.2-1　　　9.2-2

案例制作步骤如下。

（1）启动 3ds Max 2021，在命令面板中单击 ✚（创建）— （图形）按钮，在下拉列表中选择"样条线"类型，单击 圆 按钮，在顶视图中创建半径为 120mm 的圆。在"插值"卷展栏中勾选"自适应"复选框（软件自动控制步数，以达到曲线平滑效果），如图 9-30 所示。

（2）在工具栏中单击 （修改命令面板）按钮，在修改器下拉列表中选择"编辑样条线"修改器，选择"样条线"子对象，在"几何体"卷展栏中的 ▓▓▓ 轮廓 ▓▓▓ 文本框中输入 5，得到的效果如图 9-31 所示。再次单击"样条线"退出子对象。

图 9-30

图 9-31

（3）在修改器下拉列表中选择"挤出"修改器，在"参数"卷展栏中将挤出数量设置为 40mm，模型效果如图 9-32 所示。

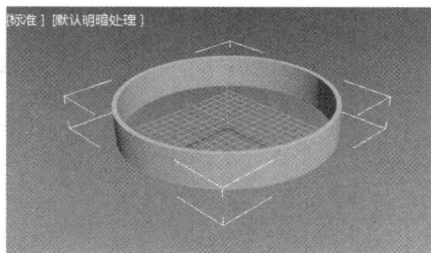

图 9-32

（4）按住 Shift 键，运用移动工具将模型沿 z 轴向上移动并复制，在工具栏中右击 ▓ 按钮，在弹出的"缩放变换输入"对话框中将 X、Y 均设为 85，如图 9-33 所示，得到的模型效果如图 9-34 所示。

图 9-33

图 9-34

（5）运用同样的方法复制出其他 3 个结构部分，效果如图 9-35 所示。

（6）在命令面板中单击 （创建）— （图形）按钮，在下拉列表中选择"样条线"类型，单击 ▓▓ 线 ▓▓ 按钮，在前视图中创建图 9-36 所示的图形。

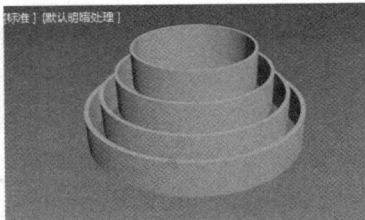
图 9-35

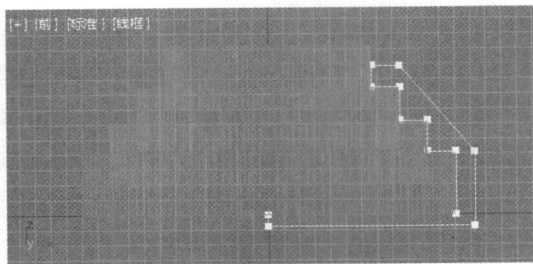
图 9-36

（7）在工具栏中单击 🖉（修改命令面板）按钮，在修改器下拉列表中选择"挤出"修改器，在"参数"卷展栏中，将挤出数量设为 8mm。

（8）继续在修改器下拉列表中选择"可编辑多边形"修改器，框选所有"边"子对象，在"编辑边"卷展栏中单击 ▊ 切角 ▊ 按钮，参数设置及模型效果如图 9-37 所示。

（9）在命令面板中单击 ▊（层次）—"轴"选项卡，在"调整轴"卷展栏中单击 ▊ 仅影响轴 ▊ 按钮，运用移动工具将对象的轴移动到模型左侧，如图 9-38 所示。

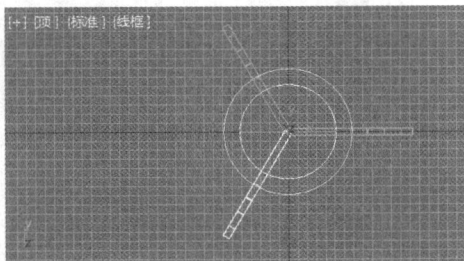
图 9-37

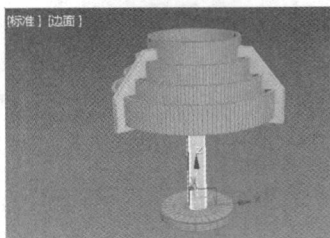
图 9-38

（10）在工具栏中，打开角度捕捉开关 🔄，按住 Shift 键，运用旋转工具将模型逆时针旋转 120°的同时再复制 2 个，得到的效果如图 9-39 所示。

（11）在命令面板中单击 ➕（创建）—◙（几何体）按钮，在下拉列表中选择"扩展基本体"类型，单击 ▊ 切角圆柱体 ▊ 按钮，创建半径为 60mm、高度为 15mm、圆角为 2mm 的切角圆柱体作为灯具的底座。单击 ▊ 切角长方体 ▊ 按钮，创建长度为 25mm、宽度为 25mm、高度为 180mm、圆角为 2mm 的切角长方体作为灯具的支架，完成后的模型效果如图 9-40 所示。

图 9-39

图 9-40

（12）单击工具栏中的按钮，弹出"材质编辑器"对话框，选择第一个材质球，命名为"灯具"。单击"Blinn 基本参数"卷展栏中"漫反射"后面的小方块，在弹出的"材质/贴图浏览器"中双击"位图"材质，在弹出的"选择位图图像文件"对话框中选择素材"贴图—木材 04.jpg"，将反射高光中的高光级别和光泽度分别设置为 40、20，如图 9-41 所示。

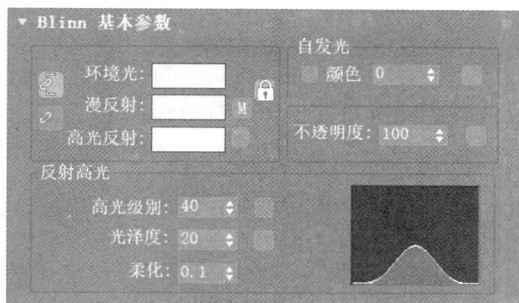

图 9-41

（13）选择灯具的底座，在命令面板中单击按钮，在修改器列表中给模型添加"UVW 贴图"修改器，在"参数"卷展栏中选中"长方体"，如图 9-42 所示。选择灯具底座模型，单击按钮，效果如图 9-43 所示。

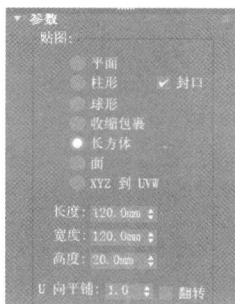

图 9-42

图 9-43

（14）参照如上方法，选择灯具中间的长方体支撑和三叉结构，在命令面板中单击按钮，在修改器下拉列表中给模型添加"UVW 贴图"修改器，选中"参数"卷展栏中的"长方体"，单击按钮，得到的模型效果如图 9-44 所示。

（15）在材质编辑器中，单击并拖动"灯具主体"材质球，将其属性复制给一个空白材质球，命名为"灯罩"。在"Blinn 基本参数"卷展栏中，将"不透明度"设置为 80。在命令面板中单击按钮，在修改器下拉列表中给模型添加"UVW 贴图"修改器，单击按钮，得到的效果如图 9-45 所示。

图 9-44

图 9-45

（16）在命令面板中单击 ➕（创建）—🔘（几何体）按钮，在下拉列表中选择"标准基本体"类型，单击 平面 按钮，分别在顶视图和前视图中创建平面作为灯具的桌面和墙面，效果如图 9-46 所示。

（17）在命令面板中单击 ➕（创建）—💡（灯光）按钮，在下拉列表中选择"标准"类型，单击 泛光 按钮，在灯罩的中心创建泛光灯，在"强度/颜色/衰减"中将

图 9-46

"倍增"设置为 5。单击 目标聚光灯 按钮，在灯具左上方创建目标聚光灯，在"强度/颜色/衰减"中将"倍增"设置为 1，位置如图 9-47 所示。

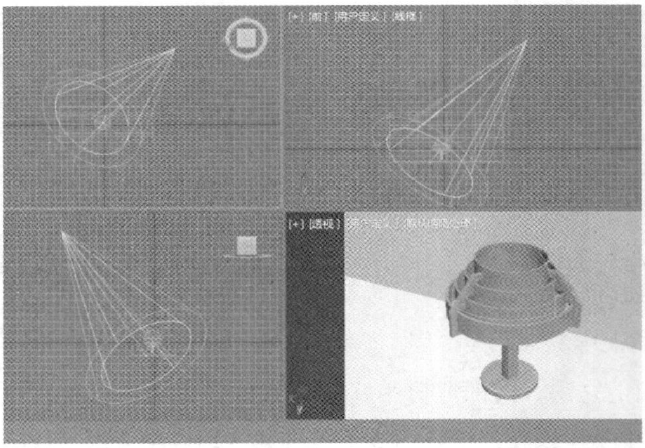

图 9-47

（18）在工具栏中单击 🔘（渲染设置）按钮，在"公用"选项卡的"输出大小"文本框中输入合适的大小。单击工具栏中的 🫖（渲染）按钮，即可得到图 9-29 所示的灯具效果图。

项目总结

本项目从功能与结构、材质与工艺及设计美学角度阐述了灯具的设计理论知识，再制作了两个灯具效果图，帮助学生进一步理解灯具设计理论在产品设计上的体现，同时掌握软件建模、材质灯光创建和渲染输出等技能，从而将软件制作与产品设计理论融合，提升学生对灯具产品的设计能力和创新意识。以下为项目 9 的教师教学自查表和学生学习效果自查表，用来帮助教师和学生了解教授和学习本项目之后的自我满意度，查漏补缺。

项目 9 教师教学自查表

序号	我认为学生……	非常不同意									非常赞同
1	了解了灯具产品的功能与结构	1	2	3	4	5	6	7	8	9	10
2	了解了灯具产品的材质与工艺	1	2	3	4	5	6	7	8	9	10
3	了解了灯具产品的设计美学	1	2	3	4	5	6	7	8	9	10
4	学会了灯具产品效果图的制作方法	1	2	3	4	5	6	7	8	9	10
5	提升了软件的综合运用能力	1	2	3	4	5	6	7	8	9	10
6	提升了人性化设计意识	1	2	3	4	5	6	7	8	9	10
7	提升了对灯具产品的设计能力	1	2	3	4	5	6	7	8	9	10
8	提升了对灯具产品的审美能力	1	2	3	4	5	6	7	8	9	10
9	提升了对灯具产品设计的创新意识	1	2	3	4	5	6	7	8	9	10
10	提升了产品设计的职业素养	1	2	3	4	5	6	7	8	9	10
11	总计										

项目 9 学生学习效果自查表

序号	我认为我……	非常不同意									非常赞同
1	了解了灯具产品的功能与结构	1	2	3	4	5	6	7	8	9	10
2	了解了灯具产品的材质与工艺	1	2	3	4	5	6	7	8	9	10
3	了解了灯具产品的设计美学	1	2	3	4	5	6	7	8	9	10
4	学会了灯具产品效果图的制作方法	1	2	3	4	5	6	7	8	9	10
5	提升了软件的综合运用能力	1	2	3	4	5	6	7	8	9	10
6	提升了人性化设计意识	1	2	3	4	5	6	7	8	9	10
7	提升了对灯具产品的设计能力	1	2	3	4	5	6	7	8	9	10
8	提升了对灯具产品的审美能力	1	2	3	4	5	6	7	8	9	10
9	提升了对灯具产品设计的创新意识	1	2	3	4	5	6	7	8	9	10
10	提升了产品设计的职业素养	1	2	3	4	5	6	7	8	9	10
11	总计										

项目 10　玩具产品设计及效果图制作

项目介绍

游戏作为愉悦身心、与人互动的活动，深受人们的喜爱，而玩具在游戏中扮演着非常重要的角色。对儿童而言，玩具是儿童认识世界、探索世界的有效手段，玩玩具的过程可以促进儿童身体动作协调及运动技能的发展，激发儿童学习兴趣以及促进儿童良好社会生活习惯的养成。对成人而言，玩具则有助于减压，也是休闲娱乐的一种常见工具。

本项目包含两部分内容，一是从玩具产品的功能与结构、材质与工艺及设计美学 3 个方面讲解玩具产品的设计理论知识；二是先运用 3ds Max 2021 中的图形绘制与编辑功能，配合挤出、倒角、可编辑多边形等修改器完成玩具三维模型的制作，再给玩具模型制作材质灯光、创建摄影机，并调整到满意的视觉效果，最后渲染输出，从而完成玩具效果图的制作。

学习目标

知识目标	了解设计玩具产品的基本原则和美学规律
技能目标	熟练运用基本原则和美学规律进行玩具产品的设计
素养目标	培养学生的创新设计能力

相关知识

1. 玩具的功能与结构

儿童玩具产品的功能是以促进儿童智力开发、体能锻炼为目标，将自然知识和社会知识以趣味化、互动性的方式有效地融入儿童玩具的产品设计之中。而针对青年人、中年人、老年人的玩具则更多从情感互动、身体锻炼、个人兴趣爱好角度出发去构建玩具的功能，例如围棋、象棋等深受国人喜爱的休闲娱乐玩具。现代常见玩具可以分为含芯片的智能玩具和不含芯片的传统玩具。含有电子芯片的智能产品，例如图 10-1 所示的儿童智能机器人，可以有效消除家长关于智能手机和游戏会对儿童视力和心智造成伤害的顾虑，而且儿童机器人非常智能，可以跟儿童进行实时沟通，还可以进行唱跳等多种游戏娱乐项目。图 10-2 为我国传统的榫卯结构玩具，可以锻炼儿童的空间观察能力、结构分析能力及结构构造能力。

图 10-1

图 10-2

2. 玩具的材质与工艺

玩具材质包括木材、塑料、毛绒、树脂、金属、纸质、合金等。其中，木材因为其天然无毒无害的特性深受家长喜爱；塑料因其艳丽的色彩、百变的造型而受到市场青睐；毛绒玩具则是一种老少皆宜的玩具，受到各个年龄段人群的喜爱。图 10-3 所示是一款仿真警车儿童玩具，采用塑料材质，可以满足儿童对交通工具及交通规则的探索欲望和职业兴趣发展；图 10-4 所示是一款儿童木马玩具，采用金属和皮质材质，整体造型简约大方，可以满足儿童骑乘摇摆的娱乐体验。

图 10-3

图 10-4

3. 玩具的设计美学

儿童玩具的美学体现在对儿童天性的释放，对儿童成长的智力开发、运动技能培养等方面。例如，各种各样的积木可满足儿童搭建兴趣的需要和空间思维的培养，仿真交通运输车玩具可满足儿童对社会交通规则的认知欲望。成年人对玩具的美学需求则体现在玩具能够释放工作生活压力和愉悦身心，因此这类玩具需要以轻松诙谐的方式或以精巧的结构来增加趣味性和情感体验性。图 10-5 所示为瑞士 Neaf 公司开发的积木类玩具，通过玩具造型的不断变化来锻炼积木搭建技巧和色彩感知能力；图 10-6 所示的亲子双人秋千可以让儿童与父母共同游戏娱乐，能增进家庭亲情的游戏体验性；图 10-7 所示的猫头鹰抽象造型系列木质玩具造型极简，边缘光滑，既具创意又安全系数高。

图 10-5　　　　　　　　　　　　图 10-6

图 10-7

任务实践：制作儿童玩具飞机效果图

本任务实践是制作儿童玩具飞机效果图，如图 10-8 所示。玩具飞机是儿童最喜爱的模型玩具之一，这款玩具飞机采用木材拼搭的设计手法，可以让儿童简单理解飞机的组成结构以及工作原理，既安全环保又锻炼了儿童的动手能力和空间思维能力。

微课视频

10.1-1

微课视频

10.1-2

图 10-8

案例制作步骤如下。

（1）启动 3ds Max 2021，在命令面板中单击 ➕（创建）—⦿（几何体）按钮，在下拉列表中选择"扩展基本体"类型，单击 切角长方体 按钮，在视图中创建切角长方体，参数设置如图 10-9 所示，得到的模型效果如图 10-10 所示。

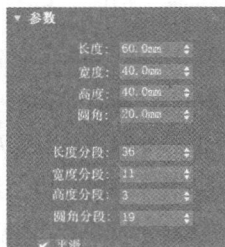

图 10-9

图 10-10

（2）在命令面板中单击 **十** （创建）— **⊙** （几何体）按钮，在下拉列表中选择"标准基本体"类型，单击 几何球体 按钮，在视图中创建半径为 12mm 的球体，摆放位置及效果如图 10-11 所示。

（3）选择切角长方体，在命令面板中单击 **十** （创建）— **⊙** （几何体）按钮，在下拉列表中选择"复合对象"类型。单击 布尔 按钮，在"运算对象参数"卷展栏中单击 差集 按钮，如图10-12所示。在"布尔参数"卷展栏中单击 添加运算对象 按钮，如图10-13所示，再单击视图中的几何球体，得到的模型效果如图10-14所示。

（4）在命令面板中单击 **十** （创建）— **⊙** （几何体）按钮，在下拉列表中选择"标准基本体"类型，单击 几何球体 按钮，在视图中创建半径为 11.5mm 的球体，球体摆放位置及效果如图 10-15 所示。

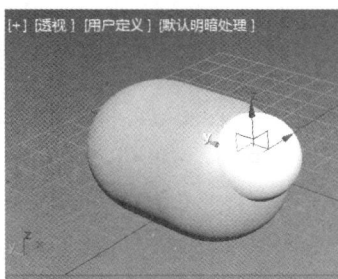

图 10-11　　　　　　　　　　　　　　　图 10-12

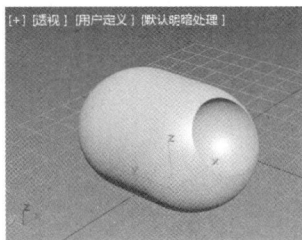

图 10-13　　　　　　　图 10-14　　　　　　　图 10-15

（5）在命令面板中单击 **十** （创建）— **⊡** （图形）按钮，在下拉列表中选择"样条线"类型，单击 矩形 按钮，在顶视图中创建矩形，参数设置如图 10-16 所示，得到的模型效果如图 10-17 所示。

（6）在命令面板中单击 **⬚** （修改命令面板）按钮，在修改器下拉列表中选择"倒角"修改器，参数设置如图 10-18 所示，得到的模型效果如图 10-19 所示。

（7）在命令面板中单击 **十** （创建）— **⊙** （几何体）按钮，在下拉列表中选择"标准基本体"类型，单击 圆柱体 按钮，在视图中创建圆柱体，参数设置如图 10-20 所示，模型摆放位置及效果如图 10-21 所示。

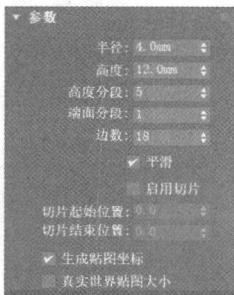

图 10-16

图 10-17

图 10-18

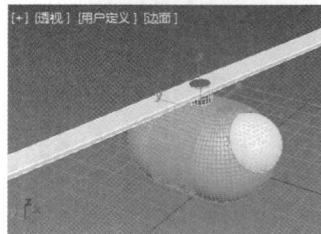

图 10-19

图 10-20

图 10-21

（8）在命令面板中单击 ➕（创建）— ⬛（图形）按钮，在下拉列表中选择"样条线"类型，单击 ▭ 矩形 按钮，在左视图中创建矩形，参数设置如图 10-22 所示，得到的模型效果如图 10-23 所示。

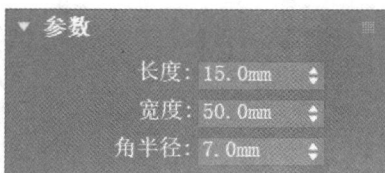

图 10-22

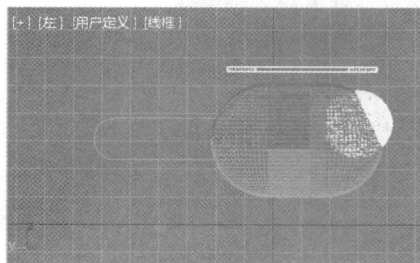

图 10-23

（9）在命令面板中单击 ⬛（修改命令面板）按钮，在修改器下拉列表中选择"倒角"修改器，参数设置如图 10-24 所示，得到的模型效果如图 10-25 所示。

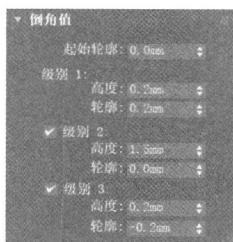

图 10-24

图 10-25

（10）在命令面板中单击 ✚（创建）— ◎（图形）按钮，在下拉列表中选择"样条线"类型，单击 矩形 按钮，在左视图中创建矩形，参数设置如图 10-26 所示。在命令面板中单击 ◢（修改命令面板）按钮，在修改器下拉列表中选择"倒角"修改器，参数设置如图 10-27 所示，得到的模型效果如图 10-28 所示。

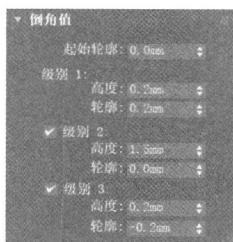

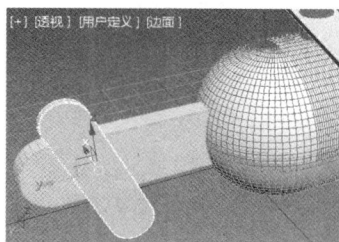

图 10-26

图 10-27

图 10-28

（11）在命令面板中单击 ✚（创建）— ◉（几何体）按钮，在下拉列表中选择"标准基本体"类型，单击 圆柱体 按钮，在视图中创建圆柱体，参数设置如图 10-29 所示，圆柱体模型摆放位置及效果如图 10-30 所示。

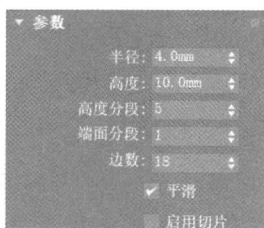

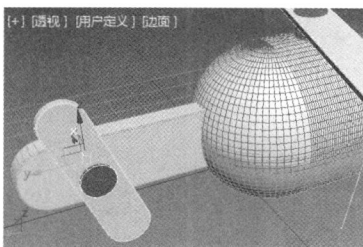

图 10-29

图 10-30

（12）在命令面板中单击 ✚（创建）— ◎（图形）按钮，在下拉列表中选择"样条线"类型，单击 矩形 按钮，在顶视图中创建矩形，参数设置如图 10-31 所示，得到的模型效果如图 10-32 所示。

（13）在命令面板中单击 ◢（修改命令面板）按钮，在修改器下拉列表中选择"倒角"

修改器，参数设置如图 10-33 所示，得到的模型效果如图 10-34 所示。

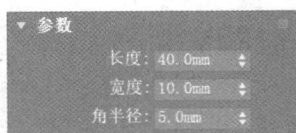

图 10-31

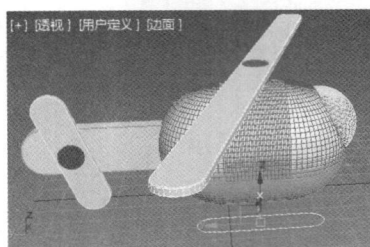

图 10-32

图 10-33

图 10-34

（14）在命令面板中单击 ➕（创建）— ◉（几何体）按钮，在下拉列表中选择"标准基本体"类型，单击 ▇圆柱体▇ 按钮，在视图中创建圆柱体，参数设置如图 10-35 所示，圆柱体模型摆放位置及效果如图 10-36 所示。

图 10-35

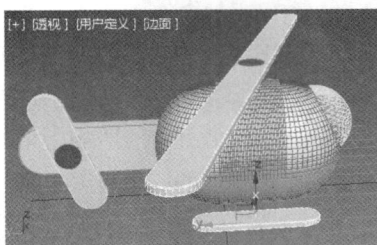

图 10-36

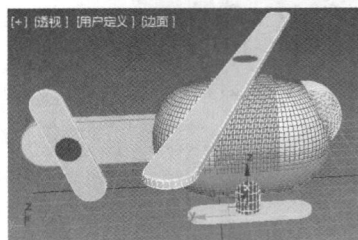

（15）选择底部的圆柱体和矩形实体，按住 Shift 键，将其向另外一边移动并复制。运用旋转工具，调整飞机尾部和顶部长条螺旋桨的位置，得到的效果如图 10-37 所示。

（16）在命令面板中单击 ➕（创建）— ◉（几何体）按钮，在下拉列表中选择"标准基本体"类型，单击 ▇ 平面 ▇ 按钮，在顶视图中创建平面作为地面，效果如图 10-38 所示。

（17）在命令面板中单击 ▨（修改命令面板）按钮，在修改器下拉列表中给模型每个部分添加"UVW 贴图"修改器，在"参数"卷展栏中选中"长方体"。

（18）在工具栏中单击 🖼（渲染设置）按钮，在"渲染器设置"对话框中选择"V-Ray"渲染器，在"公用"选项卡中的"输出大小"中设置合适的渲染图像尺寸。

图 10-37

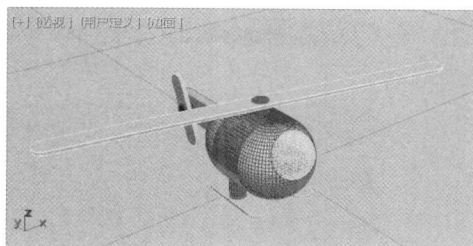

图 10-38

（19）单击工具栏中的▦（材质编辑器）按钮，弹出"材质编辑器"对话框，选择第一个材质球，命名为"飞机主体"。单击 Standard (Legac 按钮，在弹出的"材质/贴图浏览器"中双击"物理材质"，在"预设"卷展栏的下拉列表中选择"缎子般油漆的木材"类型。在"基本参数"卷展栏中将"基础颜色和反射"设置为 0.7，如图 10-39 所示，材质球效果如图 10-40 所示。选择除前面球体外的所有模型，单击▦（将材质指定给选定对象）按钮完成操作。

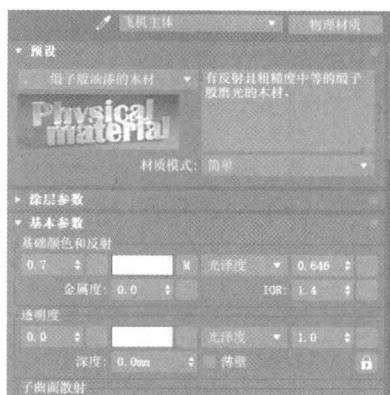

图 10-39

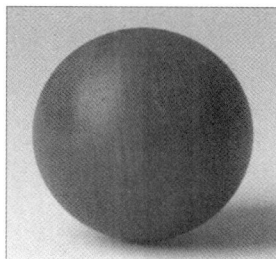

图 10-40

（20）选择一个新的材质球，命名为"飞机头"。单击 Standard (Legac 按钮，在弹出的"材质/贴图浏览器"中双击"物理材质"，在"预设"卷展栏的下拉列表中选择"冻结玻璃（物理）"类型，将"基本参数"卷展栏中的"透明度"设置为 1，"散射颜色"设置为黑色，如图 10-41 所示，材质球效果如图 10-42 所示。选择飞机模型前面的球体，单击▦（将材质指定给选定对象）按钮完成操作。

（21）选择一个新的材质球，将其"漫反射"色块颜色更改为淡蓝色，选择地面，单击▦（将材质指定给选定对象）按钮完成操作。

（22）在命令面板中单击➕（创建）—▣（摄影机）按钮，在下拉列表中选择"标准"类型，单击 物理 按钮，为模型添加物理摄影机，摄影机位置及摄影机视图如图 10-43 所示。

（23）在命令面板中单击➕（创建）—💡（灯光）按钮，在下拉列表中选择"V-Ray"

类型，单击 VRay 灯光 按钮，为场景添加灯光，灯光位置如图 10-44 所示，灯光参数设置如图 10-45 所示。

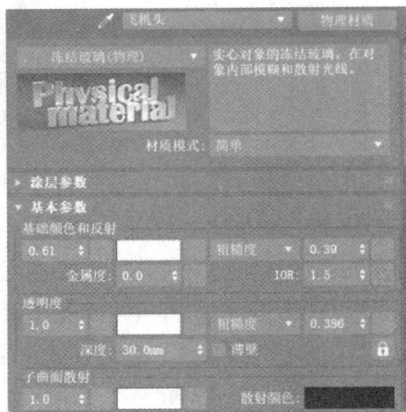
图 10-41

图 10-42

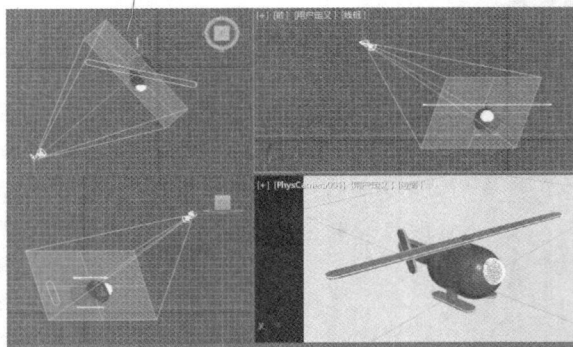
图 10-43

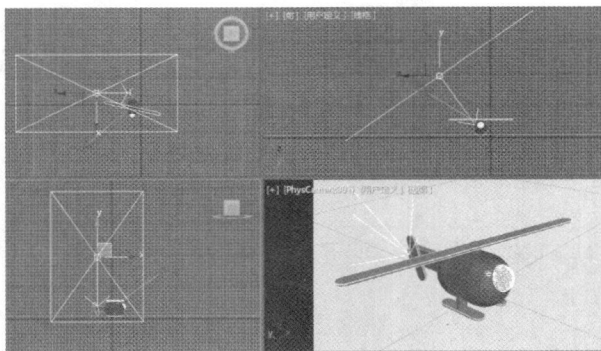
图 10-44

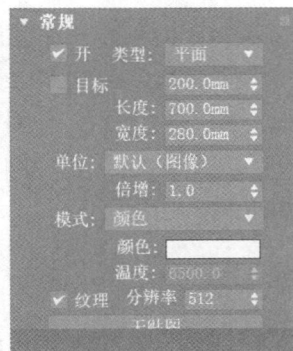
图 10-45

（24）单击工具栏 ◎ （渲染）按钮，即可渲染出儿童玩具飞机模型效果图，如图 10-8 所示。

实践拓展：制作榫卯结构积木效果图

本实践拓展是制作榫卯结构的积木效果图，如图 10-46 所示。榫卯结构的玩具产品让学生在制作效果图的过程中了解我国传统的木材榫卯结构，弘扬中华优秀木工技艺，提升学生的民族文化自豪感。

微课视频
10.2-1

微课视频
10.2-2

微课视频
10.2-3

微课视频
10.2-4

图 10-46

案例制作步骤如下。

（1）启动 3ds Max 2021，在命令面板中单击 ✚（创建）—◉（几何体）按钮，在下拉列表中选择"标准基本体"类型，单击 长方体 按钮，在透视图中创建长度为 100mm、宽度为 100mm、高度为 20mm、分段均为 1 的长方体模型。

（2）在命令面板中单击 🞂（修改命令面板）按钮，在修改器下拉列表中选择"可编辑多边形"修改器。选择"多边形"子对象，选择模型顶部的多边形面，在"编辑多边形"卷展栏中单击 倒角 ▫ 按钮，给模型上表面倒角，参数设置及模型效果如图 10-47 所示。退出编辑状态。

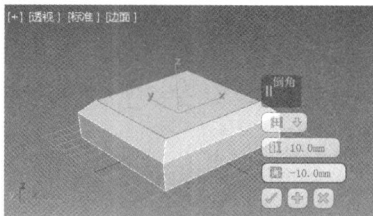

图 10-47

（3）按住 Shift 键，在前视图中沿 y 轴向上复制模型。右击 ▣（缩放）按钮，在弹出的"缩放变换输入"对话框中设置缩放比例参数，如图 10-48 所示，得到的模型效果如图 10-49 所示。

图 10-48

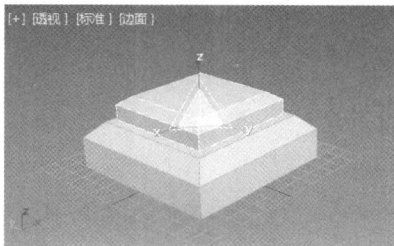

图 10-49

（4）在命令面板中单击 ➕（创建）— ⬛（几何体）按钮，在下拉列表中选择"标准基本体"类型，单击 长方体 按钮，在透视图中创建长度为 40mm、宽度为 40mm、高度为 6mm、分段均为 1 的长方体模型。

（5）在命令面板中单击 ✎（修改命令面板）按钮，在修改器下拉列表中选择"编辑多边形"修改器。选择"多边形"子对象，选择模型底部的多边形，在"编辑多边形"卷展栏中单击 倒角 ◻ 按钮，参数设置及效果如图 10-50 所示。

图 10-50

（6）选择"边"子对象，选择对应的边，在"编辑边"卷展栏中单击 连接 ◻ 按钮，参数设置及模型效果如图 10-51 所示。再加选上表面与新增加的两条连线平行的两条边，单击 连接 ◻ 按钮，参数设置默认即可，得到的模型效果如图 10-52 所示。

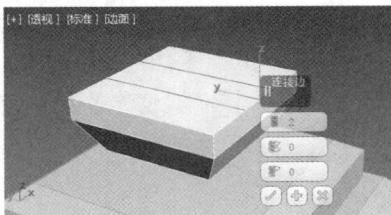

图 10-51

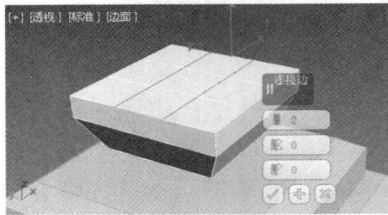

图 10-52

（7）选择"多边形"子对象，同时选择 4 个顶角的多边形面，在"编辑多边形"卷展栏中单击 挤出 ◻ 按钮，参数设置及模型效果如图 10-53 所示，运用对齐工具将模型与底部中心对齐。

（8）在命令面板中单击 ➕（创建）— ⬛（图形）按钮，在下拉列表中选择"样条线"类型，单击 线 按钮，在前视图中绘制图 10-54 所示的图形。

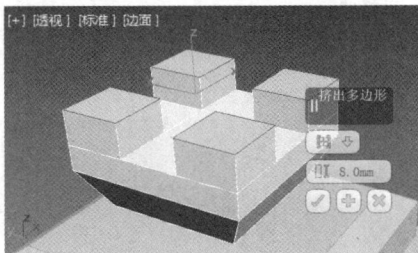

图 10-53

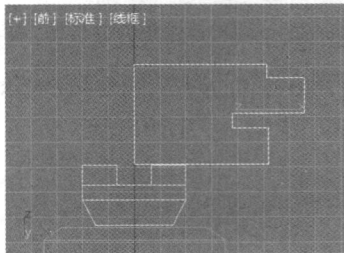

图 10-54

（9）在工具栏中单击 ✎（修改命令面板）按钮，选择"顶点"子对象，如图 10-55 所示，分别选择曲线右侧的顶点，在"几何体"卷展栏中单击 圆角 按钮，逐个向上拖动直到圆角最大化，曲线效果如图 10-56 所示。

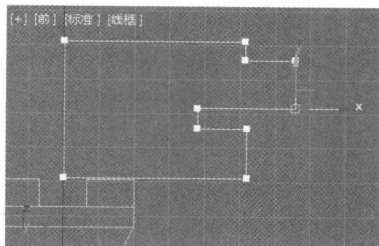

图 10-55

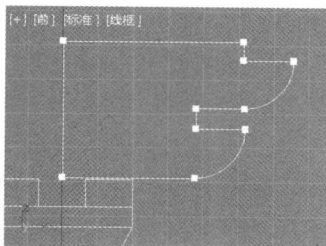

图 10-56

（10）单击"顶点"子对象，退出顶点编辑。在修改器下拉列表中选择"挤出"修改器，在"参数"卷展栏中设置"数量"为 12mm，"分段"为 1，得到的模型效果如图 10-57 所示。

（11）在修改器下拉列表中选择"对称"修改器，在"参数"卷展栏的"镜像轴"中选中 X 选项，如图 10-58 所示，在修改器中选择"镜像"子对象，在视图中移动镜像轴至模型的左端点，得到的模型效果如图 10-59 所示。

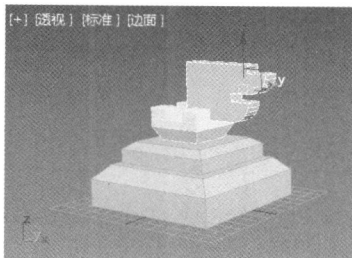

图 10-57

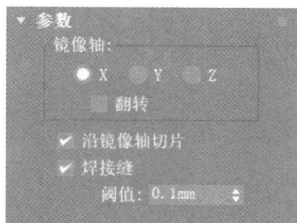

图 10-58

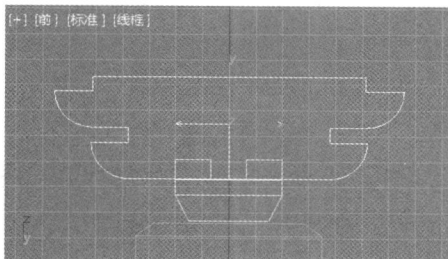

图 10-59

（12）在命令面板中单击 ➕（创建）—⬛（几何体）按钮，在下拉列表中选择"标准基本体"类型，单击 ▉平面▉ 按钮，创建长度为 12mm、宽度为 12mm、分段为 1 的平面，得到的模型效果如图 10-60 所示。

（13）在命令面板中单击 ▨（修改命令面板）按钮，在修改器下拉列表中选择"编辑多边形"修改器，选择"多边形"子对象，在"编辑多边形"卷展栏中单击 ▉倒角▉ ⬛按钮，参数设置及模型效果如图 10-61 所示，再单击 ▉挤出▉ ⬛按钮，参数设置及模型效果如图 10-62 所示。

图 10-60

（14）在场景中单击鼠标右键，在弹出的四元菜单中选择"孤立当前对象"命令。选择"顶点"子对象，选择图 10-63 所示的一圈点，单击 ⬛（缩放）按钮，在透视图中沿 y 轴正方向缩放顶点，得到的模型效果如图 10-64 所示。

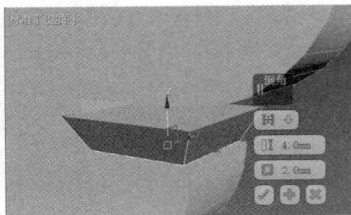

图 10-61

图 10-62

图 10-63

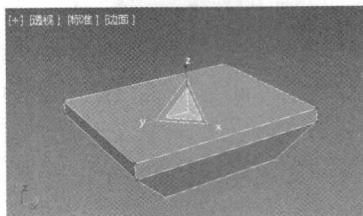

图 10-64

（15）选择"边"子对象，同时选择前后两条边，单击"编辑边"卷展栏中的 连接 按钮，参数设置及模型效果如图 10-65 所示。在场景中右击，在弹出的四元菜单中选择"结束隔离"命令。

（16）选择"多边形"子对象，选择模型两侧的多边形，单击"编辑多边形"卷展栏中的 挤出 按钮，参数设置及模型效果如图 10-66 所示。复制一个模型实例放在左侧，效果如图 10-67 所示。

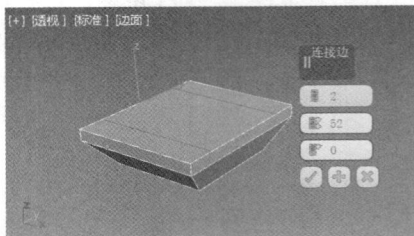

图 10-65

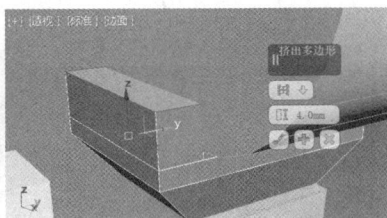

图 10-66

图 10-67

（17）参照前面的图形，运用直线命令绘制图形，如图 10-68 所示。

（18）在命令面板中单击 （修改命令面板）按钮，在修改器下拉列表中选择"挤出"修改器，在"参数"卷展栏中将"数值"设置为 12mm。模型效果如图 10-69 所示。

（19）选择支撑结构，按住 Shift 键，单击 （移动）按钮移动复制，模型效果如图 10-70 所示。注意在弹出的"克隆选项"对话框的"对象"选项组中勾选"复制"复选框，因为需要对复制得到的模型进行修改，同时不能影响源模型。

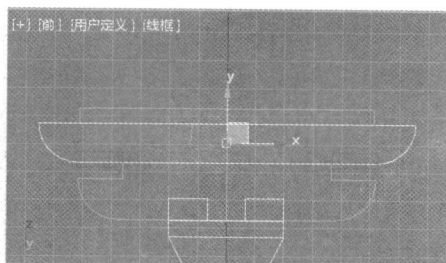

图 10-68

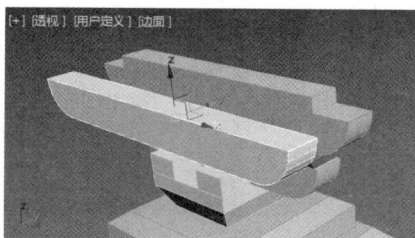

图 10-69

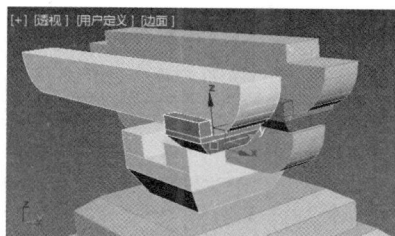

图 10-70

（20）在场景中右击，在弹出的四元菜单中选择"孤立当前选择"命令，在"可编辑多边形"修改器中选择"多边形"子对象，选择图 10-71 所示的多边形，按 Delete 键删除，得到的模型效果如图 10-72 所示。

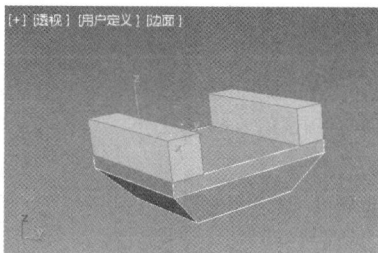

图 10-71

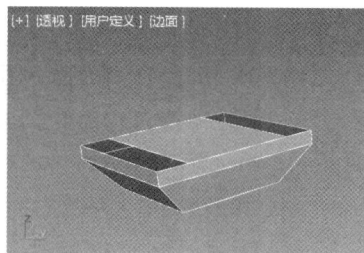

图 10-72

（21）选择"边界"子对象，选择图 10-73 所示的边界，在"编辑边界"卷展栏中单击 封口 按钮，模型效果如图 10-74 所示。对另外一边执行相同的操作即可。

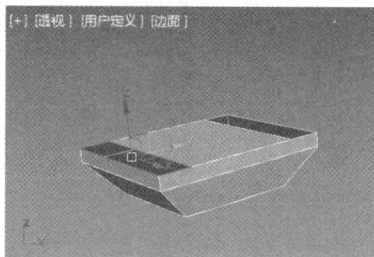

图 10-73

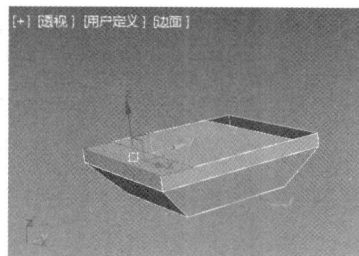

图 10-74

（22）选择"边"子对象，在视图中选择图 10-75 所示的一圈边，在"编辑边"卷展栏中单击 连接 按钮，参数设置及模型效果如图 10-76 所示。

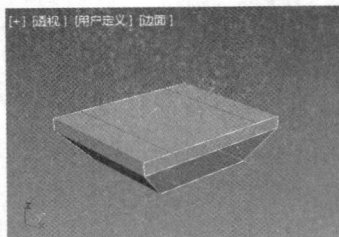

图 10-75

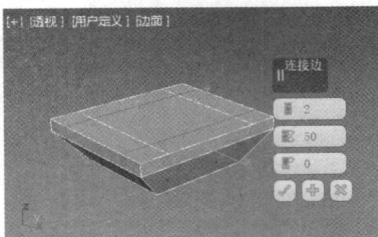

图 10-76

（23）选择"多边形"子对象，选择图 10-77 所示的多边形，单击"编辑多边形"卷展栏中的 挤出 按钮，参数设置及模型效果如图 10-78 所示。

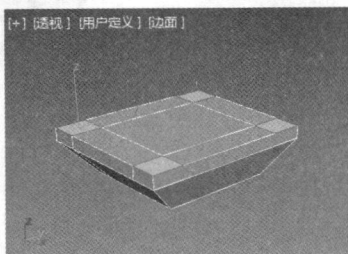

图 10-77

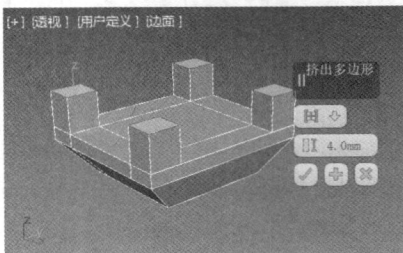

图 10-78

（24）在场景中右击，在弹出的四元菜单中选择"结束隔离"命令，将四角支撑结构移动至中间位置，模型效果如图 10-79 所示。

（25）在命令面板中单击 ➕（创建）— ◎（图形）按钮，在下拉列表中选择"样条线"类型，单击 线 按钮，在左视图中绘制图形，绘制的图形效果如图 10-80 所示。

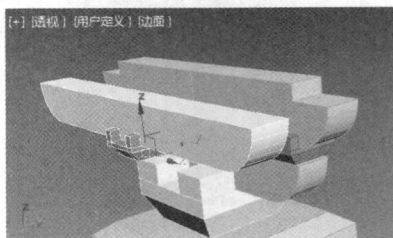

图 10-79

（26）在场景中右击，在弹出的四元菜单中选择"孤立当前选择"命令，接下来给模型加线优化。在命令面板中单击 ☑（修改命令面板）按钮，在修改器下拉列表中选择"可编辑多边形"修改器，选择"顶点"子对象，在"编辑几何体"卷展栏中单击 切割 按钮，在多边形表面进行切割布线，得到的模型效果如图 10-81 所示。

（27）选择"多边形"子对象，框选图 10-82 所示的面，单击"编辑多边形"卷展栏中的 挤出 按钮，参数设置及模型效果如图 10-83 所示。

（28）给模型添加"对称"修改器，参数设置如图 10-84 所示，得到的模型效果如图 10-85 所示。

（29）给模型添加"可编辑多边形"修改器，选择"顶点"子对象，移动模型表面的顶点，优化模型形态及表面布线，得到的模型效果如图10-86所示。

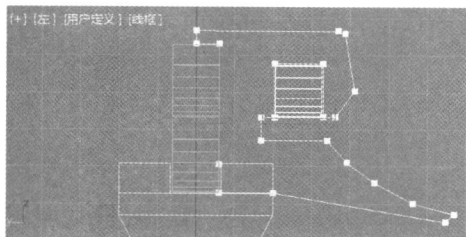
图 10-80

图 10-81

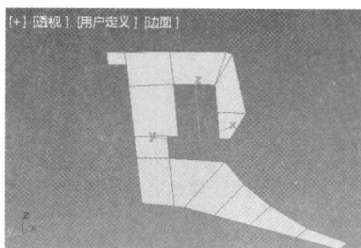
图 10-82

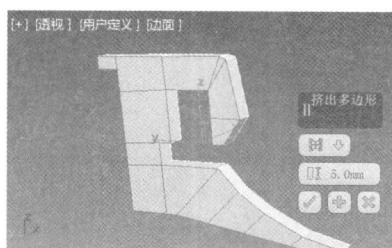
图 10-83

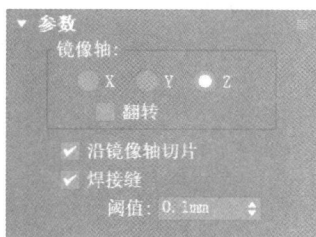
图 10-84

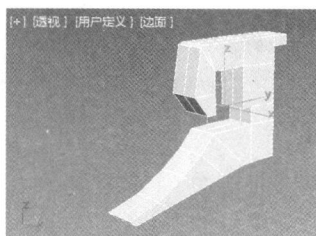
图 10-85

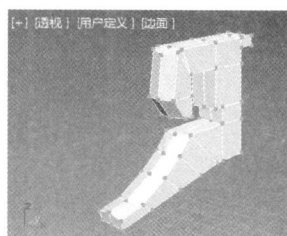
图 10-86

（30）选择"边"子对象，选择一条边，单击"选择"卷展栏中的 环形 按钮，选中图10-87所示的一圈线，单击"编辑边"卷展栏中的 连接 □ 按钮，参数设置及模型效果如图10-88所示。对另外一半模型做同样的处理。

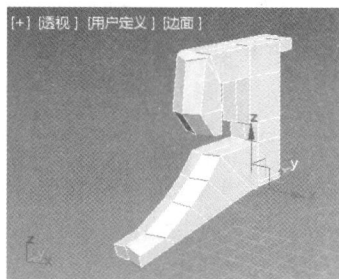
图 10-87

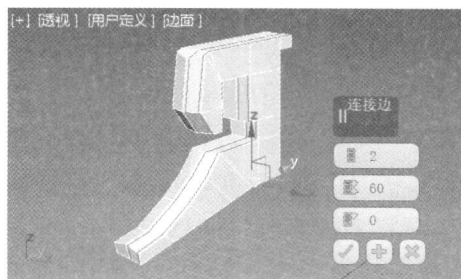
图 10-88

185

（31）运用同样的加线方法，对模型其他部位进行优化，得到的模型效果如图 10-89 所示。

（32）在场景中右击，在弹出的四元菜单中选择"结束隔离"命令。然后在工具栏中单击 ▮ （镜像）按钮，将模型沿 y 轴镜像复制，并调整其镜像位置，得到的模型效果如图 10-90 所示。

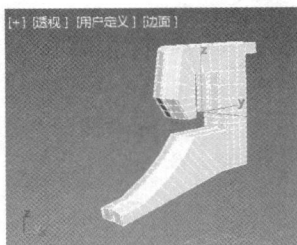

图 10-89

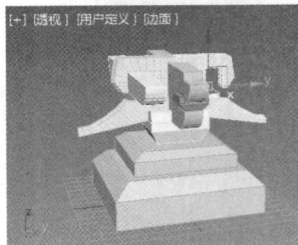

图 10-90

（33）选择图 10-91 所示的结构，将其向右复制一个，放在合适的位置，得到的效果如图 10-92 所示。

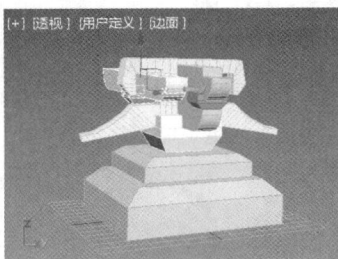

图 10-91

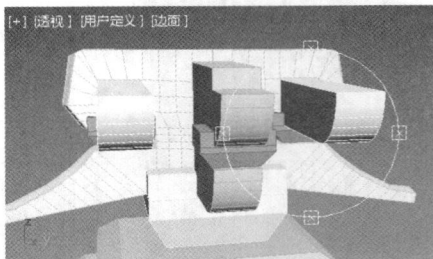

图 10-92

（34）选择图 10-93 所示的支撑结构，将其复制 6 个，摆放位置及模型效果如图 10-94 所示。

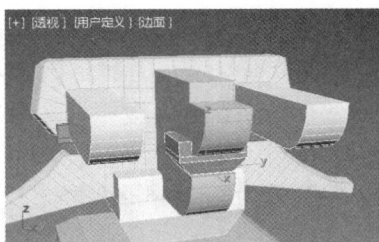

图 10-93

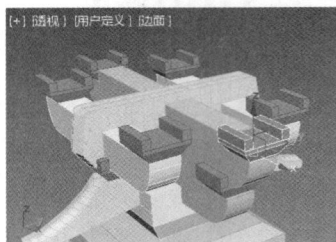

图 10-94

（35）在命令面板中单击 ✚（创建）—◉（几何体）按钮，在下拉列表中选择"标准基本体"类型。单击 长方体 按钮，在透视图中分别创建长度为 12mm、宽度为 160mm、高度为 18mm，长度为 20mm、宽度为 160mm、高度为 12mm，长度为 22mm、宽度为 160mm、高度为 12mm 的 3 个长方体模型，摆放位置及模型效果如图 10-95 所示。

（36）在命令面板中单击 ✚（创建）—◙（图形）按钮，在下拉列表中选择"样条线"

类型，单击　　圆　　按钮，在左视图中创建半径为 8mm 的圆形。在场景中右击，在弹出的四元菜单中选择"转化为"—"可编辑样条线"命令。

（37）在命令面板中单击　（修改命令面板）按钮，选择"顶点"子对象，在"几何体"卷展栏中单击　优化　按钮，给圆形添加两个顶点，如图 10-96 所示。选择最底下的顶点，按 Delete 键删除，再将新插入的顶点模式更改为贝塞尔角点，得到的效果如图 10-97 所示。

（38）选择底下的两个顶点，在"几何体"卷展栏中的　　圆角　文本框中输入 0.5mm，再单击　圆角　按钮，得到的效果如图 10-98 所示。

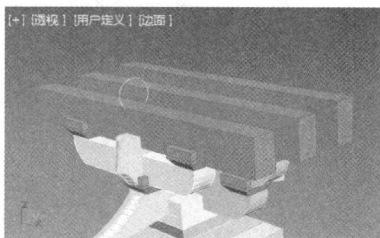

图 10-95

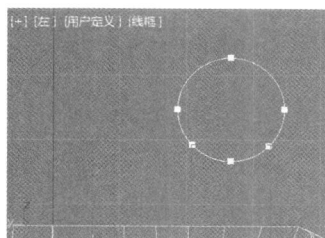

图 10-96

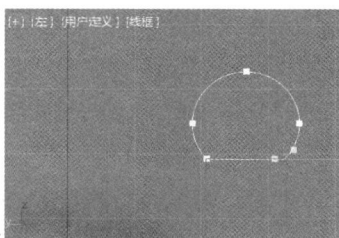

图 10-97

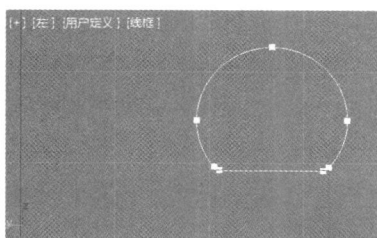

图 10-98

（39）在修改器下拉列表中选择"倒角"修改器，参数设置如图 10-99 所示，得到的模型效果如图 10-100 所示。

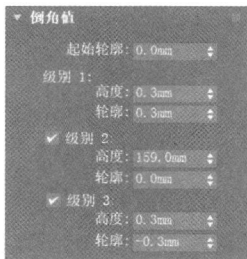

图 10-99

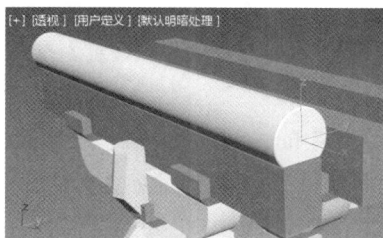

图 10-100

（40）运用同样的方法再制作一个圆柱体模型，效果如图 10-101 所示。

（41）对模型整体进行细节调整。选择中间的绿色支架部分，移动图 10-102 所示的顶点，适当调整尺寸，如图 10-103 所示，得到的模型效果如图 10-104 所示。

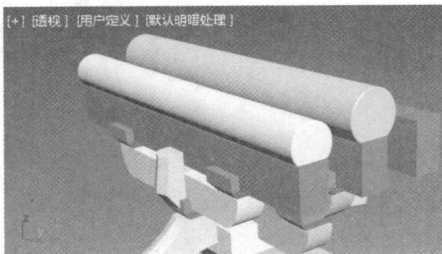

图 10-101

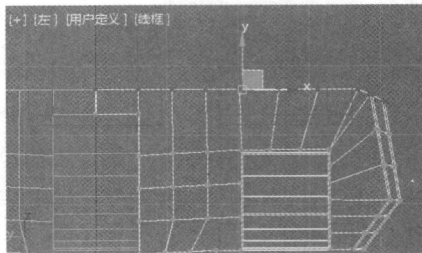

图 10-102

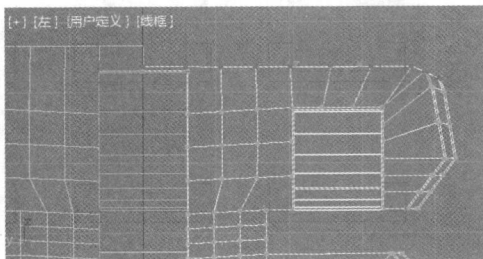

图 10-103

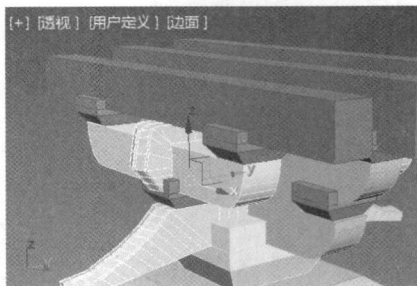

图 10-104

（42）按 F10 快捷键，打开"渲染设置"对话框，在"公用"选项卡中的"输出大小"下拉列表中选择"自定义"选项，将模型效果图渲染尺寸设置为 800×800。选择"扫描线渲染器"，选择透视图，按 Ctrl+C 快捷键，从透视图角度给模型创建物理摄影机。

（43）在工具栏单击 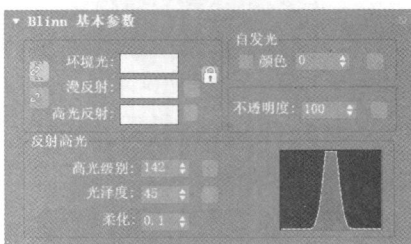（材质编辑器）按钮，打开"材质编辑器"对话框，选择一个材质球，命名为"huang"，在"Blinn 基本参数"卷展栏中单击"漫反射"旁边的色块，将其改为黄色（RGB 值分别设置为 255、145、16），如图 10-105 所示。在"贴图"卷展栏中的"凹凸"通道中贴入"噪波"贴图，在"噪波参数"卷展栏中将"大小"设置为 0.5。在"反射"

图 10-105

通道中贴入"光线追踪"贴图，并将"反射"的"数量"设置为 3，如图 10-106 所示。

（44）将 huang 材质复制一个新的材质球，更改其"漫反射"颜色为绿色（RGB 值分别设置为 42、120、0），命名为"lv"。继续按照同样的方法设置两个新材质球"漫反射"颜色更改为蓝色（RGB 值分别设置为 10、104、104），命名为"lan"；"漫反射"颜色为红色（RGB 值分别设置为 204、0、0），命名为"hong"。分别选择模型的各个部分，单击 （将材质指定给选定对象）按钮，得到的模型效果如图 10-107 所示。

（45）在菜单中选择"渲染"—"环境"命令，在弹出的"环境和效果"对话框中，将环境光颜色设置为白色。

图 10-106

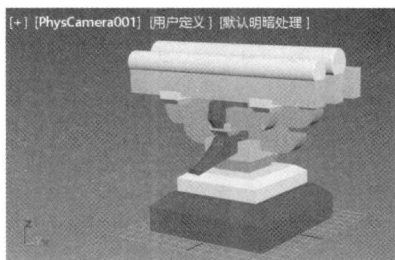

图 10-107

（46）在命令面板中单击➕（创建）—💡（灯光）按钮，在下拉列表中选择"标准"类型，单击 天光 和 目标聚光灯 按钮，在场景中创建天光和目标聚光灯（可以顺着摄影机方向创建聚光灯）。

（47）在命令面板中单击➕（创建）—◉（几何体）按钮，在下拉列表中选择"标准"类型，单击 平面 按钮，在场景中创建地面。

图 10-108

（48）选择一个新的材质球，单击 Standard (Legac 按钮，在弹出的"材质/贴图浏览器"中选择"无光/投影"材质，在材质编辑器工具栏中单击🔧（将材质指定给选定对象）按钮，将材质赋予地面。单击🫖（渲染产品）按钮，即可得到模型效果图，如图 10-108 所示。

（49）将"lv"材质球拖动复制一个，并重新命名为"lv01"。漫反射颜色 RGB 值分别设置为 0、127、105，再单击漫反射后的小方块，在弹出的"材质/贴图浏览器"中双击"位图"，在弹出的"选择位图图像文件"对话框中选择素材"贴图—梁龙.tif"，在"坐标"卷展栏中取消勾选"瓷砖"复选框，如图 10-109 所示。

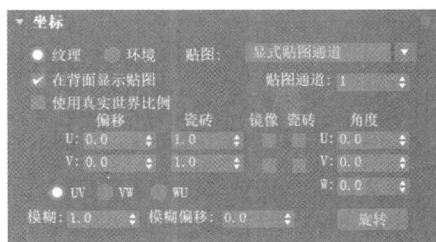

图 10-109

（50）分别选择上方的 3 个长方体，在命令面板中单击📝（修改命令面板）按钮，在下拉列表中给模型添加"UVW 贴图"修改器，在"参数"卷展栏中勾选"平面"复选框，运用缩放工具在视图中对 Gizmo 进行缩放，调整图片在模型上的大小。

（51）在工具栏上单击🫖（渲染）按钮，产品的渲染效果如图 10-46 所示。

项目总结

本项目从功能与结构、材质与工艺及设计美学角度阐述了玩具产品的设计理论，再制作了两个玩具效果图，帮助学生进一步理解玩具设计理论在产品设计上的体现，同时掌握软件建模、材质灯光创建和渲染输出等技能，从而将软件制作与产品设计理论融合，提升学生对玩具产品的设计能力和创新意识。以下为项目 10 的教师教学自查表和学生学习效果自查表，用来帮助教师和学生了解教授和学习本项目之后的自我满意度，查漏补缺。

项目 10 教师教学自查表

序号	我认为学生……	非常不同意 ◄━━━━━━━━► 非常赞同									
1	了解了玩具产品的功能与结构	1	2	3	4	5	6	7	8	9	10
2	了解了玩具产品的材质与工艺	1	2	3	4	5	6	7	8	9	10
3	了解了玩具产品的设计美学	1	2	3	4	5	6	7	8	9	10
4	学会了玩具产品效果图的制作方法	1	2	3	4	5	6	7	8	9	10
5	提升了软件的综合运用能力	1	2	3	4	5	6	7	8	9	10
6	提升了人性化设计意识	1	2	3	4	5	6	7	8	9	10
7	提升了对玩具产品的设计能力	1	2	3	4	5	6	7	8	9	10
8	提升了对玩具产品的审美能力	1	2	3	4	5	6	7	8	9	10
9	提升了对玩具产品设计的创新意识	1	2	3	4	5	6	7	8	9	10
10	提升了产品设计的职业素养	1	2	3	4	5	6	7	8	9	10
11	总计										

项目 10 学生学习效果自查表

序号	我认为我……	非常不同意 ◄━━━━━━━━► 非常赞同									
1	了解了玩具产品的功能与结构	1	2	3	4	5	6	7	8	9	10
2	了解了玩具产品的材质与工艺	1	2	3	4	5	6	7	8	9	10
3	了解了玩具产品的设计美学	1	2	3	4	5	6	7	8	9	10
4	学会了玩具产品效果图的制作方法	1	2	3	4	5	6	7	8	9	10
5	提升了软件的综合运用能力	1	2	3	4	5	6	7	8	9	10
6	提升了人性化设计意识	1	2	3	4	5	6	7	8	9	10
7	提升了对玩具产品的设计能力	1	2	3	4	5	6	7	8	9	10
8	提升了对玩具产品的审美能力	1	2	3	4	5	6	7	8	9	10
9	提升了对玩具产品设计的创新意识	1	2	3	4	5	6	7	8	9	10
10	提升了产品设计的职业素养	1	2	3	4	5	6	7	8	9	10
11	总计										

项目 11　花瓶产品设计及效果图制作

项目介绍

　　花瓶是一种用来插花的容器，与花朵一起装饰空间，可以彰显出主人的文化修养、志趣爱好。文化技术价值高的花瓶本身就是艺术品，例如我国的青花瓷、唐三彩等花瓶属于文物且稀有，具有很高的艺术收藏价值。现代艺术花瓶借助现代艺术设计手法和材料工艺，设计了一系列极具艺术欣赏价值并能为大众所享有的现代工业化产品。

　　本项目包含两方面内容，一是从花瓶的功能与结构、材质与工艺及设计美学 3 个方面讲解花瓶的设计理论知识；二是先运用 3ds Max 2021 中的图形绘制与编辑功能，配合挤出、倒角、可编辑多边形等修改器完成花瓶的三维模型制作，再给花瓶模型制作材质灯光、创建摄影机，并调整到满意的视觉效果，最后渲染输出，从而完成花瓶效果图的制作。

学习目标

知识目标	了解花瓶产品设计的基本原则和美学规律
技能目标	熟练运用基本原则和美学规律进行花瓶产品的设计
素养目标	培养学生的创新设计能力

相关知识

1. 花瓶的功能与结构

　　花瓶是用来保存花卉的器皿，常见花瓶可以通过盛水以尽量延长花卉的开放时间，造型上以底部宽大、上部狭窄居多，用以配合花朵扦插造型的需要。创意花瓶造型变化较多，图 11-1 所示花瓶采用球形造型，配合不倒翁原理使得花瓶可以在台面上前后左右摆动，而不再是一个静止不动的状态，体现出了花瓶设计的趣味感；图 11-2 所示的花瓶采用金属镂空的造型设计，去除黑色金属的厚重感，体现了不同镂空结构的视觉装饰美。

图 11-1

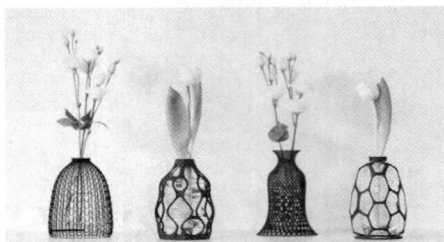

图 11-2

2. 花瓶的材质与工艺

花瓶的材质以陶瓷、玻璃居多。在我国，陶瓷的质感和色彩纹理具备很高的艺术鉴赏价值；而玻璃则是一种透明或者半透明（也可以是色彩斑斓）的材质，深受人们的喜爱。在制作工艺上，陶瓷大多采用人工拉坯，整修，高温烧制而成；玻璃则是将原料高温烧制到熔融状态，注塑成型，再人工组装。图 11-3 所示花瓶采用玻璃材料配合人工吹制工艺，制作出类似云朵的各种自由形态，整体看起来轻盈而又可爱；图 11-4 所示花瓶则是石材、木材、玻璃、陶瓷的混合，配合各种自由形态，完全颠覆了人们以往对花瓶的造型印象。

图 11-3

图 11-4

3. 花瓶的设计美学

花朵被视为美好的象征，因此，自古以来，人们就学会用花表达对生活、家人的祝福和爱意，而花瓶作为盛放花朵的容器也就有着漫长的历史文化更迭。花瓶的设计美学体现在以下几个方面。

（1）历史文化象征。花瓶是古往今来每个时代审美、材料技术以及造物手段的智慧结晶，因此被赋予了很高的历史文化价值，例如，图 11-5 所示为我国古代的瓷器，这种瓷器表面的花卉明净素雅、色彩明艳，是典型的中国绘画风格，同时也代表了我国瓷器烧制技术的伟大。图 11-6 所示为欧洲巴洛克风格的花瓶，这种花瓶体现了欧洲贵族华丽、精美的审美。

（2）语义美好、材质精美、功能精巧。花瓶作为装饰室内空间的艺术手段，美好的造型语义可以给人们带来丰富的思维联想；材质精美的花瓶能够让人们获得视觉上的美感享受；功能精巧则更能给家居生活带来更多的趣味。图 11-7 所示的花瓶表面采用现代抽象艺术构图，色彩鲜艳，整体形态装饰感极强。图 11-8 所示的花瓶以植物根部为创意来源，从视觉上补全了花朵的完整性，具有丰富的联想意义。

图 11-5

图 11-6

图 11-7

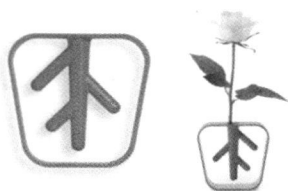

图 11-8

任务实践：制作花朵艺术花瓶效果图

本任务实践是制作花朵艺术花瓶效果图，如图 11-9 所示。现代艺术花瓶是指采用现代艺术化的设计手法进行创作的花瓶，本次实践制作的花瓶采用含苞待放的花朵造型，寓意美好，看起来朝气蓬勃。黑白配色可以更好地突出花瓶中即将盛放的花卉的色彩鲜艳或者植物的绿意盎然，为室内空间增添更多的源自艺术的趣味。

微课视频

11.1-1

微课视频

11.1-2

微课视频

11.1-3

图 11-9

案例制作步骤如下。

（1）启动 3ds Max 2021，在命令面板中单击 ✚（创建）—◉（几何体）按钮，在下拉列表中选择"标准基本体"类型，单击 [平面] 按钮，在前视图中创建平面，如图 11-10 所示。

（2）在命令面板中单击 [修改命令面板] 按钮，在修改器下拉列表中选择"编辑多边形"修改器，通过对顶点、边等子对象的移动和调整，将面编辑成花瓣的形状，如图 11-11 所示。

图 11-10

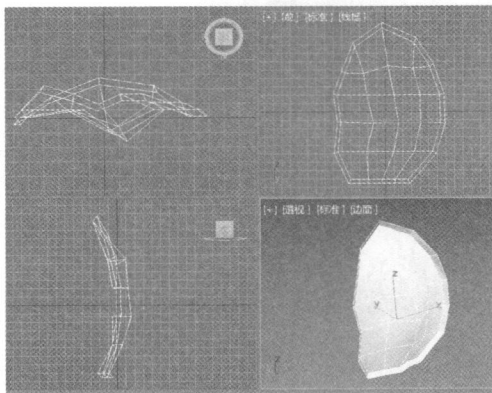

图 11-11

（3）在修改器下拉列表中选择"壳"改器，在"参数"卷展栏中设置"内部量"和"外部量"均为 2mm，设置"分段"为 2，如图 11-12 所示，得到的模型效果如图 11-13 所示。继续选择"网格平滑"修改器，在"细分量"卷展栏中将"迭代次数"设置为 2，得到的模型效果如图 11-14 所示。

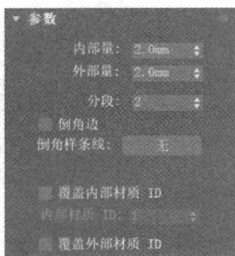

图 11-12

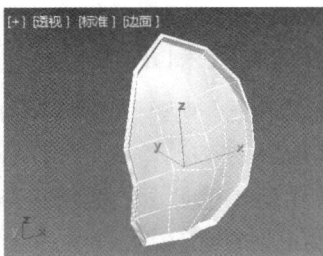

图 11-13

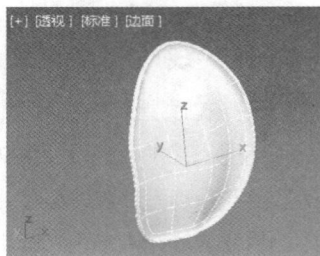

图 11-14

（4）在命令面板中单击 [创建] — [几何体] 按钮，在下拉列表中选择"标准基本体"类型，单击 [平面] 按钮，在左视图中创建平面，如图 11-15 所示。

（5）在命令面板中单击 [修改命令面板] 按钮，在修改器下拉列表中选择"可编辑多边形"修改器，通过对顶点、边等子对象移动和调整，将面编辑成花瓣的形状，如图 11-16 所示。

（6）在修改器下拉列表中选择"壳"修改器，在"参数"卷展栏中设置"内部量"和"外部量"均为 2mm，设置"分段"

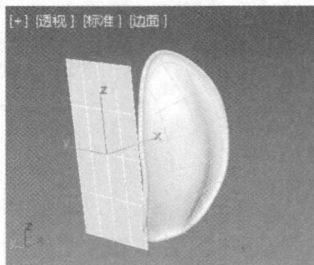

图 11-15

为 2。继续选择"网格平滑"修改器，在"细分量"卷展栏中将"迭代次数"设置为 2，得到的效果如图 11-17 所示。

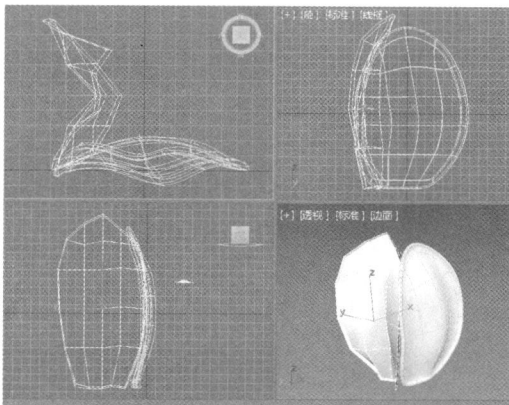

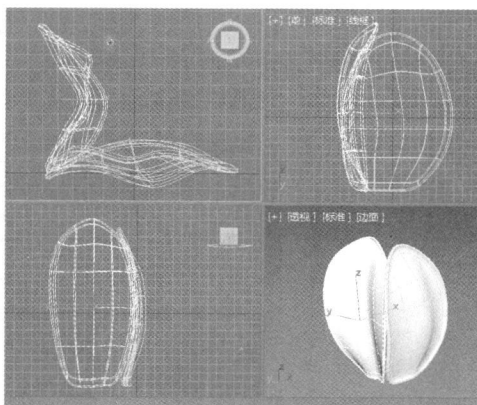

图 11-16　　　　　　　　　　　　　　　　图 11-17

（7）选择以上两片花瓣，在工具栏上单击 ▮▮（镜像）按钮，在弹出的对话框中选中"复制"，如图 11-18 所示，然后调整复制得到的两片花瓣的位置，效果如图 11-19 所示。

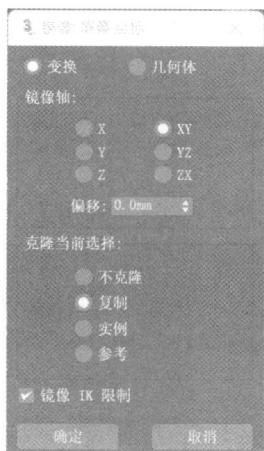

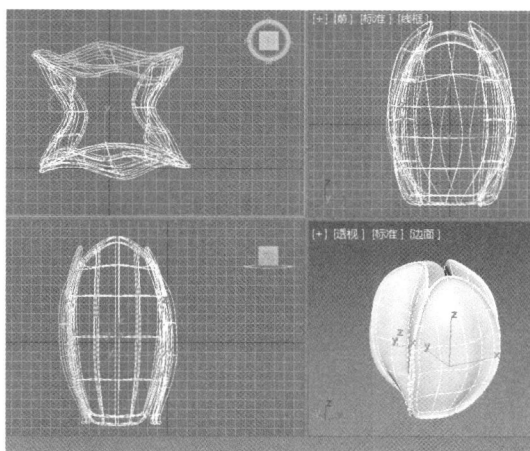

图 11-18　　　　　　　　　　　　　　　　图 11-19

（8）在命令面板中单击 ✚（创建）— ▣（图形）按钮，在下拉列表中选择"样条线"类型，单击 ▭▭▭线▭▭▭ 按钮，在左视图中创建图形，如图 11-20 所示。

（9）在命令面板中单击 ▱（修改命令面板）按钮，在修改器下拉列表中选择"挤出"修改器，将其参数中的"数量"值设置到能够覆盖花瓶透视图背景的大小即可，如遇到黑面，只需添加"法线"修改器即可，效果如图 11-21 所示。

（10）在工具栏单击 ▦（材质编辑器）按钮，弹出"材质编辑器"对话框，选择第一个材质球，命名为"背景"，单击 Standard (Lega 按钮，在弹出的"材质/贴图浏览器"中选择"VRayMtl"

材质，其他参数默认即可。选择背景模型，单击 按钮，得到的模型效果如图 11-22 所示。

（11）选择第二个材质球，命名为"黑色瓷器花瓶"，单击 Standard (Legac 按钮，在弹出的"材质/贴图浏览器"中选择"VRayMtl"材质。在"基本参数"卷展栏中将"漫反射"颜色设置为黑色，在"预设"下拉列表中选择"陶瓷"类型，其他参数不变，如图 11-23 所示。选择左边的花瓶，单击 按钮。

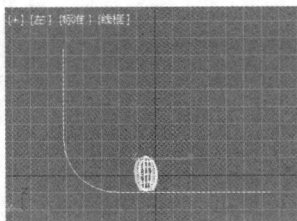

图 11-20

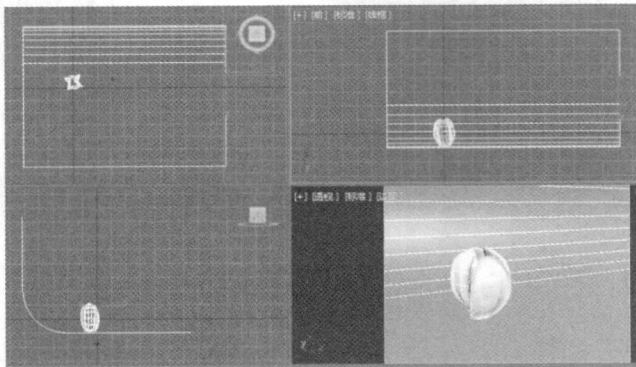

图 11-21

图 11-22

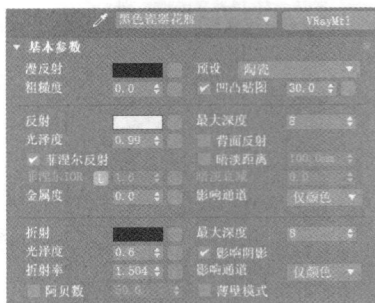

图 11-23

（12）选择第三个材质球，命名为"白色瓷器花瓶"，单击 Standard (Legac 按钮，在弹出的"材质/贴图浏览器"中选择"VRayMtl"材质。在"基本参数"卷展栏中，将"漫反射"颜色设置为白色，在"预设"下拉列表中选择"陶瓷"类型，其他参数不变，如图 11-24 所示。选择右边的花瓶，单击 按钮。

（13）在命令面板中单击 — 按钮，在下拉列表中选择"V-Ray"类型，单击 VRay 灯光 按钮，在顶视图中沿对角线拖动鼠标，创建 VRay 灯光。在 VRay 灯光的"常规"卷展栏中，将"模式"选项组中的"颜色"设置为灰色（RGB 值均为 24），如图 11-25 所示。

（14）在工具栏单击 ![图标] 按钮，打开"渲染设置"对话框，在"渲染器"下拉列表中选择

“V-Ray”渲染器，在“公用”选项卡下的“输出大小”文本框中设置合适的尺寸。

（15）在工具栏单击（渲染）按钮即可得到图 11-9 所示的花瓶效果图。

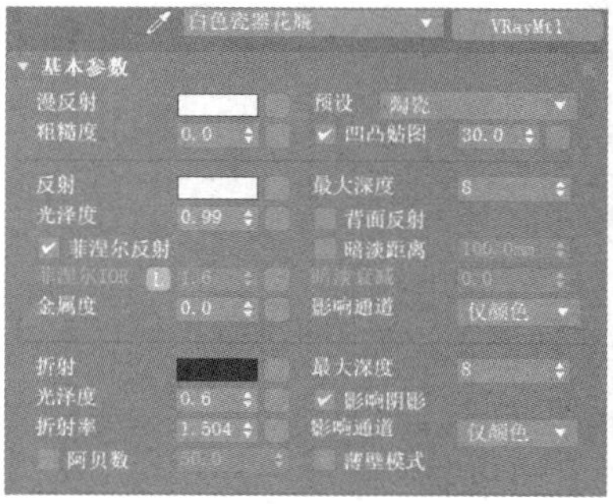

图 11-24

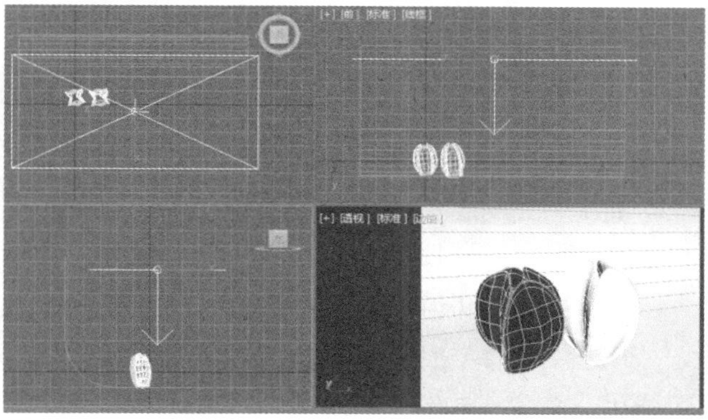

图 11-25

实践拓展：制作植物根茎形状艺术花瓶效果图

本实践拓展是制作植物根茎形状艺术花瓶效果图，如图 11-26 所示。生活中，人们会将采摘来的花卉或植物插入花瓶，用以装点室内空间，这些采摘的花卉或植物都失去了原有的根系，因此，设计师基于这一设计理念，运用抽象、几何构成等设计手法设计了这款植物根茎形状的艺术花瓶，将植物或花卉插入此花瓶之中，似乎给其赋予了根茎，为室内空间增添了更多艺术气息。

微课视频

11.2-1

微课视频

11.2-2

微课视频

11.2-3

图 11-26

案例制作步骤如下。

（1）制作花瓶外部的方形框架。启动 3ds Max 2021，在前视图中的工具栏右击（捕捉开关）按钮，弹出“栅格和捕捉设置”对话框，在“捕捉”选项卡中勾选“栅格点”复选框，如图 11-27 所示。

（2）在命令面板中单击（创建）—（图形）按钮，在下拉列表中选择“样条线”类型，单击 矩形 按钮，在前视图中通过捕捉栅格点将矩形的中心与视图中心重合，如图 11-28 所示。

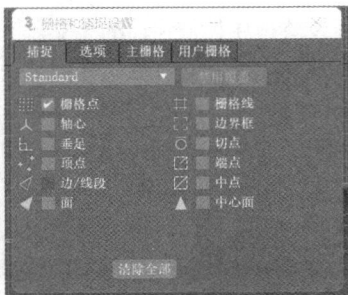

图 11-27

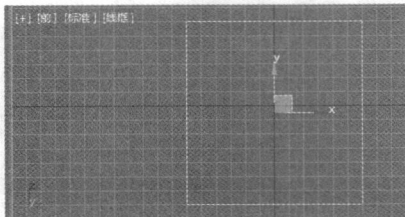

图 11-28

（3）在命令面板中单击 （修改命令面板）按钮，在修改器下拉列表中选择"编辑样条线"修改器，选择"顶点"子对象，框选所有顶点，在场景中右击，在弹出的四元菜单中选择"角点"命令。再选择下方的两个顶点，将其移动至图 11-29 所示的位置。

（4）选择下方的两个顶点，在"几何体"卷展栏中的 切角 文本框中输入 6mm 后再单击 切角 按钮；选择上方的两个顶点，在切角文本框中输入 12mm 后再单击切角按钮，得到的效果如图 11-30 所示。再次选择"顶点"子对象，退出顶点编辑。

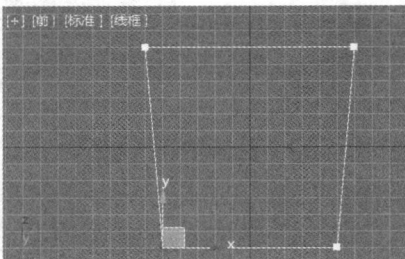

图 11-29

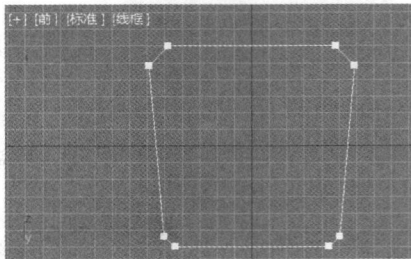

图 11-30

（5）给模型添加"挤出"修改器，参数设置如图 11-31 所示，得到的模型效果如图 11-32 所示。

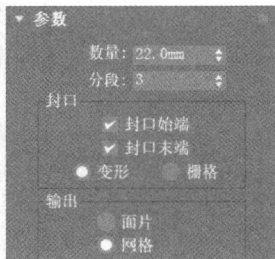

图 11-31

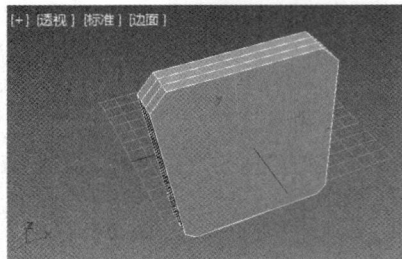

图 11-32

（6）给模型添加"可编辑多边形"修改器，选择"多边形"子对象，删除模型前后的两个面，效果如图 11-33 所示。选择"顶点"子对象，运用移动工具调整中间两圈线上的顶点位置，模型效果如图 11-34 所示。

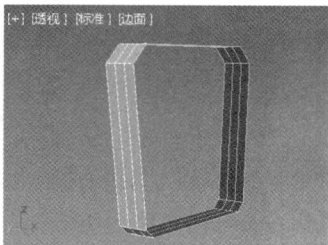

图 11-33

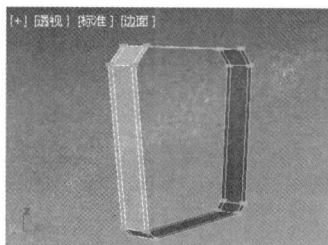

图 11-34

（7）选择"边"子对象，选择图 11-35 所示的顶面的 4 根线，单击"编辑边"卷展栏中的 连接 ▣ 按钮，参数设置及模型效果如图 11-36 所示。

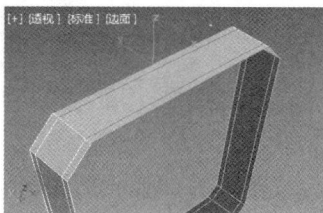

图 11-35

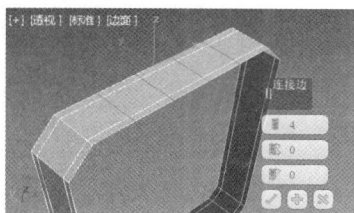

图 11-36

（8）选择图 11-37 所示的两条边，再次单击 连接 ▣ 按钮，参数设置及模型效果如图 11-38 所示。再单击"编辑边"卷展栏中的 移除 按钮，删除新连接的边，选择"顶点"子对象，如图 11-39 所示。进入顶视图，运用移动工具调整顶点的位置，如图 11-40 所示。再单击"编辑顶点"中的 连接 按钮，在六边形各顶点之间进行连接加线优化，效果如图 11-41 所示。

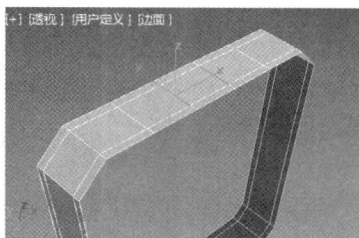

图 11-37

（9）选择"边"子对象，分别选择模型各表面上的边，单击 连接 ▣ 按钮，对模型整体进行加线优化，得到的效果如图 11-42 所示。

（10）选择"多边形"子对象，单击上部的六边形面将其删除，然后退出当前操作，效果如图 11-43 所示。

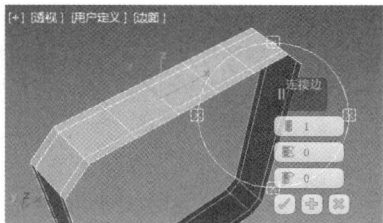

图 11-38

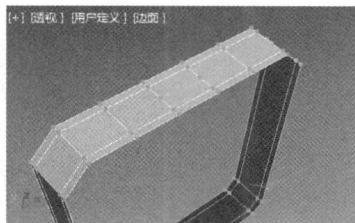

图 11-39

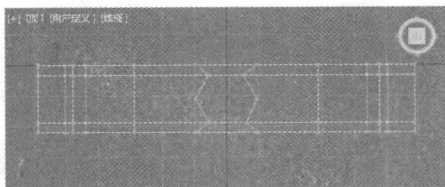

图 11-40

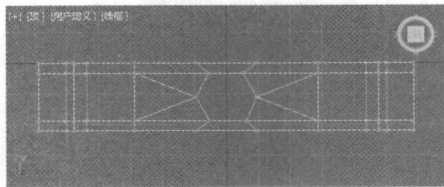

图 11-41

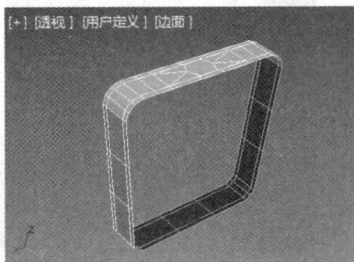

图 11-42

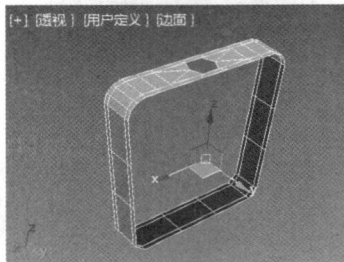

图 11-43

（11）选择"边界"子对象，按住 Shift 键，选择六边形边界沿 z 轴向下移动拉出根部的主干结构，效果如图 11-44 所示。

（12）选择"顶点"子对象，运用缩放工具，对底部边界沿 xy 平面进行缩小处理，效果如图 11-45 所示。

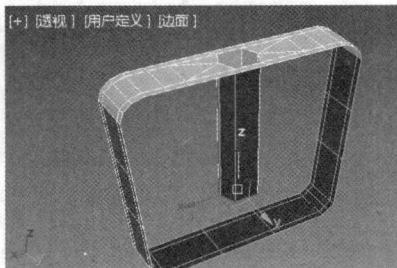

图 11-44

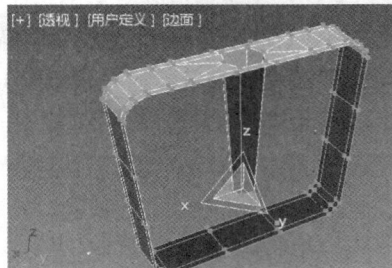

图 11-45

（13）选择"边"子对象，单击选择图 11-46 所示的一圈边，单击"编辑边"中的 连接 ▣ 按钮，对根部进行加线优化，参数设置及模型效果如图 11-47 所示。

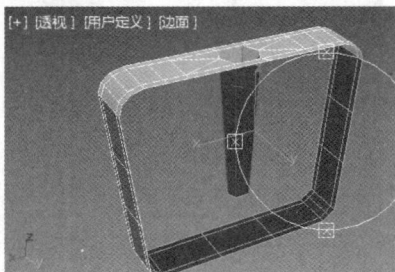

图 11-46

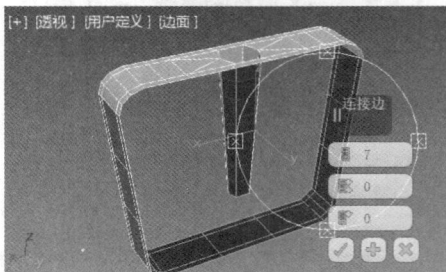

图 11-47

（14）在工具栏单击■（材质编辑器）按钮，弹出"材质编辑器"对话框，选择第一个材质球，将"漫反射"颜色设置为蓝色，勾选"双面"复选框，如图 11-48 所示。选择模型，单击■（将材质指定给选定对象）按钮。

图 11-48

（15）选择"多边形"子对象，选择图 11-49 所示的多边形，在"编辑多边形"卷展栏中单击 挤出 ■ 按钮，参数设置及模型效果如图 11-50 所示。

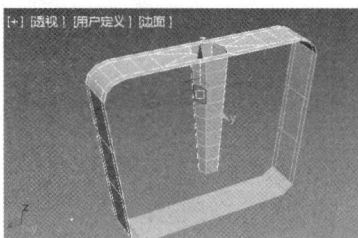　　　　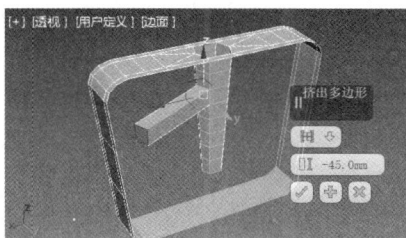

图 11-49　　　　　　　　　　　　图 11-50

（16）选择"顶点"子对象，框选挤出部分的末端顶点后对其进行缩放、旋转以及移动操作，得到的效果如图 11-51 所示。

（17）按照以上方法，做出其他两根长短不一的根部造型，如图 11-52 所示。

　　　　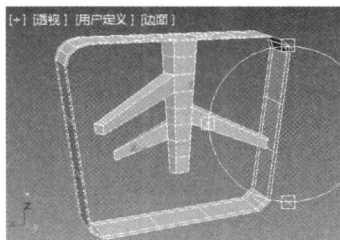

图 11-51　　　　　　　　　　　　图 11-52

（18）选择"边"子对象，单击"编辑边"卷展栏中的 连接 ■ 按钮对根部造型进行加线优化，参数设置及模型效果如图 11-53 所示。选择六边形顶部的边，单击"编辑边"卷展栏中的 切角 ■ 按钮，参数设置及效果如图 11-54 所示。

（19）选择"边界"子对象，单击"编辑边界"卷展栏中的 封口 按钮，将树根底部封住，再次选择"边界"子对象退出当前编辑。在修改器下拉列表中选择"壳"修改器，参数设置如图 11-55 所示，得到的模型效果如图 11-56 所示。

（20）在命令面板中单击■（修改命令面板）按钮，在修改器下拉列表中选择"涡轮平滑"修改器，在"涡轮平滑"卷展栏中将"迭代次数"设置为 2，得到的效果如图 11-57 所示。

（21）在命令面板中单击➕（创建）—◉（几何体）按钮，在下拉列表中选择"标准基本体"类型，单击█████平面█████按钮，在视图中给模型创建地面，在透视图左上角的右键菜单中打开安全框显示。

（22）在工具栏中单击▨（渲染设置）按钮，打开"渲染设置"对话框，在渲染器下拉列表中选择默认的"扫描线渲染器"，在"公用"选项卡下的"输出大小"下拉列表中选择"自定义"选项，并将尺寸设置为800×600，模型效果如图11-58所示。

图11-53

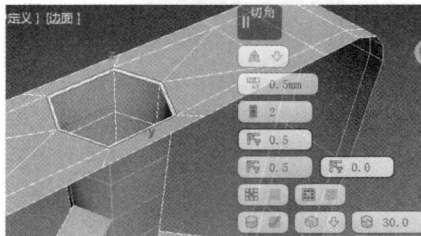

图11-54

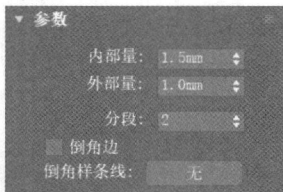

图11-55

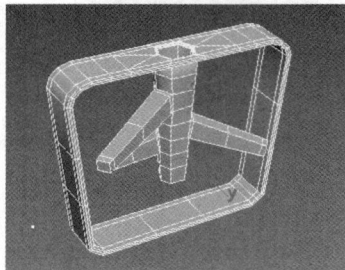

图11-56

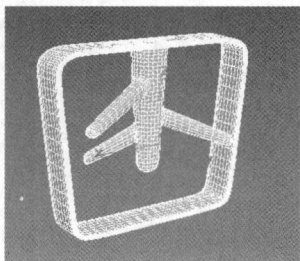

图11-57

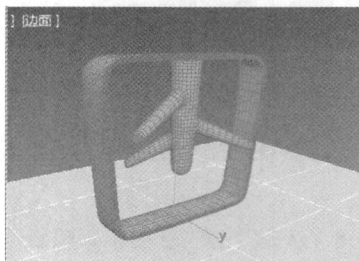

图11-58

（23）在菜单栏中选择"渲染"—"环境"命令，在弹出的"环境和效果"对话框中将背景颜色RGB值分别设置为250、250、240。

（24）在工具栏中单击▨（材质编辑器）按钮，打开材质编辑器，选择一个材质球，将其"漫反射"颜色RGB值分别设置为150、10、10。将"反射高光"中的参数分别设置为120、20、0.1，如图11-59所示。在"贴图"卷展栏中勾选"凹凸"复选框添加"噪波"程序贴图，在"噪波参数"卷展栏中将"大小"设置为10。在材质编辑器工具栏中单击![按钮]按钮，返回主界面，将"凹凸"数量改为 10。给"反射"贴图添加"光线追踪"
程序贴图，在材质编辑器工具栏中单击![按钮]按钮，返回主界面，将"反射"数量改为 2，如
图 11-60 所示。选择模型，单击![按钮]（将材质指定给选定对象）按钮，将材质赋予花瓶的外
框和根部造型。

（25）再选择一个空白材质球，单击![Standard (Lega)]按钮，在弹出的"材质/贴图浏览器"
中双击"无光/投影"材质。单击![按钮]（将材质指定给选定对象）按钮，将材质赋予地面。

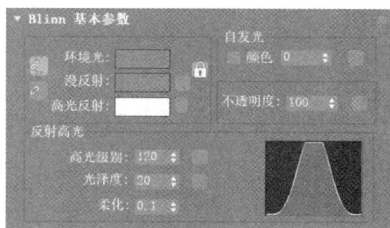

图 11-59

图 11-60

（26）在命令面板中单击![按钮]（创建）—![按钮]（灯光）按钮，在下拉列表中选择"标准"类
型，单击![天光]按钮，在视图中创建一盏天光，勾选"渲染阴影"复选框。再单击
![目标聚光灯]按钮，在视图中创建一盏聚光灯，在"常规参数"卷展栏中取消勾选阴影"启用"
复选框，在"强度/颜色/倍增"卷展栏中将"倍增"设置为 0.7，聚光灯位置如图 11-61 所示。

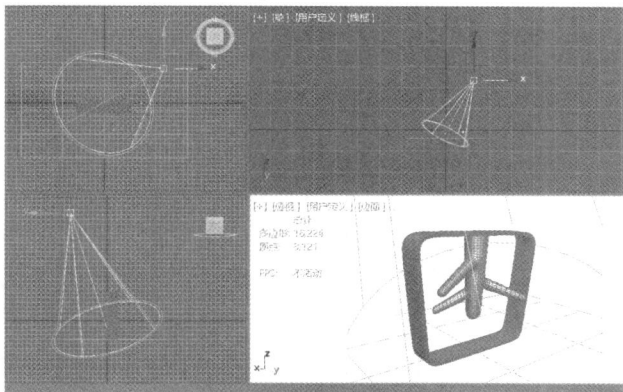

图 11-61

（27）在工具栏单击![按钮]（渲染）按钮，渲染花瓶效果图，最终得到的效果如图 11-26
所示。

项目总结

本项目从功能与结构、材质与工艺及设计美学角度阐述了花瓶产品的设计理论知识，再
制作了两个现代艺术花瓶效果图，帮助学生进一步理解花瓶设计理论在产品设计上的体现，

同时掌握软件建模、材质灯光创建和渲染输出等技能，从而将软件制作与产品设计理论融合，提升学生对花瓶产品的设计能力和创新意识。以下为项目 11 的教师教学自查表和学生学习效果自查表，用来帮助教师和学生了解教授和学习本项目之后的自我满意度，查漏补缺。

项目 11 教师教学自查表

序号	我认为学生……	非常不同意 ←——→ 非常赞同									
1	了解了花瓶产品的功能与结构	1	2	3	4	5	6	7	8	9	10
2	了解了花瓶产品的材质与工艺	1	2	3	4	5	6	7	8	9	10
3	了解了花瓶产品的设计美学	1	2	3	4	5	6	7	8	9	10
4	学会了花瓶产品效果图的制作方法	1	2	3	4	5	6	7	8	9	10
5	提升了软件的综合运用能力	1	2	3	4	5	6	7	8	9	10
6	提升了人性化设计意识	1	2	3	4	5	6	7	8	9	10
7	提升了对花瓶产品的设计能力	1	2	3	4	5	6	7	8	9	10
8	提升了对花瓶产品的审美能力	1	2	3	4	5	6	7	8	9	10
9	提升了对花瓶产品设计的创新意识	1	2	3	4	5	6	7	8	9	10
10	提升了产品设计的职业素养	1	2	3	4	5	6	7	8	9	10
11	总计										

项目 11 学生学习效果自查表

序号	我认为我……	非常不同意 ←——→ 非常赞同									
1	了解了花瓶产品的功能结构	1	2	3	4	5	6	7	8	9	10
2	了解了花瓶产品的材质工艺	1	2	3	4	5	6	7	8	9	10
3	了解了花瓶产品的设计美学	1	2	3	4	5	6	7	8	9	10
4	学会了花瓶产品效果图的制作方法	1	2	3	4	5	6	7	8	9	10
5	提升了软件的综合运用能力	1	2	3	4	5	6	7	8	9	10
6	提升了人性化设计意识	1	2	3	4	5	6	7	8	9	10
7	提升了对花瓶产品的设计能力	1	2	3	4	5	6	7	8	9	10
8	提升了对花瓶产品的审美能力	1	2	3	4	5	6	7	8	9	10
9	提升了对花瓶产品设计的创新意识	1	2	3	4	5	6	7	8	9	10
10	提升了产品设计的职业素养	1	2	3	4	5	6	7	8	9	10
11	总计										

项目 12 插座产品设计及效果图制作

项目介绍

插座是人们日常生活中必不可少的产品，根据不同的使用需求可分为固定插座和移动插座。固定插座大多安装在墙面上，因此对大多数家庭和商业场所来讲，插座就不仅是提供电源的角色，还需要考虑插座本身对墙面的装饰性。移动插座一般是需要电源的地方没有安装固定插座才会选择的一类插座，也被称作插板。目前市场对插座的需求激发设计师设计出各种能满足不同需求、安全可靠、美观宜人的产品。

本项目包含两方面内容，一是从插座的功能与结构、材质及设计美学 3 个方面讲解插座的设计理论知识；二是先运用 3ds Max 2021 中的图形绘制与编辑功能，配合挤出、倒角、可编辑多边形等修改器完成插座的三维模型制作，然后给插座模型制作材质灯光、创建摄影机，调整到满意的视觉效果，最后渲染输出，从而完成插座效果图的制作。

学习目标

知识目标	了解插座产品设计的基本原则和美学规律
技能目标	熟练运用基本原则和美学规律进行插座产品的设计
素养目标	培养学生的创新设计能力

相关知识

1. 插座的功能与结构

插座的首要功能是为电器提供便捷的电路接入点。在设计插座时，鉴于插座在墙面或其他使用场景中的视觉呈现，需兼顾其装饰性和宜人性，确保实用性与美学的有机融合。插座通常包含一个或多个电路接线插槽，用户可通过这些插槽连接各种线缆，与其他电路接通。插座的类型主要分为墙体安装和插板两种：墙体插座被稳固地安装在墙面上，而插板则具有更高的灵活性，可自由摆放，其造型结构也更为多样化。图 12-1 和图 12-2 所示的插座采用了新颖的积木拼接式设计，允许用户根据需求自由调整插座的方向和数量，从而满足不同场合下对插座的个性化需求。

图 12-1

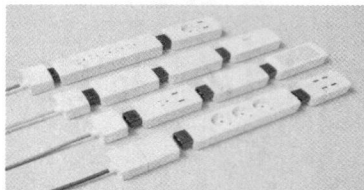

图 12-2

2. 插座的材质与工艺

常用的插座材质包括塑料、金属、陶瓷和特殊材质。其中，塑料材质不仅手感舒适，光亮度优越，而且具备出色的抗冲击性、耐热性和耐老化性，能够长期抵御电弧的烧蚀，如图 12-3 所示。因此，塑料材质是当前开关插座的主要选择。陶瓷材质的产品因为具有良好的绝缘性和耐热性，适用于高品质的电器产品，图 12-4 所示为陶瓷材料的墙面插座。

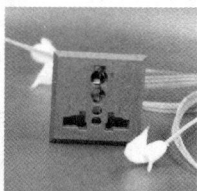

图 12-3

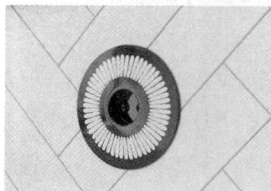

图 12-4

3. 插座的设计美学

插座的设计美学主要体现在两方面。一方面，设计精美的插座如同点睛之笔，会为墙面增添一抹亮色，甚至成为墙面装饰的一部分。图 12-5 所示为精美的陶瓷材质的墙面插座，将现代美学与产品功能较好地进行了结合。另一方面，插座的安全性与人性化设计同样至关重要。裸露在外的插座接口会对儿童构成安全隐患，因此许多家庭不得不额外购买插座保护产品。图 12-6 所示为一款配备了"安全锁"功能的插座，有效避免了儿童触电的风险。图 12-7 所示的墙体插座巧妙地融合了夜灯功能，展现了插座设计的创新与人性化。

图 12-5

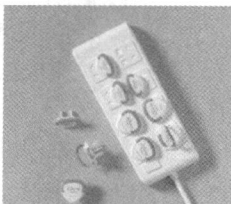

图 12-6

图 12-7

任务实践：制作墙体固定插座效果图

本任务实践是制作墙体固定插座效果图，如图 12-8 所示。这款墙体插座通过开合结构的设计，不仅可以有效地避免插座口裸露在外的潜在危害，而且当插座合起来时会使墙面整体在视觉上显得简洁大方，符合现代人对室内空间的视觉审美需求。

微课视频

12.1-1

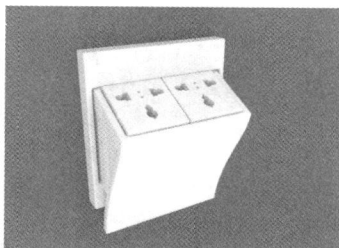

图 12-8

微课视频

12.1-2

微课视频

12.1-3

案例制作步骤如下。

（1）启动 3ds Max 2021，在命令面板中单击➕（创建）—◉（几何体）按钮，在下拉列表中选择"扩展基本体"类型，单击 切角长方体 按钮，在顶视图中创建长度为 35mm，宽度为 35mm，高度为 10mm，圆角为 0.5mm，对应分段分别为 10、10、3、3 的切角长方体，参数设置如图 12-9 所示，得到的模型效果如图 12-10 所示。选择切角长方体，右击弹出四元菜单，选择"隐藏当前选择"命令。

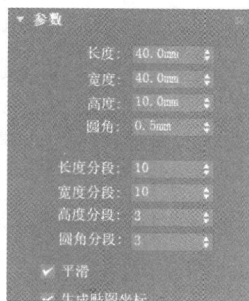

图 12-9

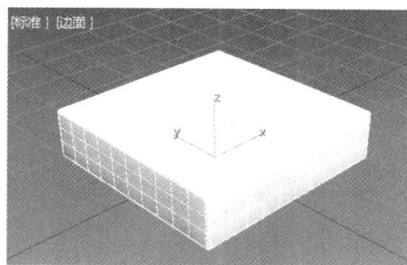

图 12-10

（2）在命令面板中单击➕（创建）—◉（图形）按钮，在下拉列表中选择"样条线"类型，单击 矩形 按钮，在顶视图中创建两个矩形，效果如图 12-11 所示。

（3）在命令面板中单击◢（修改命令面板）按钮，在修改器下拉列表中选择"编辑样条线"修改器，在"几何体"卷展栏中单击 附加 按钮，在视图中选择另外一个矩形，将两个矩形附加为一个对象。

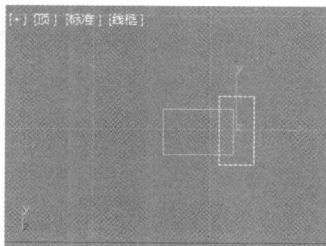

图 12-11

（4）选择"编辑样条线"修改堆栈中的"样条线"子对象，单击"几何体"卷展栏下的 修剪 按钮，对图形进行修剪，得到图形效果如图 12-12 所示。

（5）选择 "顶点"子对象，框选修剪后形成的新顶点，在"几何体"卷展栏中单击 焊接 按钮，图形效果如图 12-13 所示。

（6）继续在"几何体"卷展栏中单击 圆角 按钮，给图形各个顶点做出合适的圆角，图形效果如图 12-14 所示。

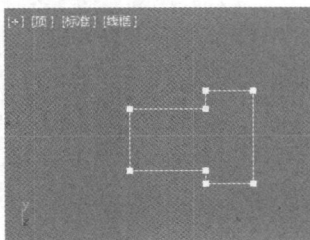 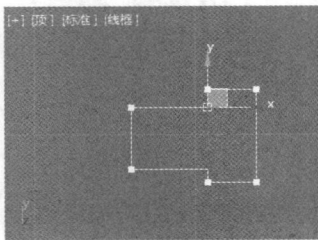 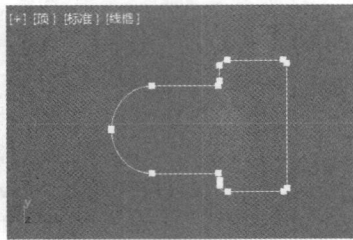

图 12-12   图 12-13   图 12-14

（7）在工具栏单击 （镜像）按钮，将图形沿着 y 轴进行镜像复制，得到图形效果如图 12-15 所示。

（8）运用相同的方法创建其他图形，并将它们全部附加为一个对象，效果如图 12-16 所示。

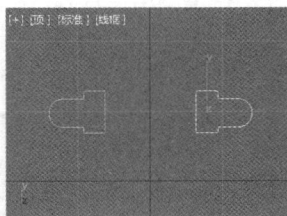 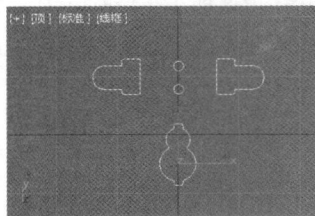

图 12-15   图 12-16

（9）在命令面板中单击 （修改命令面板）按钮，在修改器下拉列表中选择"挤出"修改器，参数设置如图 12-17 所示，得到的模型效果如图 12-18 所示。

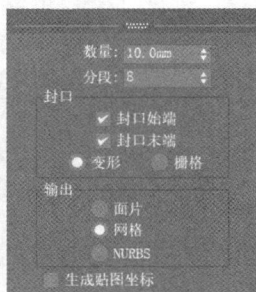 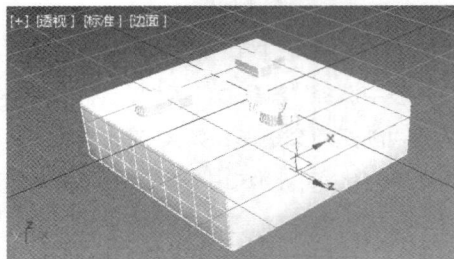

图 12-17   图 12-18

（10）选择切角长方体，在命令面板中单击 ✚（创建）— ⬤（几何体）按钮，在下拉列表中选择"复合对象"类型，单击 布尔 按钮，在"运算对象参数"卷展栏中单击 ⊙差集 按钮，再在"布尔参数"卷展栏中单击 添加运算对象 按钮，然后拾取视图中挤出的图形，模型效果如图 12-19 所示。

（11）顶视图中将复制一个模型实例并排排列，如图 12-20 所示。

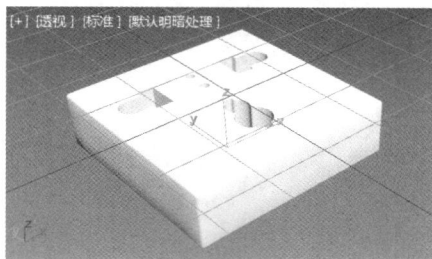

图 12-19

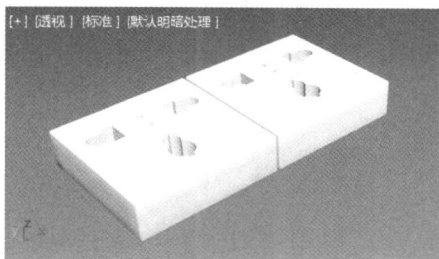

图 12-20

（12）在命令面板中单击 ✚（创建）— ⬤（几何体）按钮，在下拉列表中选择"标准基本体"类型，单击 长方体 按钮，创建参数设置如图 12-21 所示的长方体模型。

（13）在命令面板中单击 ⬛（修改命令面板）按钮，在修改器下拉列表中选择"FFD 长方体"修改器，单击"FFD 参数"卷展栏"尺寸"选项组下面的 设置点数 按钮，在弹出的"设置 FFD 尺寸"对话框中设置点数，如图 12-22 所示。选择"FFD 长方体"的"控制点"子对象，在左视图中运用移动和旋转工具调整控制点的位置，效果如图 12-23 所示。

图 12-21

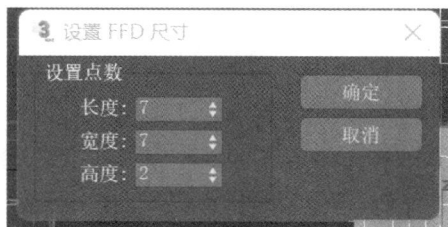

图 12-22

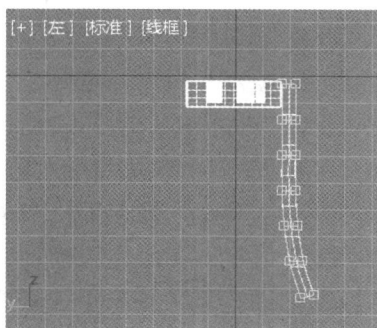

图 12-23

（14）给模型添加"编辑多边形"修改器，选择"顶点"子对象，运用移动工具在前视图中调整两边的顶点靠向外侧，模型效果如图 12-24 所示；在左视图中调整右上角框选的所有重影点，并调整顶点位置，模型效果如图 12-25 所示。

（15）选择"多边形"子对象，在透视图中选择图 12-26 所示的两个多边形，在"编辑多边形"卷展栏中单击 挤出 ⬜按钮，设置挤出数量为 17.5mm，模型效果如图 12-27 所示。

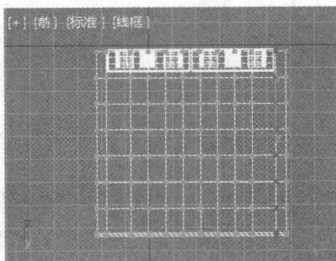

图 12-24

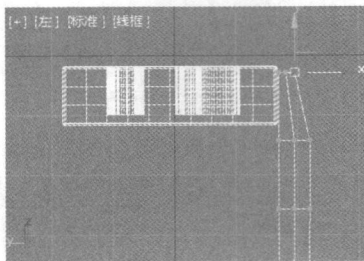

图 12-25

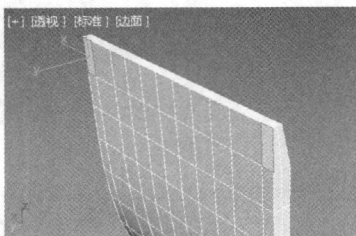

图 12-26

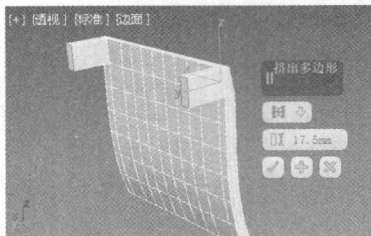

图 12-27

（16）在修改器下拉列表中选择"对称"修改器，参数设置如图 12-28 所示，在场景中将镜像轴移动到合适的位置，得到图 12-29 所示的模型效果。

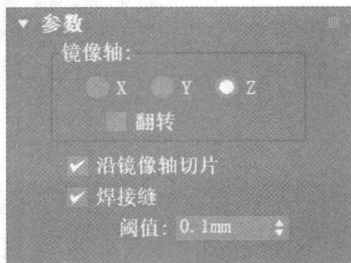

图 12-28

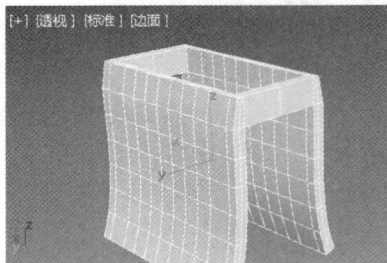

图 12-29

（17）在修改器下拉列表中选择"可编辑多边形"修改器，选择"顶点"子对象，框选对称接缝处的顶点，单击"编辑顶点"卷展栏中的 焊接 按钮，得到的效果如图 12-30 所示。

（18）选择"边"子对象，在视图中选择接缝处的边，单击"选择"卷展栏中的 环形 按钮，模型效果如图 12-31 所示。在"编辑边"卷展栏中单击 连接 ⬜按钮，参数设置及模型效果如图 12-32 所示。同理对其他几个方向上的边做同样的加线优化处理，效果如图 12-33 所示。

（19）在视图中选择底部的一条边，单击"选择"卷展栏中的 环形 按钮，在"编辑边"卷展栏中单击 连接 ⬜按钮，参数设置及模型效果如图 12-34 所示。选择"多边形"子对象，选择底部表面的部分多边形，单击"编辑多边形"卷展栏中的 倒角 ⬜按钮，参数设置及模型效果如图 12-35 所示。给模型添加"涡轮平滑"修改器，参数设置默认，得到的模型效果如图 12-36 所示。

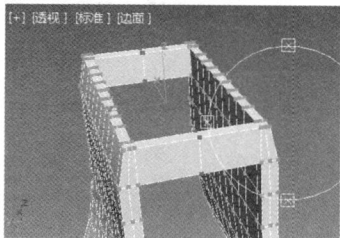

图 12-30

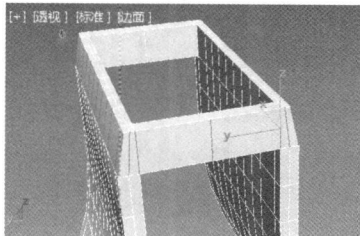

图 12-31

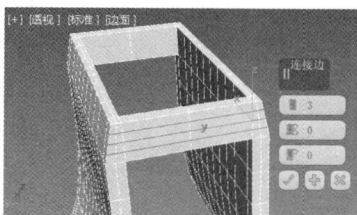

图 12-32

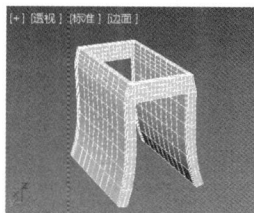

图 12-33

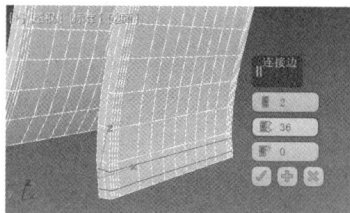

图 12-34

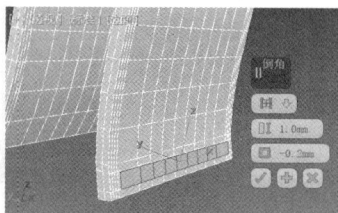

图 12-35

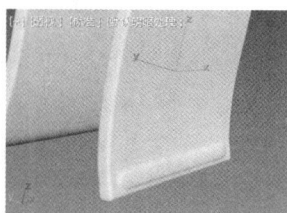

图 12-36

（20）在命令面板中单击 ➕（创建）—◉（几何体）按钮，在下拉列表中选择"扩展基本体"类型，单击 切角长方体 按钮，在前视图中创建切角长方体模型，参数设置如图12-37所示，摆放位置及模型效果如图12-38所示。

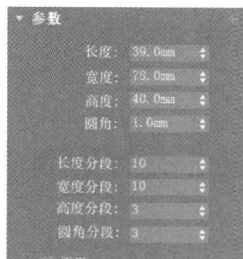

图 12-37

图 12-38

（21）在命令面板中单击 ➕（创建）—◉（几何体）按钮，在下拉列表中选择"扩展基本体"类型，单击 切角长方体 按钮，在前视图中创建切角长方体模型，参数设置如图 12-39

所示，模型摆放位置及效果如图 12-40 所示。

图 12-39

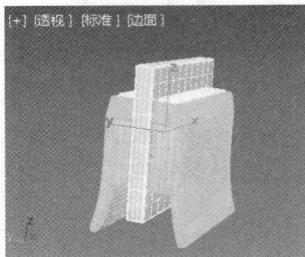

图 12-40

（22）在命令面板中单击 （修改命令面板）按钮，在修改器下拉列表中选择"编辑多边形"修改器，选择"顶点"子对象，用移动工具调整顶点的位置，如图 12-41 所示。选择"多边形"子对象，删除图 12-42 所示区域的多边形。选择"边界"子对象，单击图 12-43 所示空洞处的两条边界，单击 桥 按钮，参数设置及模型效果如图 12-44 所示。再单击 切角 按钮，参数设置及模型效果如图 12-45 所示。

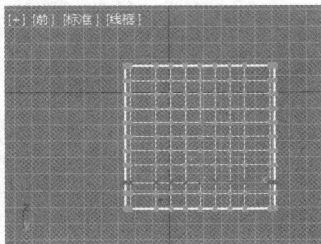

图 12-41

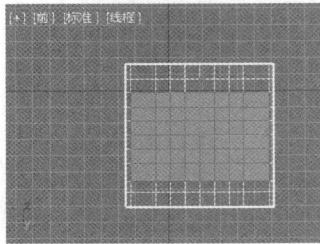

图 12-42

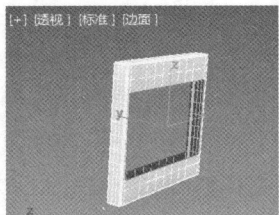

图 12-43

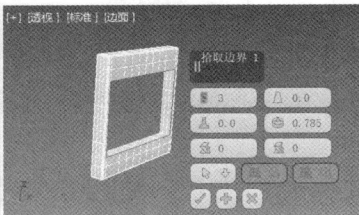

图 12-44

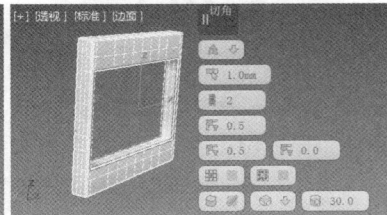

图 12-45

（23）选择图 12-46 所示的所有模型部件，在菜单栏中选择"组"—"组"命令，将所选模型创建成组。在前视图中创建平面作为墙体，运用旋转工具调整模型之间的相对位置，场景效果如图 12-47 所示。

（24）在工具栏单击 （材质编辑器）按钮，弹出材质编辑器，选择第一个材质球，命名为"插座"，单击 Standard (Legac 按钮，在弹出的"材质/贴图浏览器"中单击"通用"前面的加号，双击"物理材质"。在"预设"下拉列表中选择"光滑塑料"类型。

（25）在"基本参数"卷展栏中，单击"基础颜色"后面的小方块，将其更改为白色，如图 12-48 所示。

（26）在命令面板中单击 ⬤（几何体）— 💡（灯光）按钮，在下拉列表中选择"标准"类型，单击 ▮▮天光▮▮ 按钮，在视图中单击创建天光光源，参数设置如图 12-49 所示。

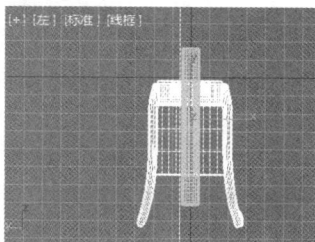

图 12-46

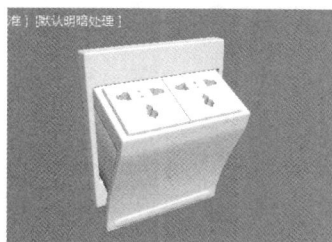

图 12-47

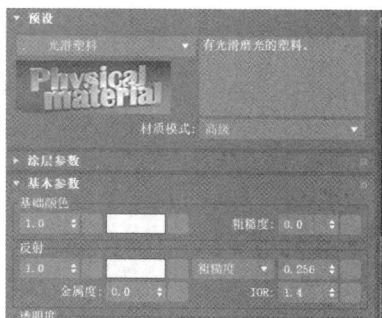

图 12-48

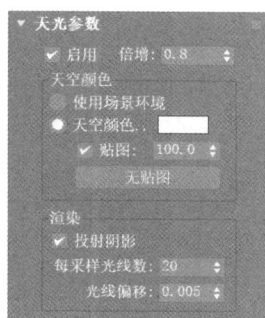

图 12-49

（27）在工具栏单击 🔶（渲染设置）按钮，打开"渲染设置"对话框，在渲染器下拉列表中选择"扫描线渲染器"渲染器，在"输出大小"文本框中设置合适的尺寸。

（28）在工具栏单击 🔶（渲染）按钮，得到图 12-8 所示的墙体固定插座效果图。

实践拓展：制作多功能彩色移动插座效果图

本实践拓展是制作多功能彩色移动插座效果图，如图 12-50 所示。这款彩色插座上各个颜色的插头可以沿轴旋转，能够满足不同方向的电源连接需求，整体造型简洁大方、色彩鲜艳，适合有移动电源需求的人群或场合使用。

图 12-50

微课视频	微课视频	微课视频	微课视频	微课视频
12.2-1	12.2-2	12.2-3	12.2-4	12.2-5

案例制作步骤如下。

（1）启动 3ds Max 2021，在命令面板中单击 ➕（创建）—🔳（图形）按钮，在下拉列表中选择"样条线"类型，单击 ▮▮▮ 线 ▮▮▮ 按钮，在前视图中创建图形，如图 12-51 所示。

（2）在命令面板中单击 ▮（修改命令面板）按钮，选择"顶点"子对象，单击"几何体"卷展栏中的 ▮▮ 圆角 ▮▮ 按钮，给图形外侧顶点做合适的圆角，并适当调整形态，图形效果如图 12-52 所示。

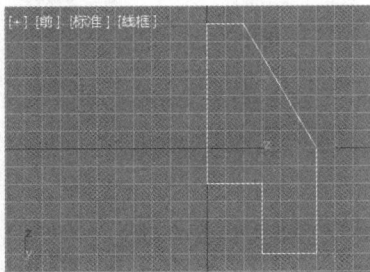

图 12-51

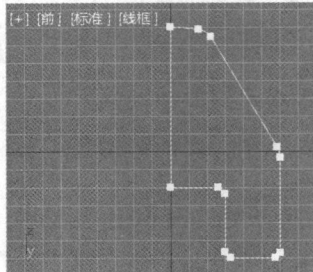

图 12-52

（3）在修改器下拉列表中选择"倒角"修改器，参数设置如图 12-53 所示，模型效果如图 12-54 所示。

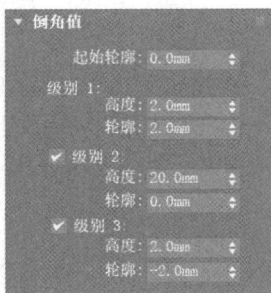

图 12-53

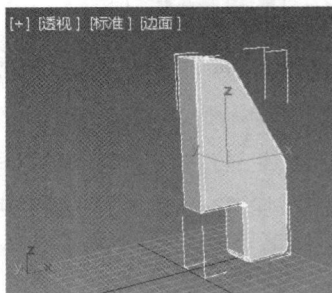

图 12-54

（4）继续给模型添加"编辑多边形"修改器，选择"顶点"子对象，在视图中选择左侧的 4 个顶点，如图 12-55 所示。单击"编辑几何体"卷展栏中"平面化"后的 X，模型效果如图 12-56 所示。

（5）继续给模型添加"对称"修改器，参数设置如图 12-57 所示，得到的模型效果如图 12-58 所示。

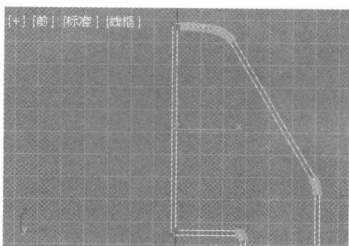

图 12-55

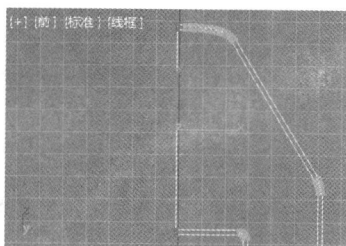

图 12-56

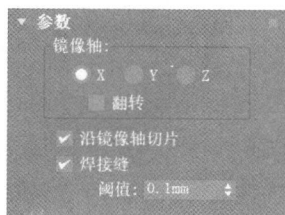

图 12-57

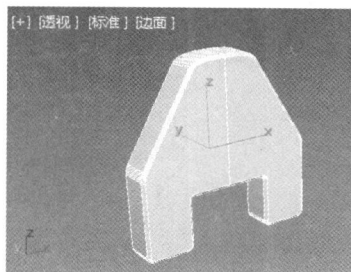

图 12-58

（6）再运用缩放工具，适当调整模型的长宽比，使其更加符合视觉美学，得到的效果如图 12-59 所示。

（7）在命令面板中单击 ➕（创建）— 🔘（图形）按钮，在下拉列表中选择"样条线"类型，单击 线 按钮，在前视图区中创建图形，如图 12-60 所示。

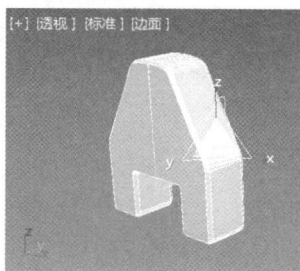

图 12-59

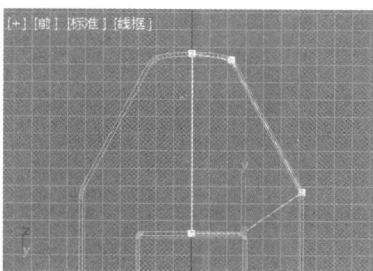

图 12-60

（8）在命令面板中单击 ✏（修改命令面板）按钮，选择"顶点"子对象，单击"几何体"卷展栏中的 圆角 按钮，给图形外侧的顶点做圆角，并适当调整形态，效果如图 12-61 所示。

（9）在场景中右击，在弹出的四元菜单中选择"隐藏选定模型"命令，将支架模型隐藏。在修改器下拉列表中选择"倒角"修改器，参数设置如图 12-62 所示，模型效果如图 12-63 所示。

（10）继续给模型添加"可编辑多边形"修改器，选择"顶点"子对象，在视图中选择模型左侧的 4 个顶点，如图 12-64 所示。单击"编辑几何体"卷展栏中"平面化"后的 X，模型效果如图 12-65 所示。

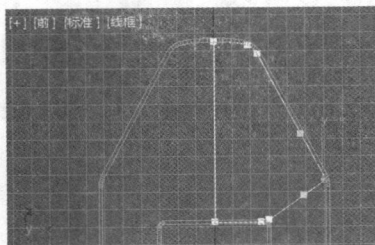
图 12-61

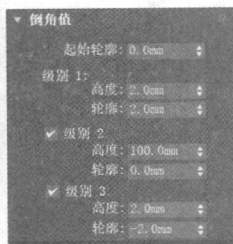
图 12-62

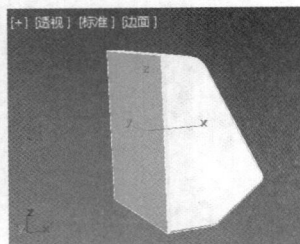
图 12-63

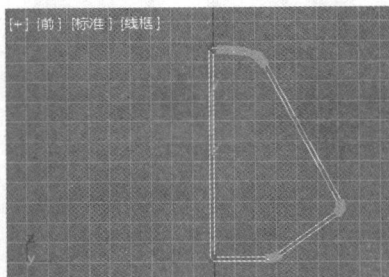
图 12-64

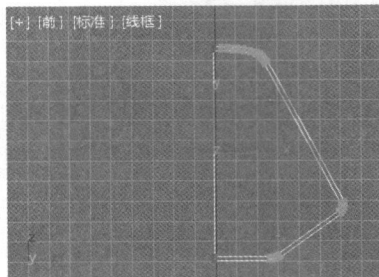
图 12-65

（11）继续给模型添加"对称"修改器，参数设置如图 12-66 所示，模型效果如图 12-67 所示。

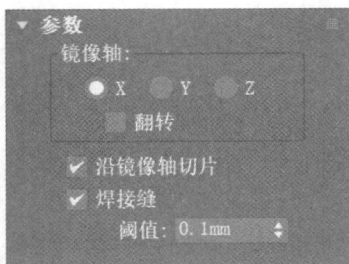
图 12-66

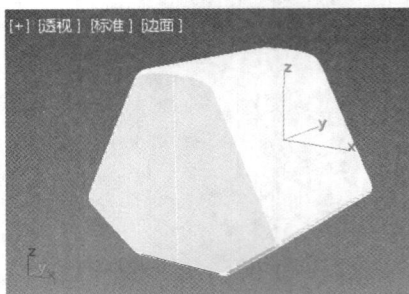
图 12-67

（12）在命令面板中单击 ✚（创建）— 🖸（图形）按钮，在下拉列表中选择"样条线"类型，单击 矩形 按钮，在左视图中创建参数分别如图 12-68 和图 12-69 所示的矩形，并在"插值"卷展栏下勾选"自适应"复选框，如图 12-70 所示。单击 圆 按钮，在左视图中创建圆，图形整体效果如图 12-71 所示。

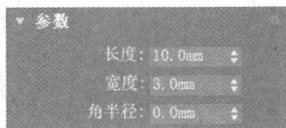
图 12-68

图 12-69

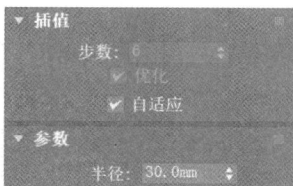

图 12-70

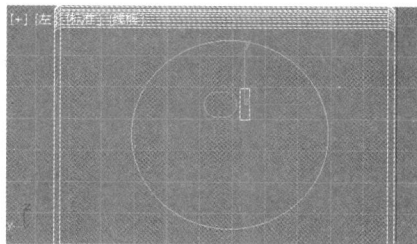

图 12-71

（13）选择一个矩形，在工具栏中单击 ▦（对齐）按钮，再单击另外一个矩形，在弹出的"对齐当前选择"对话框中设置参数，如图 12-72 所示，将两个矩形对齐，图形效果如图 12-73 所示。

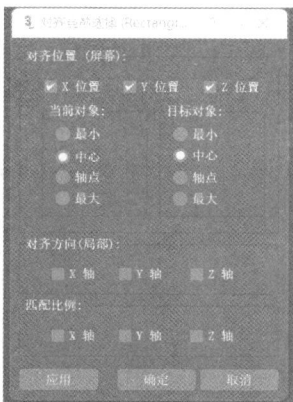

图 12-72

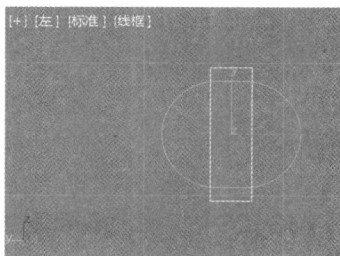

图 12-73

（14）运用移动工具，沿 x 轴向右移动矩形，效果如图 12-74 所示。

（15）给矩形添加"编辑样条线"修改器，单击"几何体"卷展栏下的 ▭附加▭ 按钮，在左视图中单击圆角矩形，将两个图形附加为一个对象，图形效果如图 12-75 所示。

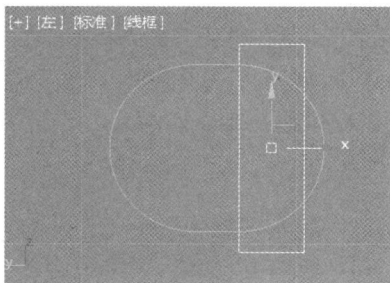

图 12-74

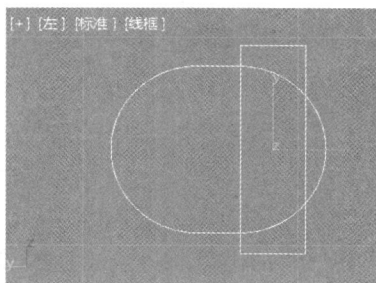

图 12-75

（16）选择"样条线"子对象，在"几何体"卷展栏下单击 ▭修剪▭ 按钮，修剪图形中不需要的部分，得到的图形效果如图 12-76 所示。

（17）选择"顶点"子对象，框选所有顶点，在"几何体"卷展栏下单击 焊接 按钮，对所有重合的断点进行焊接，图形效果如图 12-77 所示。

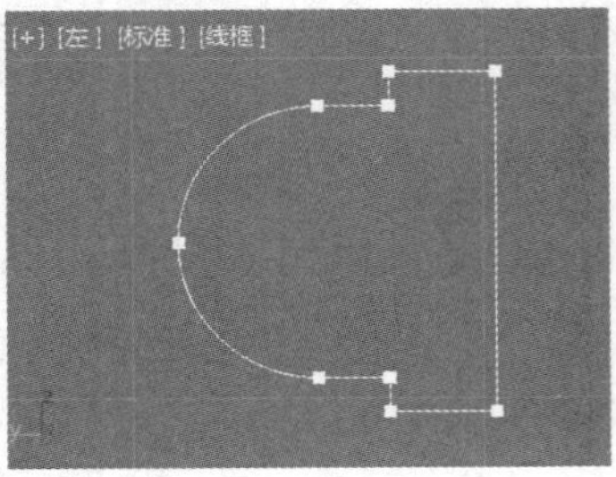

图 12-76

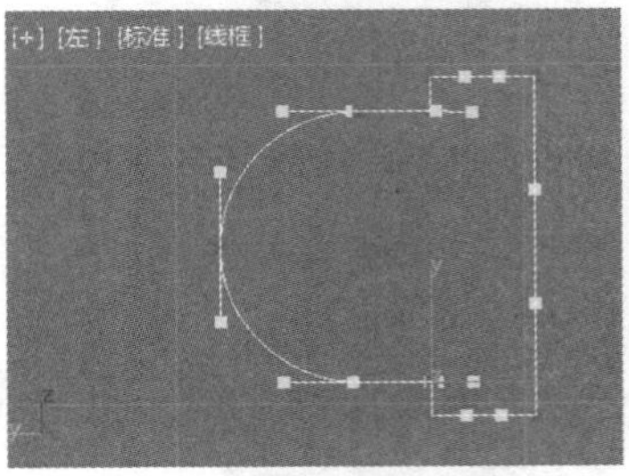

图 12-77

（18）在工具栏中单击 （镜像）按钮，在弹出的"镜像"对话框中设置参数，如图 12-78 所示，镜像复制图形，得到的图形效果如图 12-79 所示。

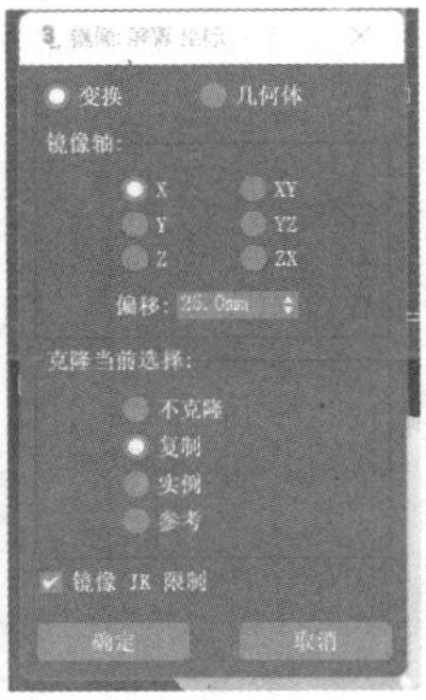

图 12-78

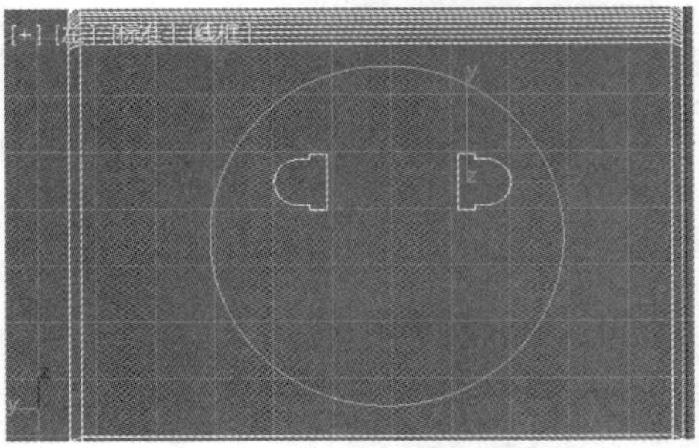

图 12-79

（19）在命令面板中单击 （创建）— （图形）按钮，在下拉列表中选择"样条线"类型，单击 矩形 按钮，在左视图中创建长度为 10mm、宽度为 3mm 的矩形，并再复制两个，结合移动和旋转工具调整其位置和角度，效果如图 12-80 所示。

（20）在"几何体"卷展栏中单击 附加 按钮，将所有创建的图形附加为一个对象，图形效果如图 12-81 所示。

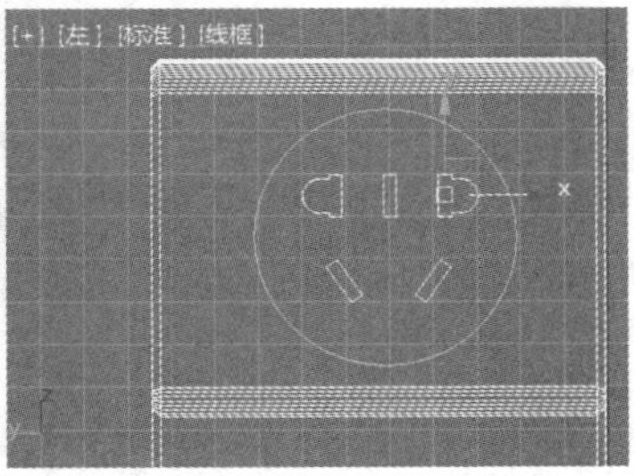

图 12-80

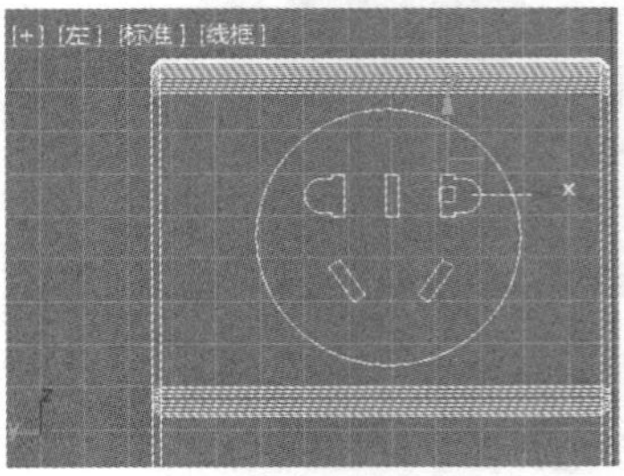

图 12-81

（21）在修改器下拉列表中选择"倒角"修改器，参数设置如图 12-82 所示，模型效果如图 12-83 所示。

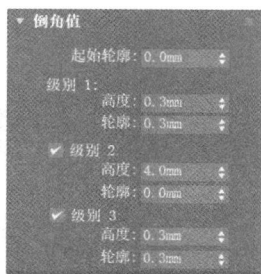

图 12-82

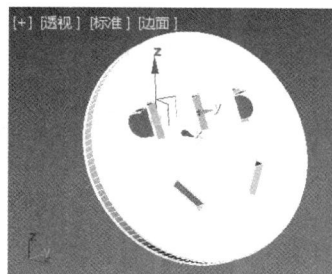

图 12-83

（22）将模型通过移动、旋转操作放置在插座主体的前后面上，模型效果如图 12-84 所示。

（23）选择图 12-84 所示的全部模型，按住 Shift 键的同时，沿 y 轴方向向右拖动以复制出 3 个相同的模型，效果如图 12-85 所示。

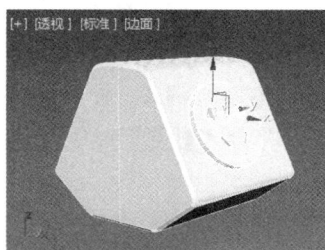

图 12-84

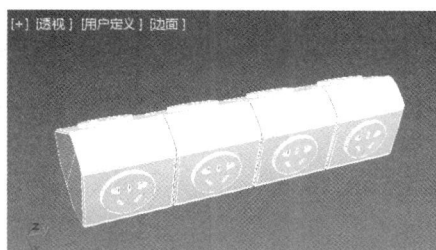

图 12-85

（24）在场景中右击，在弹出的四元菜单中选择"取消全部隐藏"命令，将插座支架复制一个放在插座的另外一端，如图 12-86 所示。

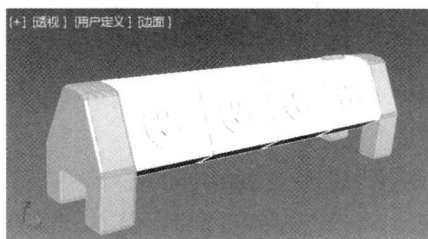

图 12-86

（25）在命令面板中单击　（创建）—　（几何体）按钮，在下拉列表中选择"标准基本体"类型，单击　长方体　按钮，在视图中创建长度为 40mm、宽度为 10mm、高度为 10mm 的长方体模型，分别放置在第一个和第三个插座的上方。

（26）选择插座主体，在命令面板中单击　（创建）—　（几何体）按钮，在下拉列表中选择"复合对象"类型，单击　布尔　按钮，在"运算对象参数"卷展栏中单击　差集按钮，再在"布尔参数"卷展栏中单击 添加运算对象 按钮，在场景中拾取新创建的长方体，效果如图 12-87 所示。

（27）将每个插座模块各自创建成组，再单击工具栏中的 ⟳（旋转）工具，调整每个插座模块的相对位置，得到的模型效果如图 12-88 所示。

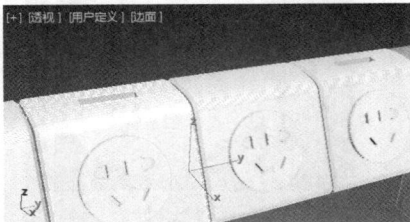
图 12-87

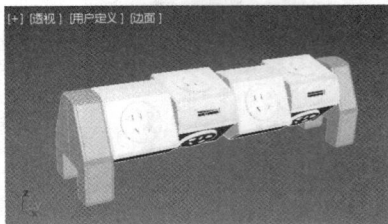
图 12-88

（28）选择全部模型，右击，在弹出的四元菜单中选择"隐藏当前选择"命令。在左视图中，单击 ✛（创建）— ⊙（图形）按钮，在下拉列表中选择"样条线"类型，单击 圆 按钮，在前视图中创建半径为30mm 的圆。

（29）在命令面板中单击 ☑（修改命令面板）按钮，在修改器下拉列表中选择"编辑样条线"修改器，选择"分段"子对象，同时选择图 12-89 所示的两条线段，按 Delete 键删除。

（30）选择"顶点"子对象，单击"几何体"卷展栏下的 连接 按钮，从图形的左边顶点拖向右边顶点，图形效果如图 12-90 所示。

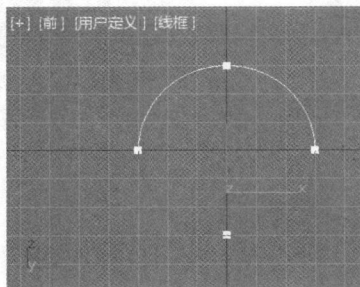
图 12-89

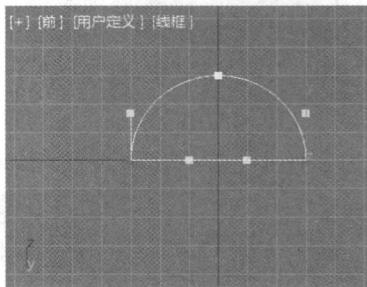
图 12-90

（31）在命令面板中单击 ✛（创建）— ⊙（图形）按钮，在下拉列表中选择"样条线"类型，单击 线 按钮，在半圆上方创建一条水平线，图形效果如图 12-91 所示。

（32）在命令面板中单击 ☑（修改命令面板）按钮，在"几何体"卷展栏中单击 附加 按钮，在视图中选择半圆，将两个图形合并为一个图形。

（33）选择"样条线"子对象，在"几何体"卷展栏中单击 修剪 按钮，对图形进行修剪，得到图形效果如图 12-92 所示。选择"顶点"子对象，框选所有顶点，在"几何体"卷展栏中单击 焊接 按钮。

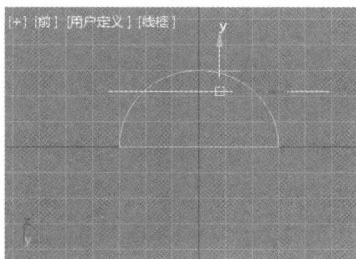

图 12-91

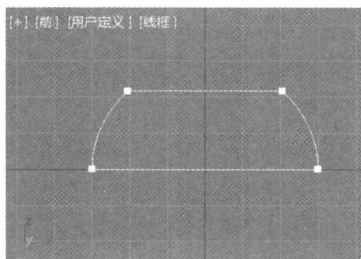

图 12-92

（34）在修改器下拉列表中选择"挤出"修改器，在"参数"卷展栏中将"数量"设置为 23mm，模型效果如图 12-93 所示。

（35）继续给模型添加"编辑多边形"修改器，选择"顶点"子对象，选择模型前表面下部的一圈顶点，在"编辑顶点"卷展栏中单击 连接 按钮，得到的模型效果如图 12-94 所示。

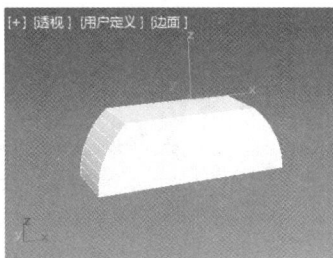

图 12-93

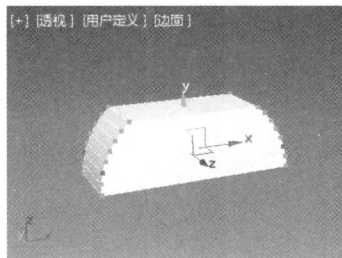

图 12-94

（36）选择"多边形"子对象，选择底部的多边形面，在"编辑多边形"卷展栏下单击 挤出 按钮，参数设置及效果如图 12-95 所示。（注意此处需单击两次加号，使多边形面挤出两次，以增加模型表面布线。）

（37）为了塑造模型的弧形侧面，首先选择"顶点"子对象，然后在顶视图中利用移动工具挤出模型一侧的顶点。经过调整，模型侧面呈现弧形效果，如图 12-96 所示。

图 12-95

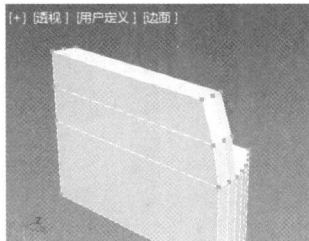

图 12-96

（38）选择"多边形"子对象，然后精确定位并选择另一侧的 4 个多边形。在"编辑多边形"卷展栏下单击 挤出 按钮，再连续单击两次加号以执行两次挤出操作，每次挤出的数量均设为 10mm，这样模型上就会形成两次挤出的多边形面，效果如图 12-97 所示。

（39）选择"顶点"子对象，在前视图中通过移动工具调整顶点的位置，将其表面调整为弧形，模型效果如图 12-98 所示。

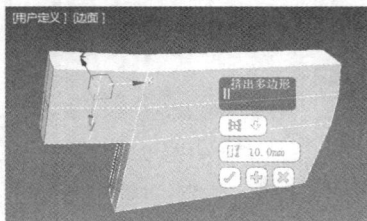
图 12-97

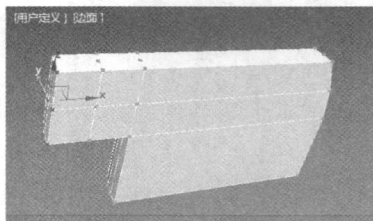
图 12-98

（40）选择"多边形"子对象，选择图 12-99 所示的面并删除，得到的模型效果如图 12-100 所示。

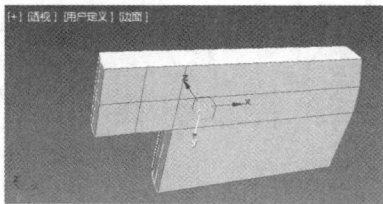
图 12-99

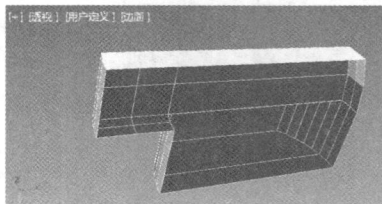
图 12-100

（41）选择"边"子对象，选择图 12-101 所示的一圈线，单击"编辑边"卷展栏下的 连接 按钮，参数设置及模型效果如图 12-102 所示。再选择图 12-103 所示的一圈线，单击"编辑边"卷展栏下的 连接 按钮，参数设置及模型效果如图 12-104 所示。

（42）选择"多边形"子对象，单击"编辑多边形"卷展栏下的 挤出 按钮，参数设置及模型效果如图 12-105 所示。（注意需单击两次加号，将多边形挤出两次，以增加布线。）

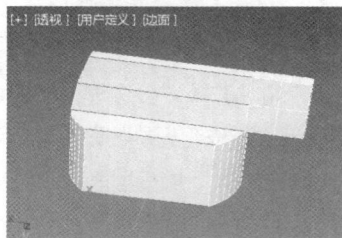
图 12-101

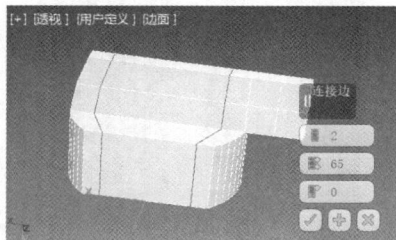
图 12-102

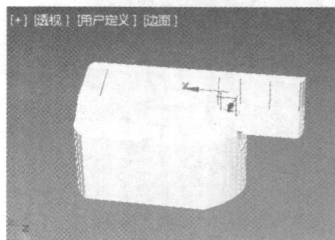
图 12-103

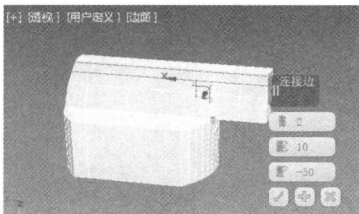

图 12-104

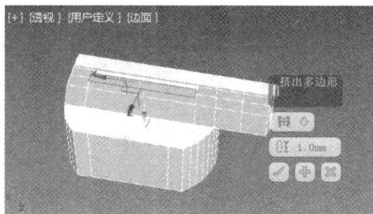

图 12-105

（43）给模型添加"对称"修改器，参数设置如图 12-106 所示，模型效果如图 12-107 所示。

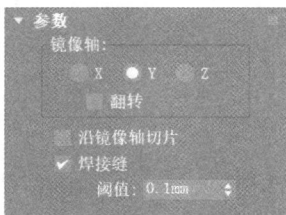

图 12-106

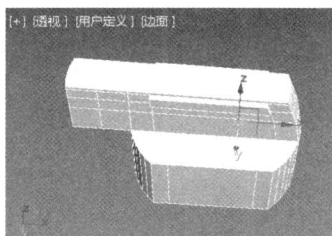

图 12-107

（44）给模型添加"编辑多边形"修改器，选择"边"子对象，单击"编辑边"卷展栏下的 连接 按钮，对模型进行加线优化，参数设置及模型效果如图 12-108 所示。

（45）选择"多边形"子对象，选择左右两侧中间的多边形，在"编辑多边形"卷展栏下单击 挤出 按钮，参数设置及模型效果如图 12-109 所示。对另外一面做相同的处理。

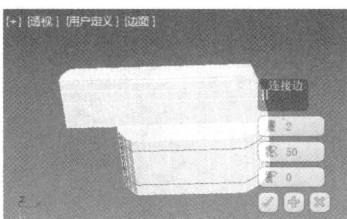

图 12-108

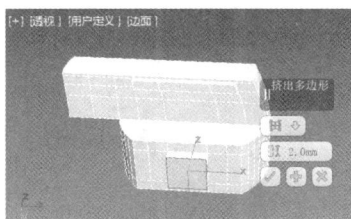

图 12-109

（46）选择"边"子对象，单击模型边缘的某条边，在"选择"卷展栏下单击 环形 按钮，再在"编辑边"卷展栏下单击 连接 按钮，模型效果如图 12-110 所示。运用同样的方法对整个模型进行加线优化，完成后的模型布线效果如图 12-111 所示。

（47）在命令面板中单击 （创建）— （几何体）按钮，在下拉列表中选择"扩展基本体"类型，单击 切角长方体 按钮，在顶视图中创建长度为 30mm、宽度为 10mm、高度为 2mm、圆角为 0.2mm 的切角长方体，再复制两个，将其摆放成三角状态，模型效果如图 12-112 所示。给模型添加"涡轮平滑"修改器，在"涡轮平滑"卷展栏中，将"迭代次数"设置为 2。在场景中右击，在弹出的四元菜单中选择"全部取消隐藏"命令。

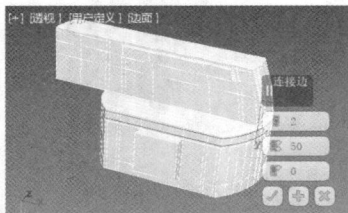
图 12-110

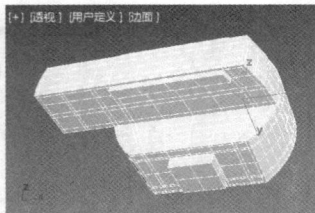
图 12-111

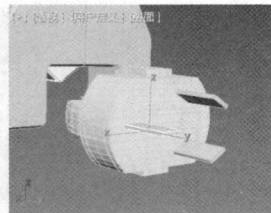
图 12-112

（48）在顶视图中，在命令面板中单击 ➕（创建）— ⭕（图形）按钮，在下拉列表中选择"样条线"类型，单击 ▇▇▇线▇▇▇ 按钮，在顶视图区中创建图 12-113 所示的二维图形。单击 ▨（修改命令面板）按钮，选择"顶点"子对象，在透视图中移动顶点，调整曲线的形态，如图 12-114 所示。

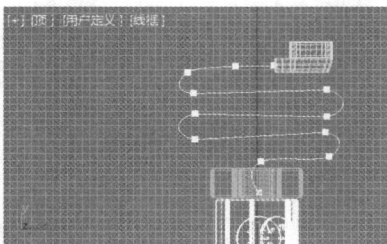
图 12-113

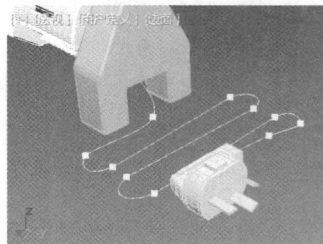
图 12-114

（49）在"渲染"卷展栏下勾选"在渲染中启用"和"在视口中启用"复选框，将径向厚度设置为 7mm，如图 12-115 所示，得到的模型效果如图 12-116 所示。

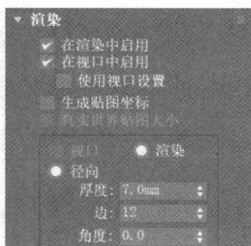
图 12-115

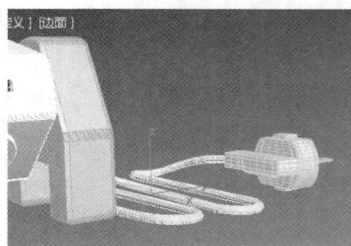
图 12-116

（50）给模型添加"可编辑多边形"修改器，选择"边"子对象，在"选择"卷展栏下单击 ▇环形▇ 按钮，再在"编辑边"卷展栏下单击 ▇连接▇ ▇ 按钮，参数设置及模型效果如图 12-117 所示。

（51）选择"多边形"子对象，分别从左向右选择类似图 12-118 所示的多个多边形部分，单击"编辑多边形"卷展栏下的 ▇挤出▇ ▇ 按钮，依次挤出 4mm、3.8mm、3.6mm、

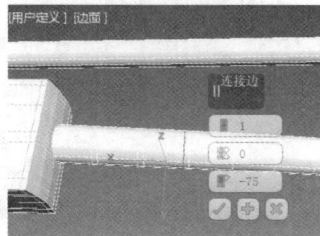
图 12-117

3.4mm、3.2mm，得到的模型效果如图 12-119 所示。

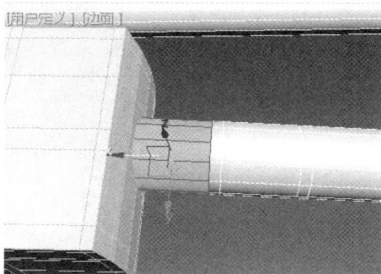
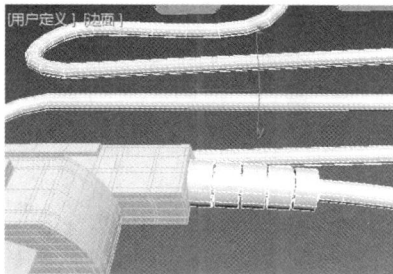

图 12-118　　　　　　　　　　　　　　　　　图 12-119

（52）选择"边"子对象，选择一条边，在"选择"卷展栏下单击 环形 按钮，再在"编辑边"卷展栏下单击 连接 □ 按钮，对线头部分进行加线优化，参数设置及模型布线效果如图 12-120 所示。

（53）给模型添加"涡轮平滑"修改器，将"迭代次数"设置为 2。在命令面板中单击 ✚（创建）— ◎（几何体）按钮，在下拉列表中选择"标准基本体"类型，单击 平面 按钮，在顶视图中创建平面作为地面，模型效果如图 12-121 所示。

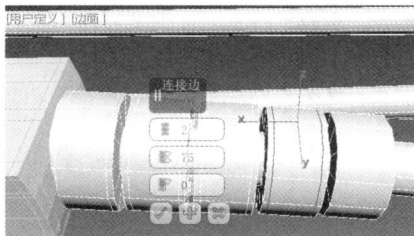

图 12-120　　　　　　　　　　　　　　　　　图 12-121

（54）在菜单栏中选择"渲染"—"环境"命令，在弹出的"环境和效果"对话框中将背景颜色设置为白色。在工具栏中单击 🔧（渲染设置）按钮，打开"渲染设置"对话框，将渲染器设置为 V-Ray 渲染器，渲染尺寸设置为 1000×500。

（55）在工具栏单击 🔳（材质编辑器）按钮，弹出"材质编辑器"对话框，选择一个材质球，命名为"dimian"。在"Blinn 基本参数"卷展栏中将"漫反射"颜色设置为白色，选择地面，单击 🔳（将材质指定给选定对象）按钮，将材质赋予地面。

（56）选择第二个材质球，命名为"chatou"，单击 Standard (Legac 按钮，在弹出的"材质/贴图浏览器"中选择"VRayMtl"材质。在"基本参数"卷展栏下单击"漫反射"的小方块，设置 RGB 值均为 170（灰色）。在"预设"下拉列表中选择"塑料"类型，单击"凹凸"贴图后面的小方块，在弹出的"材质/贴图浏览器"中双击"噪波"程序贴图，在"噪波参数"卷展栏中将"大小"设置为 1。参数设置如图 12-122 所示，得到的材质球效果如图 12-123 所示。

图 12-122

图 12-123

（57）将"chatou"材质球拖动复制 4 个并更改名称，更改 4 个材质球的"漫反射"颜色的 RGB 值分别为 190、139、0（黄色），250、0、0（红色），0、211、0（绿色），0、135、222（蓝色），材质球效果如图 12-124 所示。一次选择 1 个插座模块，单击 ![icon]（将材质指定给选定对象）按钮，将材质分别赋予插座的 4 个模块。

图 12-124

（58）选择一个新的材质球，命名为"zhijia"，单击 Standard (Legac) 按钮，在弹出的"材质/贴图浏览器"中选择"VRayMtl"材质。在"基本参数"卷展栏下单击"漫反射"后的小方块，设置 RGB 值均为 230（灰色），在"预设"下拉列表中选择"铝（拉丝）"类型，参数设置如图 12-125 所示，材质球效果如图 12-126 所示。

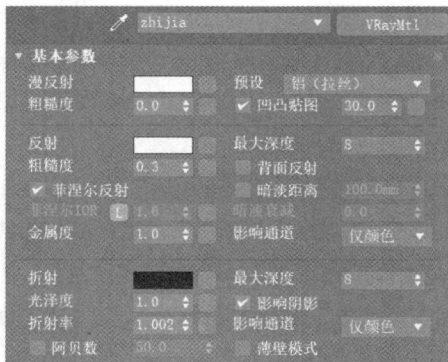

图 12-125

图 12-126

（59）在命令面板中单击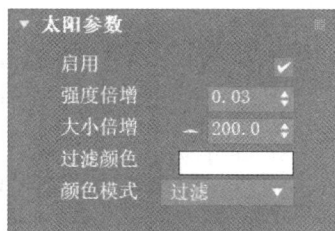（创建）—■（灯光）按钮，在下拉列表中选择"V-Ray"，单击 VRay 太阳光 按钮，在场景中创建 VRay 太阳光，参数设置如图 12-127 所示，太阳光位置及照射方向如图 12-128 所示。

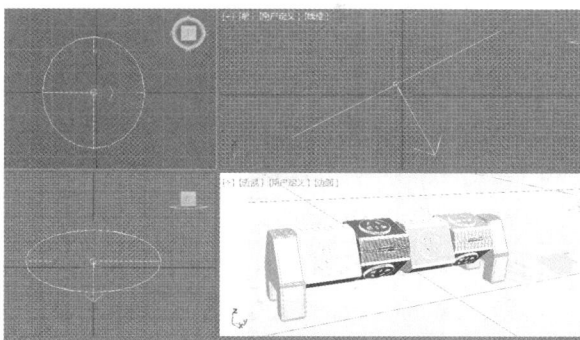

图 12-127　　　　　　　　　　　　　　　　图 12-128

（60）在工具栏中单击●（渲染）按钮，即可得到图 12-50 所示的产品渲染效果图。

项目总结

　　本项目从功能与结构、材质及设计美学角度阐述了插座产品的设计理论知识，再制作了两个插座效果图，帮助学生进一步理解插座设计理论在产品设计上的体现，同时掌握软件建模、材质灯光创建和渲染输出等技能，从而将软件制作与产品设计理论融合，提升学生对插座产品的设计能力和创新意识。以下为项目 12 的教师教学自查表和学生学习效果自查表，用来帮助教师和学生了解教授和学习本项目之后的自我满意度，查漏补缺。

项目 12 教师教学自查表

序号	我认为学生……	非常不同意 ←————————→ 非常赞同									
1	了解了插座产品的功能与结构	1	2	3	4	5	6	7	8	9	10
2	了解了插座产品的材质	1	2	3	4	5	6	7	8	9	10
3	了解了插座产品的设计美学	1	2	3	4	5	6	7	8	9	10
4	学会了插座产品效果图的制作方法	1	2	3	4	5	6	7	8	9	10
5	提升了软件的综合运用能力	1	2	3	4	5	6	7	8	9	10
6	提升了人性化设计意识	1	2	3	4	5	6	7	8	9	10
7	提升了对插座产品的设计能力	1	2	3	4	5	6	7	8	9	10
8	提升了对插座产品的审美能力	1	2	3	4	5	6	7	8	9	10
9	提升了对插座产品设计的创新意识	1	2	3	4	5	6	7	8	9	10
10	提升了产品设计的职业素养	1	2	3	4	5	6	7	8	9	10
11	总计										

项目 12 学生学习效果自查表

序号	我认为我……	非常不同意 ◄————————► 非常赞同									
1	了解了插座产品的功能与结构	1	2	3	4	5	6	7	8	9	10
2	了解了插座产品的材质	1	2	3	4	5	6	7	8	9	10
3	了解了插座产品的设计美学	1	2	3	4	5	6	7	8	9	10
4	学会了插座产品效果图的制作方法	1	2	3	4	5	6	7	8	9	10
5	提升了软件的综合运用能力	1	2	3	4	5	6	7	8	9	10
6	提升了人性化设计意识	1	2	3	4	5	6	7	8	9	10
7	提升了对插座产品的设计能力	1	2	3	4	5	6	7	8	9	10
8	提升了对插座产品的审美能力	1	2	3	4	5	6	7	8	9	10
9	提升了对插座产品设计的创新意识	1	2	3	4	5	6	7	8	9	10
10	提升了产品设计的职业素养	1	2	3	4	5	6	7	8	9	10
11	总计										

课程学习总结

1. 项目自查表统计

	教师得分	学生得分
项目 1		
项目 2		
项目 3		
项目 4		
项目 5		
项目 6		
项目 7		
项目 8		
项目 9		
项目 10		
项目 11		
项目 12		
合计		

2. 学习结果计算方法及评价标准

　　课程中每个项目的教师和学生自查表的满分均为 100 分, 12 个项目合计总分除以 12 即为最终得分。将班级中每个学生的分数相加取平均值, 得出本次教学的学生评分。

　　学生评分可与教师评分之间进行对比, 分值相差在 10 分以内, 表示教师传授的知识和学生的接受程度基本一致; 分值相差在 10～30 分, 表示教师传授的知识和学生的接受程度有一些偏差, 需要反思; 分值相差在 30 分以上则需要教师重新调整教学内容和教学方法, 改进下一轮的教学质量。

3. 课程回顾与总结

（1）重要知识点思维图

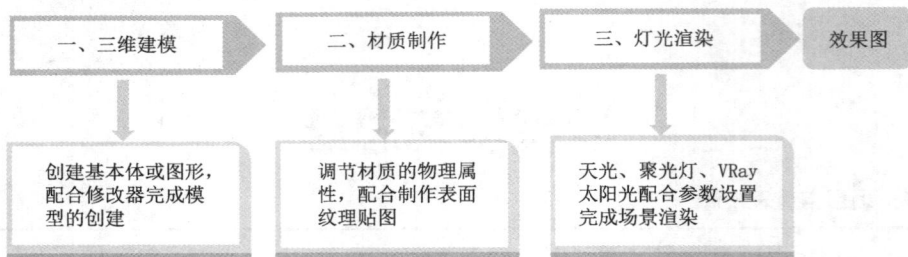

| 一、三维建模 | → | 二、材质制作 | → | 三、灯光渲染 | → | 效果图 |

| 创建基本体或图形，配合修改器完成模型的创建 | 调节材质的物理属性，配合制作表面纹理贴图 | 天光、聚光灯、VRay太阳光配合参数设置完成场景渲染 |

（2）优秀成果总结

通过课程中的_____、_____

_____、_____等案例学

会了 3ds Max 2021 中的_____等建模技术、

_____等材质制作方法和_____

_____等效果图渲染技术。

（3）不足及改进方法

课程学习薄弱点有：

① _____；

② _____；

③ _____。

课程学习改进方法：

① _____；

② _____；

③ _____。